緑地環境学

小林裕志・福山正隆　編

文永堂出版

表紙デザイン：中山康子（株式会社 ワイクリエイティブ）
写 真 提 供：小林裕志（表紙）
　　わが国の自然林は草地畜産の場として巧みに利活用されてきた（八甲田山系における放牧地）

　　高畑　滋（裏表紙）
　　ユーフラテス川沿いのハラビエは，かつて緑豊かな城郭都市として，ローマとの通商で栄えた（シリア・ハラビエ遺跡）

は　し　が　き

　21世紀は環境の時代といわれている．
　前世紀の中頃以降，私たち人類は高度に発達した工業文明によって，未曾有の利便性を享受することができるようになった．
　しかしその反動として，20世紀末になると，過剰な工業文明は地球環境を急激に劣化させ，私たち人類の健全な生活を脅かし，他の生物の生存をも危うくしつつあることが全地球的規模で顕在化してきた．
　これに対する反省と警告の意味から"21世紀は環境の時代"と位置付け，"あらゆる生物の健全な生存を保証できる地球環境再生に向けて人類の叡智を結集すべき"との志向が世界のコンセンサスになってきた．
　生命系持続の視座から地球環境をみたとき，その基軸が植物にあることは論を待たない．緑色植物は光合成という巨大な作用で大気から有機物を創り出すが，それが多種多様な生命系の共生や循環の原点になっているからである．
　本書は，このような背景をもとに，野生の植物，あるいはそれを改変して人類が創り出した作物などが持続的に生育していける環境について，さらには人類の食料や健全な生活維持に不可欠である植物環境のあり方を，総合的に学習するための入門書として上梓したものである．
　本書でいうところの"緑地環境学"の定義は本文に詳しいが，緑地環境学ではひとり植物学に留まらず，土壌学，気象学，農学，生態学，さらにはこれらの応用技術としての環境修復や緑化工など，かなり広範囲な分野を網羅しなければならない．これらそれぞれの専門分野には優れた成書が多数刊行されており，その内容はかなり高度で詳細なものである．
　本書では，既刊の専門書のように当該分野の先端業績を紹介することではなく，植物を取り巻く大気，土，水の環境や植物と共生する生物，そして人間の生活などを緑地環境という大きな括りの中でできるだけ平易に解説し，これら

の因子がそれぞれに関連しながら緑地環境を形成していることを理解できるような編集方針とした．そして，編集に当たっては，多数の著者による分担執筆のために，読者が本書を通読した際に感ずる不揃いを除くことにも留意したつもりである．

執筆に際しては多くの著書，論文を参考にした．厚く御礼申し上げる．

編者の意図がどこまで達成できたか忸怩たる思いではあるが，"生命系持続のための緑地環境"に携わろうとの意欲ある若い学徒読者からの忌憚のないご批判を賜れば幸いである．

おわりに，本書の出版に当たり文永堂出版（株）の鈴木康弘氏からは終始適切なご助言と激励をいただいた．記して感謝申し上げる．

2001年盛夏　　　　　八甲田の緑のなかで　小　林　裕　志
　　　　　　　　　　阿蘇の緑のなかで　　福　山　正　隆

編　集　者

小　林　裕　志	北里大学獣医学部教授
福　山　正　隆	東京農業大学農学部教授

執筆者（執筆順）

小　林　裕　志	前　掲
故 澤　田　信　一	元・弘前大学農学生命科学部教授
平　田　昌　彦	宮崎大学農学部教授
福　山　正　隆	前　掲
八　木　久　義	元・三重大学生物資源学部教授
岡　崎　正　規	東京農工大学大学院共生科学技術研究院教授
早　川　誠　而	山口大学名誉教授
秋　山　　　侃	岐阜大学名誉教授
横　張　　　真	東京大学大学院新領域創成科学研究科教授
松　本　　　聡	元・株式会社ノルド研究員
馬　場　光　久	北里大学獣医学部講師
丸　山　純　孝	帯広畜産大学名誉教授
小　林　春　雄	元・八ヶ岳中央農業実践大学校校長
小　川　　　滋	九州大学名誉教授
薛　　　孝　夫	九州大学大学院農学研究院准教授
藤　崎　健一郎	日本大学生物資源科学部専任講師
杉　浦　俊　弘	北里大学獣医学部教授
佐　藤　一　紘	琉球大学農学部准教授
矢　幡　　　久	九州大学名誉教授
根　本　正　之	東京農業大学地域環境科学部教授
粕　渕　辰　昭	山形大学農学部教授

目　　　次

Ⅰ. 緑地環境学とは ……………………………………………（小林裕志）… 1
　1. 植　物　と　光 …………………………………………………………… 2
　2. 緑地環境と生態系 ………………………………………………………… 3
　3. 緑地環境と人間生活 ……………………………………………………… 4
　　(1) 生物資源としての価値 ………………………………………………… 5
　　(2) 環境資源としての価値 ………………………………………………… 5
　　(3) 文化資源としての価値 ………………………………………………… 6

Ⅱ. 人間と緑地環境 …………………………………………………………… 7
　1. 生命系における緑地 ……………………………………（小林裕志）… 7
　　(1) 緑　地　と　文　明 …………………………………………………… 7
　　(2) 生命系持続の原理 ……………………………………………………… 15
　2. 世界の緑地環境と農業 ……………………（小林裕志・澤田信一）… 18
　　(1) 世界の植物分布と環境 ………………………………………………… 18
　　(2) 森林地帯における農林業の発達 ……………………………………… 21
　　(3) 乾燥地における農牧業の発達 ………………………………………… 24
　　(4) 地球規模での栽培植物の環境対応 …………………………………… 26
　　(5) 自然生態系と農業生態系の再生能力 ………………………………… 27
　3. 日本の自然と緑地 ………………………………………（平田昌彦）… 29
　　(1) 日　本　の　自　然 …………………………………………………… 29
　　(2) 日　本　の　緑　地 …………………………………………………… 32

Ⅲ. 緑地植物の生育と緑地評価 ……………………………………………… 45
　1. 草本緑地植物の種類と生態 ……………………………（福山正隆）… 45
　　(1) イ ネ 科 植 物 …………………………………………………………… 46

(2) マメ科牧草 ……………………………………………………… 53
　　　(3) 緑化用草花 ……………………………………………………… 54
　　2．木本緑地植物の種類と生態 ………………………………（八木久義）… 55
　　　(1) 木本植物の区分と分布 ………………………………………… 55
　　　(2) 主な木本緑地植物の特性 ……………………………………… 58
　　3．緑地の土壌環境評価 ………………………………………（岡崎正規）… 70
　　　(1) 緑地における植物の生育因子と土壌の機能 ………………… 70
　　　(2) 土壌の汚染に関する法律 ……………………………………… 74
　　　(3) 緑地における土壌環境のモニタリング ……………………… 77
　　　(4) 緑地における土壌環境の評価 ………………………………… 78
　　4．緑地の気象環境評価 ………………………………………（早川誠而）… 81
　　　(1) 緑地内の気象 …………………………………………………… 81
　　　(2) 緑地内の熱収支特性 …………………………………………… 87
　　　(3) 気候と植生の分布 ……………………………………………… 90
　　5．リモートセンシングによる緑地環境の評価 ………………（秋山　侃）… 94
　　　(1) リモートセンシングの原理 …………………………………… 94
　　　(2) 緑地環境を評価するために …………………………………… 97
　　　(3) 変貌する緑地 …………………………………………………… 99
　　　(4) 緑地機能を定量的に捉える試み ………………………………101

Ⅳ．農山村緑地の環境保全機能 …………………………………………………103
　　1．耕地の環境保全機能 ………………………………（横張　真・松本　聡）…103
　　　(1) 農業および農地の環境保全機能 ………………………………103
　　　(2) 耕地のアメニティ保全機能 ……………………………………104
　　　(3) 気候緩和機能 ……………………………………………………106
　　　(4) 水田と畑地の景観保全機能 ……………………………………108
　　　(5) 環境保全機能に着目した耕地の保全整備 ……………………112
　　2．牧草地の環境保全機能 ……………………………………（福山正隆）…113

　　　　　　　　　目　　次

　　(1) 生産機能 …………………………………………114
　　(2) 環境保全機能 ……………………………………116
　3．林地の環境保全機能 …………………(馬場光久)…125
　　(1) 植物を育む土壌，土壌を保全する植物 …………125
　　(2) 緑資源と環境 ……………………………………127
　　(3) 環境保全機能 ……………………………………129
　　(4) 山から海へ ………………………………………132
　　(5) 新たな利用計画と森林づくり …………………133

Ⅴ．生活と緑地 …………………………………………139
　1．緑地の保健休養機能 …………………(丸山純孝)…139
　　(1) レクリエーションと保健休養機能 ………………139
　　(2) 都市の緑と緑地 …………………………………140
　　(3) 都市内緑地と都市郊外緑地の保健休養機能 ……141
　　(4) 都市保健休養緑地 ………………………………142
　　(5) 農村の保健休養機能と都市との交流 ……………145
　2．緑地の教育機能 ………………(秋山　侃・小林春雄)…149
　　(1) 森林の教育機能 …………………………………149
　　(2) 草地および草原の教育機能 ……………………154
　　(3) 都市環境の改善と教育機能 ……………………160
　3．生物多様性とビオトープ ……………(秋山　侃)…162
　　(1) 地球環境問題と生物多様性 ……………………163
　　(2) 学校ビオトープ …………………………………164
　　(3) 休耕田ビオトープを用いた環境教育 ……………165
　　(4) 田んぼの学校づくり ……………………………167
　4．緑地の防災機能 ………………………(小川　滋)…169
　　(1) 緑地の防災機能の考え方 ………………………169
　　(2) 大気環境保全機能 ………………………………170

(3) 風速減少・緩和機能 …………………………………………172
　　(4) 大気水分捕捉機能（防霧機能） ………………………………175
　　(5) 森林の防護柵的機能 …………………………………………175
　　(6) 樹冠部の障壁的機能 …………………………………………178

VI. 緑地環境の創出と保全 …………………………………………181
1. 牧草地の造成と管理 ……………………………（小林裕志）…181
　　(1) 草食家畜の飼草－牧草－ ……………………………………181
　　(2) 牧草の特徴 ……………………………………………………182
　　(3) 牧草地造成の原則 ……………………………………………183
　　(4) 牧草地造成の技術 1 －耕起法－ ……………………………184
　　(5) 牧草地造成の技術 2 －不耕起法－ …………………………186
　　(6) 牧草採草地の管理 ……………………………………………191
　　(7) 放牧地の管理 …………………………………………………192
2. 樹林地の造成と管理 ……………………………（薛　孝夫）…193
　　(1) 樹林の目標林相と造成，管理 ………………………………193
　　(2) 苗木植栽による樹林造成 ……………………………………194
　　(3) 根株移植による樹林造成 ……………………………………197
　　(4) 重機移植工法による樹林造成 ………………………………199
　　(5) 造成樹林の管理 ………………………………………………203
3. スポーツグラウンドの造成と管理 ……………（藤崎健一郎）…205
　　(1) スポーツグラウンドの現況 …………………………………205
　　(2) グラウンド面の材質 …………………………………………208
　　(3) スタジアムの計画とグラウンドの計画 ……………………208
　　(4) スポーツグラウンド造成管理の総合的な計画 ……………209
　　(5) 基盤（床土）構造 ……………………………………………209
　　(6) 芝草の種類 ……………………………………………………212
　　(7) 育成管理 ………………………………………………………214

(8) 保 護 管 理 ……………………………………………218
　　(9) グラウンドの品質基準 …………………………………220
　　(10) 管理者の資質 ……………………………………………220
 4. のり面の緑化技術 ………………………………(杉浦俊弘)…221
　　(1) のり面緑化の基礎 ………………………………………221
　　(2) 緑 化 基 礎 工 ……………………………………………223
　　(3) 植　　生　　工 ……………………………………………224
　　(4) 植 生 管 理 工 ……………………………………………232
 5. 荒廃地の緑化 …………………………………………(佐藤一紘)…233
　　(1) 荒廃と荒廃地 ……………………………………………233
　　(2) 荒廃地の区分 ……………………………………………237
　　(3) 荒廃地の特徴と緑化 ……………………………………238
　　(4) 技術の組立てと緑化後の荒廃 …………………………243
　　(5) 施 工 の 事 例 ……………………………………………246

VII. 地球環境の保全と修復 …………………………………249
 1. 森林の保全と修復 ………………………………(矢幡　久)…249
　　(1) 地球環境問題と森林 ……………………………………249
　　(2) 持続可能な森林経営の必要性 …………………………251
　　(3) 熱帯林の消失の原因 ……………………………………252
　　(4) 森林の保全と国際協力の必要性 ………………………253
　　(5) 熱帯林の技術援助目標 …………………………………254
　　(6) 半乾燥地における森林の修復 …………………………257
 2. 沙漠化の現状と植生回復 ………………………(根本正之)…261
　　(1) 沙漠化とは何か …………………………………………261
　　(2) 土地利用別にみた世界の沙漠化 ………………………266
　　(3) 沙漠化地域の環境保全 …………………………………271
　　(4) 植生回復のための技術 …………………………………272

3．湿地の保全と修復 ……………………………………（粕渕辰昭）…274
    (1) 湿原の特徴 ……………………………………………………………276
    (2) 湿原の修復と保全 ……………………………………………………280

参 考 図 書 ……………………………………………………………………285
索　　　引 ……………………………………………………………………291

I．緑地環境学とは

　現在のわが国では"緑地"の概念は多様であり，"緑地"という言葉を使う場面によって，その意味合いが異なっている．これに対して英語で"緑地"は"open space"であるが，"open space"という場合のイメージは使う人によってそれほどの差異はなく，"緑の空間"である．

　本書においても，原則としてこのイメージを適用し，"緑地"とは植物を主たる構成要素とする空間とする．この空間では，植物以外にもさまざまな生物が共生し，1つの群集をなし，さらに，これらの生物の健全な生活を保証している大気（気象），土壌，水などがある．大気，土壌，水などは一般に"環境"と総称されるので，植物を中心とした生物群集とそれを取り巻く環境が，本書でいう"緑地環境"の概念となる．

　写真：草本類の根群は，土壌にしっかりと張りめぐって緑地をつくる（写真提供：小林裕志）

1. 植 物 と 光

　空気ならびに無機塩類を含む水，それに太陽の光が与えられれば，植物は生育する．植物は太陽光のエネルギーを利用して無機物から有機物を合成する"光合成"能力を持つ．しかし，動物にはこの能力はない．したがって，過去，現在，未来にわたって，われわれ人類は植物の光化学反応を生命の原点として生きているのである．

　地球上に生命の兆しが現れたのが30億年前，光合成が初めて行われたのが25億年前，陸上植物が出現したのが3億年前だといわれている．以来，二酸化炭素（CO_2）の濃厚な地球環境で，シダ植物や裸子植物が旺盛に生育し，これらの多くは化石燃料になって人類に文明をもたらした．そして現在，多くの群落を形成している被子植物は，白亜紀の末期から出現し第三紀に入って充実した．

　緑色植物は気孔を通してCO_2を空中から固定するが，このCO_2の取込みとその同化過程を炭酸同化（carbon dioxide assimilation）と呼ぶ．この過程でCO_2は光エネルギーによって還元され，炭素化合物（有機物）に変換される．この作用を光合成（photosynthesis）と呼んでいる．

　地球上の多くの生物は，直接，間接に緑色植物の光合成産物に依存して生命を維持している．生物はその生存のためにエネルギーを必要とするが，そのエネルギーは光合成で固定された太陽エネルギーを炭素化合物（有機物）の酸素による酸化を通じて取り出す過程，つまり呼吸によって得られる．

　光合成と呼吸の関係は次のように表される．

$$6\,CO_2 + 6\,H_2O + 686\,\text{kcal} \underset{呼吸}{\overset{光合成}{\rightleftarrows}} C_6H_{12}O_6 + 6\,O_2$$

　光合成は主に緑色植物の葉にある葉緑体で営まれるが，その主要な部分はチラコイドとストロマである．チラコイドは層状構造（ラメラ構造）を有し，ところどころに小さいチラコイドが多数重なって稠密なグラナをつくっている．この葉緑体の構造を図Ⅰ-1に示す．

　緑色植物は，太陽の光エネルギーを用いて二酸化炭素と水から多糖類や炭水

Ⅰ．緑地環境学とは

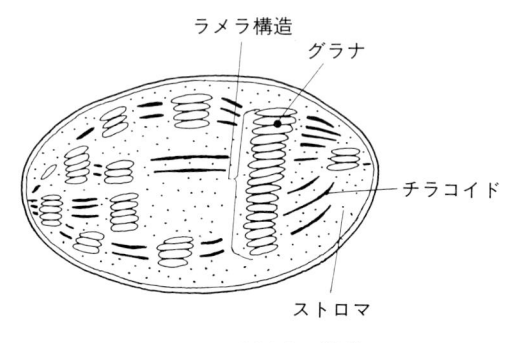

図Ⅰ-1 葉緑体の構造

化物（デンプン）などの有機物を合成し，副産物として酸素をつくる．植物，動物も含め，あらゆる生物は有機物で構成され，その生長と生命の維持のエネルギー源としても有機物は不可欠である．

2．緑地環境と生態系

緑地環境の中心は，葉緑素を持った緑色植物である．地球上の生命はすべて有機化合物から構成されるが，この有機物は緑色植物の光合成によって生産される．これが生物の食物連鎖の第1段階となるので，生態学では1次生産(pri-

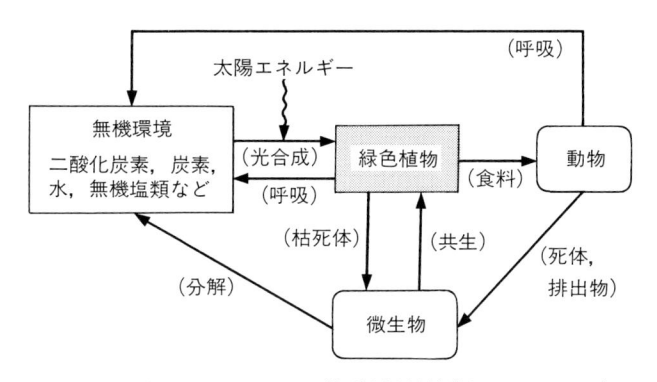

図Ⅰ-2 緑地環境における物質循環（科学技術庁，1988）

mary production）と呼び，緑色植物を生産者と位置付ける．そして，すべての動物と1次生産機能を持たないほとんどの微生物は，緑色植物の1次生産物に依存して栄養とエネルギーを得ているので，消費者あるいは分解者と位置付ける．これら生態学上の生産者，消費者，分解者による養分（物質）の循環が持続して，初めて地球上の生命系は成立している．図I-2に，緑地環境における物質循環を示す．

3．緑地環境と人間生活

古来，人間はどの民族においても"緑色"に対して"やすらぎ，穏やかさ"を感じるといわれるが，緑色植物に関しては単なる"みどり色"に対する感情に留まらない生命の根源がある．

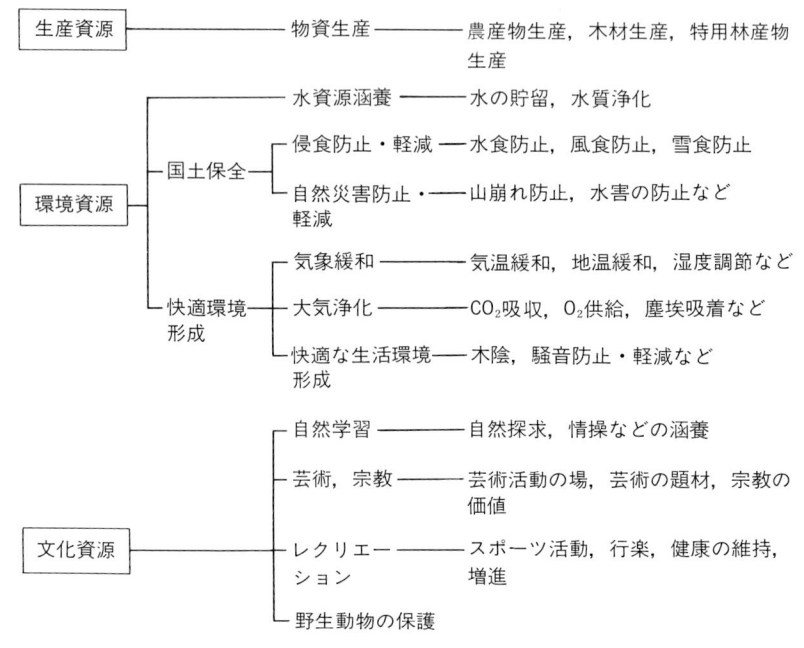

```
生産資源 ──── 物資生産 ──── 農産物生産，木材生産，特用林産物生産

環境資源 ┬─ 国土保全 ┬─ 水資源涵養 ──── 水の貯留，水質浄化
         │            ├─ 侵食防止・軽減 ── 水食防止，風食防止，雪食防止
         │            └─ 自然災害防止・軽減 ── 山崩れ防止，水害の防止など
         └─ 快適環境形成 ┬─ 気象緩和 ──── 気温緩和，地温緩和，湿度調節など
                          ├─ 大気浄化 ──── $CO_2$吸収，$O_2$供給，塵埃吸着など
                          └─ 快適な生活環境形成 ── 木陰，騒音防止・軽減など

文化資源 ┬─ 自然学習 ──── 自然探求，情操などの涵養
         ├─ 芸術，宗教 ── 芸術活動の場，芸術の題材，宗教の価値
         ├─ レクリエーション ── スポーツ活動，行楽，健康の維持，増進
         └─ 野生動物の保護
```

図I-3　みどり資源の有する価値の分類（科学技術庁，1988）

人間にとっての植物あるいは緑地環境は，食物をはじめとする生活物資の供給源や居住の場であり，まさに緑地が存在しないところでは人間の生活もありえなかった．加えて，高度に進んだ工業文明に生活する現代人にとっては，緑地環境が本来持っている"安らぎ，穏やかさ"などの癒しの機能が再評価，重要視されてきている．

　人間を中心に総括した緑地環境を"みどり資源"と考え，その価値を分類したのが図Ⅰ-3である．

(1) 生産資源としての価値

　生産資源とは，農林業としての経済的価値のことである．ヒトは約1万年前に栽培，飼育という食料確保の方法を創出してから今日までの長い歴史の中で，植物や動物を人間の食用として都合よく改良したり，衣類や住居などの生活物資に加工調製しながら利用してきた．このような人間の行為が，産業としての農林業を発展させてきた．人口の増加に伴って農林業の緑地環境への圧力も増大するが，農林業が物質循環の原理，原則（図Ⅰ-2）に則って営まれてきた地域では，緑地環境からの農林業資源供給は決して枯渇することなく続いてきた．

　現代の工業優先社会においては，全産業に占める農林業の経済的地位は相対的に低下しているが，これからも人間の生活の基本である衣食住が緑地環境に依存することにはかわりない．

(2) 環境資源としての価値

　緑地が持つ環境資源としての価値は，国土保全と快適環境形成とに大別される．緑地環境の国土保全機能は，森林などの水源涵養，災害防止などが解りやすいが，耕地や牧草地などといった農用地の働きも大きい．また，快適環境の形成としては，古くから都会暮らしの人々が精神的な安らぎを求めて森林や田園風景を訪ねていたように，人間性回復に寄与する緑地環境の価値はきわめて大きい．しかも，この評価は工業の先進国においてますます高くなっており，都市における緑地造成や経済活動で失った緑地を復元させることが，今後の重要

な課題となっている．

(3) 文化資源としての価値

　人文科学では，世界各地の風土（その地域の自然と人々の暮らし）は，その地の緑地環境に大きく影響されていると説明されている．例えば，日本文化は森林生態系に由来し，ユーラシア文化は草原生態系に由来するなどのように，世界各地における日常生活様式から高度な精神活動である芸術や宗教の世界にまで緑地環境はかかわってきた．そして，現代の経済効率優先社会がもたらす人間性喪失が顕著になってくると，緑地環境の保健休養機能に加えて，教育的価値やレクリエーション的価値なども強調されてきた．また，緑地環境の構成員である野生生物の保護などもこのカテゴリーに入る．

　以上みてきたように，"緑地環境学"として学ぶべき内容は実に多様である．本書では，II章以降の各論において，人間と緑地とのかかわりを歴史的，地域的に考察することからはじめ，緑地の持つ生産資源，環境資源，文化資源としての価値を再評価したうえで，現代文明が破壊した緑地環境の復元にまで講述する．

II. 人間と緑地環境

1. 生命系における緑地

(1) 緑 地 と 文 明

a. 四大文明の緑地破壊

　近年の考古学，化石学，さらには分子生物学の急速な進展によって，霊長類の1生物種であるヒトが全世界に広がっていく歴史的過程が，かなり明らかになってきた．それによれば，ヒトの起源は約200万年前の東アフリカであり，そこからヨーロッパ大陸，ユーラシア大陸，北米・南米大陸へと拡散し，ついにおよそ3,000年前には太平洋の島々にも出現したことで，ヒトの全地球的分布が始まった．ヒトのような大型生物種がこれほどまでに地球のすみずみに広がった例は，生物史の中にはないという．そして，世界各地の大河流域で生命

写真：緑地環境の維持に苦心する遊牧民（写真提供：小林裕志）
中国・新疆ウイグルにて．

の源である水や食料が豊富に獲得できることを知ったヒトは，BC.5000～1000年頃には世界の大河流域で，いわゆる四大文明と呼ばれる古代都市を次々と形成することになる．図II-1は四大文明成立の頃から，ヒトが急増していく歴史的過程をよく表している．

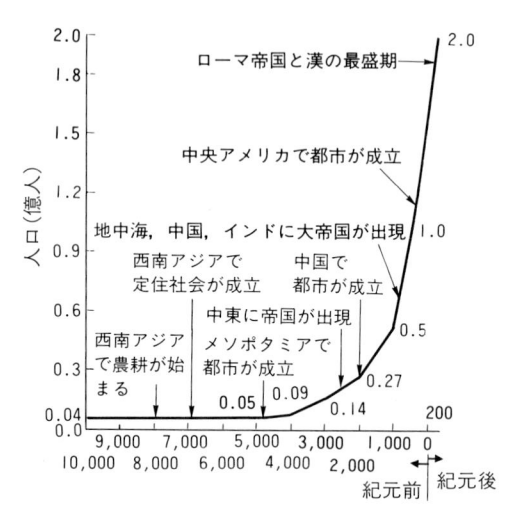

図II-1　紀元前10000年から紀元200年までの世界の人口の推移
（「緑の世界史」，1994）

1）エジプト文明

ナイル川流域の中流から河口に至る細長い広大な低平地に展開してきたエジプト文明は，BC.5000年頃に成立する．それ以降，19世紀末までの約7,000年もの永い間，ヒトはナイル川流域で文明を築くことができた．ナイル川は，3000km上流の広大な森林地帯から洪水とともに肥沃な土壌を運び，それを中下流の氾濫原に堆積する．この広大な氾濫原を利用してヒトは作物を栽培し，人口を増やしてきた．古代エジプトでは，BC.3000年にはかなりの人口扶養力があったといわれるが，それは毎年のように繰り返されるナイル川の氾濫による肥沃土の補給によって維持されていたのである．東アフリカの永い歴史の中で戦争が繰り返され，ローマ人やアラブ人などのさまざまな民族が盛衰していく

が，ナイルの農民たちは，遥か上流の豊かな緑地環境から河口氾濫原に至る自然条件を巧みに利用して，滅亡することなく，脈々と生命を育み伝えてきている．ところが，現代文明は工業力をもって，ナイル川流域の生態循環系を根本からかえてしまった．とりわけ，1920年代のイギリス援助によるアスワンダムと1960年代の旧ソ連援助によるアスワンハイダム建設が，ナイル川流域に致命的な土地荒廃をもたらした．ダムによって灌漑農地を増やすことをはかった結果，ナイル川が運んでいた養分はダム湖底に眠り，かわりに灌漑農地には多量の化学肥料が投入された．乾燥地における化学肥料の多投は農地に塩類集積をもたらす．

7,000年も持続してきたナイル流域の農地は，今われわれ現代人の工業文明によって滅亡の途を歩まされている．

2) メソポタミア文明

チグリス・ユーフラテス河の流域で，ヒトが集落を形成し始めたBC.5000年よりさらに昔は，レバノンスギが生い茂る広大な森林と湖沼が豊かな湿地であったといわれる．

ここにヒトが集まって定住し始めると，食料を増産しなければならない．この地における考古学の発掘，遺物分析によれば，当時すでにムギ類が栽培されていた．ムギ類は乾燥地を好む植物なので，栽培には森林を開墾し，湿地を乾燥させる農地開発が精力的に行われたと考えられる．人口増とともにこのような方法の農地開発が拡大していくと，広大な面積で蒸発量が少なくなり，気候の乾燥化，土壌の劣化などの連鎖作用によって土地は不毛地化し，ついには食料供給ができなくなってしまった．

メソポタミア文明の盛衰史は，ヒトによる緑地破壊が土地の沙漠化を招き，1,000年以上も続いた文明を没落させる重大な誘因となることを教えている．

3) インダス文明

古代の四代文明の中でも，インダス文明の考古学的解明は遅れているので，メソポタミアにおける緑地破壊過程との明確な違いはわかっていない．

それでも，これまでの発掘調査では，BC.3000年頃にはインダス川流域にか

なりの人口が集中しており，食料の分析からはムギ類などの栽培，家畜飼養などの生活様式が確認されている．現在，インドのこの地方は地球上でも有数の沙漠地帯となっているが，考古学的には，今から5,000年前のインダス川流域は生命豊かな森林緑地に覆われていたことがわっかている．そして，ここでの文明がわずか数百年で消滅した理由も推察されている．ナイル川の氾濫は文明の維持を保証したが，インダス川の場合には洪水のたびに川の流路が変化するために，氾濫が流域住民の生命，農地を頻繁に襲っていた．さらに，彼らの文明は巨大な寺院や宮殿をレンガでつくっていたために，これに必要なレンガを焼くための膨大な薪を必要としたので，森林破壊が急速に進んだ．この結果，インダス川の洪水氾濫はいっそう激しくなり，ついには文明維持が不可能になってしまった．

4）中国文明

黄河流域でヒトの集落が大きくなって都市が成立するのは BC.2000 年頃といわれるが，これらの文明は黄河の中下流の黄土高原，華北平原に花開いたものである．海洋から数千 km 内陸のこの辺りは，当時から降水量が少ない半乾燥地であった．したがって，中国文明の盛衰は黄河の治水，利水の歴史でもある．紀元前の黄土平原に森林が存在したかどうかは未だに諸説があるが，黄河流域の低平野部は広大な草原地帯であったので，大気循環の理論からみれば，それなりの森林が成立していたと考えられる．森林と草原が共存していたことで，多くの人口を扶養できる食料が保証され，都市が成立した．

黄河の氾濫がもたらす黄土は肥沃で耕しやすかったので，定住したヒトは地被草を剥がしてキビ畑を増やしていった．そして同時に，ヒトは森から薪や建材としての樹木を伐採し続けながら，文明生活を発展させていった．

BC.1500 年頃に誕生した周は，当時の東アジア最大の都市国家であったが，その後の黄河流域は，1,000 年以上にも及ぶ戦争の繰り返しで衰退の一途をたどる．半乾燥地の土地保全には治山治水が大原則であるが，これに従わずに草原の開墾や森林伐採などの緑地破壊を続け，その結果，黄土高原，華北平原の文明は滅亡していく．

b．緑地と共生した縄文時代

BC.11000 年から約 1 万年間を縄文時代と呼んでいるが，人類史の中でこれほど長期にわたってヒトの集落が持続したことは，他に例のない驚異的な出来事である．近年の先端技術を駆使した考古学は，石器時代や縄文時代にかかわる従来の定説を次々と書きかえている．

特に，1990 年代末から行われている青森市の三内丸山遺跡（最初の発見は江戸時代）における縄文大集落跡の調査は，縄文人の生活様式について新しい知見を数多く提供している（図II-2）．三内丸山の縄文集落は，BC.3500 年頃から 1,500 年間にわたって同一民族が同じ場所で継続しているが，これまでみた四大文明のような階級社会や都市国家を形成することもなく，また民族興亡をかけた戦争もしていない．BC.3000 年頃の同時代のヒトが作った集落でありながら，大河流域の四大文明と日本列島の縄文文化の内容が大きく異なるのは，両者を取り巻く自然環境条件の違いによるところが大きい．

当時の地球環境は，平均気温が今よりも 2°C 高く，海面が 5～6 m 上昇してい

図II-2　青森市の三内丸山縄文遺跡

たという．すると，三内丸山縄文集落は，八甲田山系の落葉広葉樹の森林を後背地に，目の前がむつ湾という立地にある．すなわち，山の幸，海の幸に恵まれた理想的な自然環境であった．三内丸山縄文人の生活遺跡からは，森林緑地を破壊せず，海の魚介資源を枯渇させない，自然と共生した姿がうかがえる．しかも，果実酒や燻製などの保存食，あるいはクリやアワなどを栽培していた形跡も発見されていることから，彼らは単なる採取狩猟民族ではなく，かなり豊かな食文化を持っていたことが明らかになってきた．森林と海に囲まれた青森県は，三内丸山のほかにも縄文時代の遺跡が数多く発見されていることから（図II-3），これらの縄文集落が約1万年もの長期にわたって存続できた恵まれた地方であった．

図II-3　青森県内の主な縄文遺跡（久慈　力，2000）

そして，その恵まれた山の緑資源を壊滅しないことで，海の資源をも持続できる生活様式を何世代にもわたって継承してきた縄文人の物の見方，考え方は，現代人のわれわれに生命系持続の本質がどこにあるのかを示唆している．

c．緑地環境を育てた江戸文明

1603年，徳川幕府によって日本の首都となった江戸は，その後の260年間に人口50万人を超える，当時の世界としては屈指の巨大都市に膨れあがった．そ

II．人間と緑地環境

れまでこの地は，江戸湊と呼ばれる海辺の小さな1寒村にすぎなかった．江戸湊の内陸部は火山灰土壌からなる武蔵野台地で，その植生は貧弱で，決して肥沃な土壌ではなく，もともと多くの人口を扶養できる土地柄ではなかった．ところが，首都となって士農工商あらゆる職業の人々が集まってくると，日本全国各地から食料や燃料などのさまざまな物資が江戸に集積してくる．それを巨大なパワーで江戸の人々が消費し，排泄，廃棄していく．いわゆる貨幣経済による物の大循環が始まり，その結果として，不毛の武蔵野台地に緑地環境を形成できたのである．

図II-4は，江戸の大都会を中心に豊かな循環社会を描いたものである．都会の排泄物はヒトが郊外へ運び，郊外で農業を始める．この農地から鳥は餌を取り里山に糞を落とす．里山は肥沃になり緑地が誕生する．緑地はさらに奥山へと進む．すると，何十年かのちには，奥山から流れ出る富栄養水が下流の田畑を肥沃にし，さらに沿岸の魚介類を豊かにする．この構図は，ヒトの共同社会が緑地環境を創出できることをよく表している．

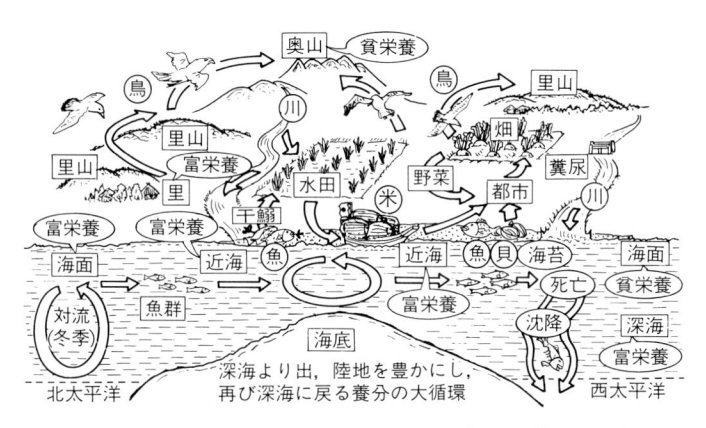

図II-4　江戸時代の豊かな循環社会（槌田　敦，1998）

世界史では，ヒトの文明が緑地を破壊して生命系を滅亡させるシナリオが多いが，400年前の江戸文明は経済活動を発展させながらも緑地環境を誕生させ，発展させた稀有な歴史である．

d．現代の工業文明と緑地破壊

　緑地環境に関する第1の大きな転換点は，全地球的に拡散したヒトの集団が農業を発明し，定住生活を開始した1万年前頃と考えられる．本来，緑地環境には"生態系の自己維持機能"が備わっているので，この時代に地球上のすべての緑地が壊滅し，生命系が断ち切られることはなかった．

　そして，第2の転換点は，化石燃料の発見利用によるエネルギー革命以降である．特に，20世紀に入ってからの全地球的規模での工業文明へのまい進は，一度破壊された緑地環境を回復させる間も与えず，多様な生物で構成される生命系に脅威を及ぼしている．

　この典型的な事例が，南米ブラジルのアマゾン原生林の開発にみられる．

　アマゾン川流域の熱帯多雨林約450万km^2(日本国土面積の約12倍)のほとんどは人跡未踏の原生林であり，現代に残された最大規模の陸上生態系である(図II-5)．ここでは，活発な物質代謝が営まれ，地球上の物質循環に影響を及ぼしている．さらに，ここに生息する生物群の巨大な遺伝子プールは生命系維

図II-5　"地球の肺"と呼ばれる巨大な光合成の源であるアマゾン原生林

持の鍵を握っているため，医薬分野からも貴重な地域となっている．

ところが，20世紀に入ってからの機械力による森林伐開は，生態系の自己維持機能による修復が間に合わないスピードで進行している．

図II-6は，アマゾン原生林の典型的な農地開発法である．伐開，火入れした直後は，原生林が涵養していた肥沃土によって農地は維持されるが，数年後には穀物も牧草も栽培できなくなるほどに地力は消耗し，ついには不毛地となってしまう．それでもアマゾン原生林を開発する理由は，農地開発の経費がどこよりも安価であることによる．

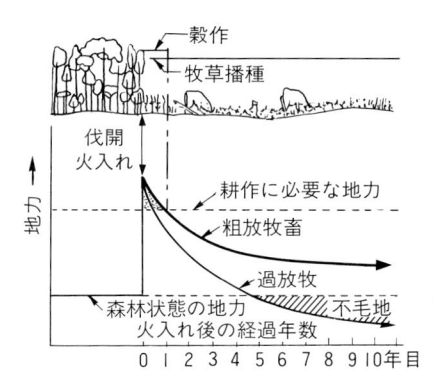

図II-6　アマゾン原生林の農地開発

1980年代に現代人の飽食を支えるために破壊されたアマゾン原生林は，わが国の北海道（8万3,000 km²）を越える面積に達した．わずか数十年の短期間でこれほど大規模に森林破壊をした例は，人類史上かつてないことである．20世紀末に至って，人類はようやくアマゾン原生林破壊にブレーキをかけようとしているが，工業文明の恩恵に浸っている現代人の価値観を変換させることは，それほど容易なことではない．

(2) 生命系持続の原理

a．生命体維持の理論

地球上では，緑色植物の光合成によるエネルギー創出を除き，生命体は資源をエネルギーとして消費し活動（生長）するが，その際，必ず廃物，廃熱を伴

う．生命体は，生長が大きくなればなるほど大量の資源を供給し，大量の物や熱を廃棄しなければ生きていくことができない．この原理は，物理学のエントロピー理論で説明されるが，槌田はこれを"エンジンの理論"としてわかりやすく表した（図II-7）．ガソリン（資源）を供給されたエンジンは，内部でこれをエネルギーに変換して仕事をする（物質循環）が，これには廃物，廃熱を伴う．この仕組みのどこかに異常が発生するとエンジンは停止する．生命系における健康，病，死の問題もこの考えで整理すると，生命維持の基本がよく理解できる．

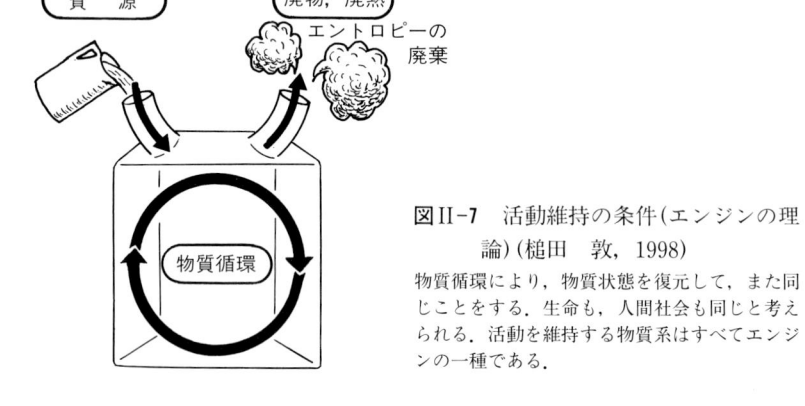

図II-7 活動維持の条件(エンジンの理論)(槌田 敦，1998)
物質循環により，物質状態を復元して，また同じことをする．生命も，人間社会も同じと考えられる．活動を維持する物質系はすべてエンジンの一種である．

さらに，地球環境についても"エンジンの理論"で考えると，問題点が明確になる．

地球上での物質循環は，資源の投入と廃物，廃熱の放出が前提となる．廃熱については地球の外へ拡散放出できるけれども，廃棄された物質は地球上で処理しなければならない．一方，資源も採取利用するだけでは枯渇し，地球上の物質循環は停止してしまう．

ところが，地球上に生命が誕生してから30数億年，種の変遷を繰り返しながらも，すべての生物は連鎖しあって生命系を持続させてきた．なぜならば，ある種が廃棄した物質は，別の種の資源となるような生物的循環システム（生態系）が地球上で成立し，維持されてきたからである．

b．生態系における物質循環

　緑色植物が光合成で有機物を作り，動物がそれを食べて成長し，微生物が動植物の遺体を分解して植物の養分を作る生態系では，緑色植物を生産者，動物を消費者，微生物を分解者と位置付ける．この概念は，植物や動物の共生が小領域の閉鎖的な場所で完結している場合には容易に理解できる．閉鎖系でなくても，生物の養分が高い山から河川，地下水を通って，平地や海に移動する場合にも理解しやすい．しかし，これだけでは養分などの物質は低部や沿岸のみに蓄積することになってしまうが，実際にはそんなことはない．高地でも川の上流でも，あるいは大海の真中でも物質循環があり，生態系は成立している．このような場所では，"生産者－消費者－分解者"の循環が自然の物理法則に逆らって成り立っている．すなわち，消費者に位置付けられているヒト，獣，鳥，魚類などは，自分の生息地を自由に移動しながら生活している．これらの動物が移動することで，低地から高地へ養分が運ばれ，地球規模での物質循環が成立している．その意味では，"生産者－消費者－分解者"の連鎖を維持するための"運搬者"の概念も重要である（図II-8）．

　地球上の生命系を健全に維持するためには，それを支える"運搬者"が健全

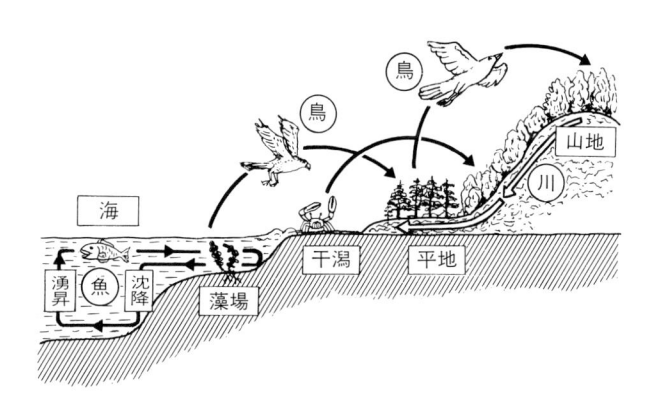

図II-8　地球規模の大循環（槌田　敦，1998）
自然は重力で養分を下方へ運び，動物（魚，鳥，人）は養分を上方へ運ぶ．

2. 世界の緑地環境と農業

(1) 世界の植物分布と環境

a．植物と環境

　植物はそれぞれの地域の環境に適応して生育し，いくつかの植物種から構成されるさまざまな植物群落を形成している．植物群落を取り巻く環境は，気候要因，土壌要因，地形要因，生物的要因，人為的要因などである．これらの環境要因は独立したものではなく，相互に関係しあったものである．したがって，1つの要因が単独で植物群落に影響を与えているのではなく，すべての要因が相互に関係しあって，それぞれの植物群落を規制している．

b．地球上の植物の分布

　地球上には，約 $149 \times 10^6 km^2$ の陸地が存在し，森林(38%)，草原(17%)，農地(10%)，そして沙漠などで占められている．これらの自然は陸上のそれぞれの地域の環境に対応したさまざまな植物群系（同様な相観を示す植物群落の集まり）に分けることが可能である．これらの植物群系とともに生活するさまざまな動物をまとめて動物群集という．そして，ある地域の環境に対応した植物群系とそこに生活する動物群集をまとめたのが生態系（ecosystem）である（表II-1）．農地を除くこれらの生態系の陸地における分布は，主に気候要因，すなわちそれぞれの地域の年平均気温や降水量との関係によって決まっている（図II-9）．地球上の降水量が多い地域には，さまざまな森林が発達する．ある地域にどのような森林が発達するかは，主に気温と降水量の季節的変化によって決まる．熱帯地方で降水量が多い地域には熱帯多雨林が，また降水量が季節的に限られている地域（モンスーン地帯）には熱帯季節林がそれぞれ発達する．温帯の気温の高い南部には温帯常緑樹林が，気温のより低い北部には温帯落葉樹

II．人間と緑地環境

表 II-1　陸上の各生態系の面積と純 1 次生産量

生態系のタイプ	面　積 ($10^6 km^2$)	単位面積当たりの純 1 次生産量($g/m^2/$年)
熱帯多雨林	17.0(11.4%)	2,200
熱帯季節林	7.5(5.0%)	1,600
温帯常緑林	5.0(3.4%)	1.300
温帯落葉樹林	7.0(4.7%)	1,200
北方針葉樹林	12.0(8.1%)	800
疎林と低木林	8.5(5.7%)	700
サバナ	15.0(10.7%)	900
温帯イネ科草原	9.0(6.0%)	600
ツンドラと高山荒原	8.0(5.4%)	140
耕　地	14.0(9.4%)	650
砂漠その他	46.0(30.9%)	135
〔陸地合計〕	149　(100.0%)	773

（宝月欣二，1979 を一部改定）

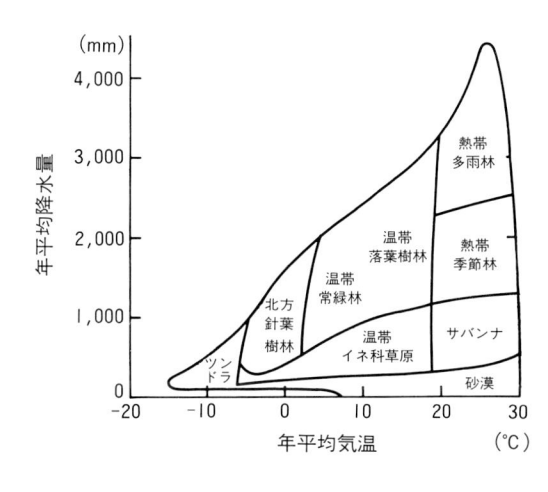

図 II-9　陸上の各種生態系と気候との関係
(Whittaker, R. H., 1970 より)

林が発達する．さらに，亜寒帯には北方針葉樹林が発達する．

　地球上における陸地の 47％が乾燥地である．この乾燥地は，年間降水量よりも蒸発散量が多く，主に水要因がさまざまな程度で植物の生育を制限している．熱帯地方の乾燥地には，イネ科の草本植物を主とした草原（サバナ, savanna）が分布し，傘状の高木や低木が散在している．また，温帯地方の乾燥地にもイ

ネ科植物の草原が分布しており，冬季に気温が低下する地域にはステップ(steppe)などが発達し，そこにはほとんど樹木がみあたらない．高山の樹木限界より上部の高山帯にみられる草原を高山草原という．

熱帯地方から温帯地方の極端な乾燥地域には，植物が全く生育しないか，あるいはごくまれにしか生育しない沙漠が分布している．また，寒帯地方のきわめて低温のために，植物がわずかに生育している地域をツンドラ地帯という．沙漠やツンドラ地帯において，極端な乾燥や低温のために植物がまれにしか生育していない地域を荒原という．

これらの自然の生態系を構成する植物は，光エネルギーを利用した光合成によって，CO_2と水から炭水化物を生産する．この量から植物自身による呼吸による消費量を除いた部分を純1次生産量という．陸上では，気温が高く降水量が多い植物の生育に適した環境に存在する生態系ほど，この純1次生産量は大きい（表II-1）．一方，農耕地は，作物の生育に適した環境の地域にあるが，その栽培が年間の限られた期間に行われるために，その純1次生産量は比較的低い．

農地は，もともとそこに存在した自然の森林や草原などを，人間の生物資源生産の場として利用するために，耕作地，草地，放牧地などに変換した土地である．地球規模でみた場合，農地は緑地の主要な部分を占めている．この農地で行われているさまざまな形態の農業も，主に気候要因と土壌要因によって大きな影響を受けている．

同時に，人間は生物資源利用を目的とした，林産業や牧畜業を行ってきた．林産業では，自然林を伐採して用材や薪炭を生産する場合と，自然林を有用樹種の2次林に変換して，より効率的にこれらの生産を行っている場合とがある．牧畜業における家畜の放牧においても，自然の草原を放牧地として利用する場合と，森林を伐採し草地化して利用する場合とがある．自然の草原を放牧地として利用している場合には，その植物組成（植生）がそれまでの自然草原の植生から放牧地独特の植生へと変化する．

(2) 森林地帯における農林業の発達

　人間が地球上に出現した当初は，自然界においてほとんど他の生物とかわらない存在であった．しかし，次第に人間の自然界における活動が多様化し，狩猟採取段階に入ると，人間は自然の生態系から植物（木の実や芽など），動物そして魚介類を確保して生活するようになった．この段階においても，縄文時代を代表する青森県三内丸山遺跡では，その住居周辺の自然の森林をクリ林にかえるといった積極的な自然の利用が確認されている（☞本章1.「生命系における緑地」）．そして，最も古い農耕と考えられる焼畑移動耕作を人類が始めることによって，自然の森林や草原の農業的な利用が開始された．その後，定住耕作や畜産としての農業，用材や燃料を得ることを目的とした林業が開始された．この生物資源生産を目的とした自然の森林や草原の改変によって，人為的な緑地（耕地，草地，林地）が誕生した．

　農林業は，その長い歴史の中で，自給自足的に行われた時代が非常に永く続いた．この間の農耕地の生産力は低かった．加えて，この間の人口増加は近代に比べきわめて低かったために，自然の生態系の自己維持機能が十分に発揮できる環境であった．

　この間，ヨーロッパの三圃式農業を行っている地域においては，地力の維持を目的とした土地の循環的利用方法が確立された．同様に，アジアのモンスーン地帯の水田耕作を行っていた地域では，水田へ水を供給している河川の上流からの栄養分の流入と，水田に繁殖するラン藻その他の植物によって窒素固定された栄養分により水田の地力が維持され，持続的な農業が営まれていた．しかし，チグリス・ユーフラテス川下流域やギリシャなどの文明が早い時期に衰退したように，人口増加に対応した農地の持続的利用方法が確立されなかった地域では，いったん農地として緑地化された土地の沙漠化が進んだ（☞本章1.「生命系における緑地」）．

　中世以降のヨーロッパ史をみると，農業の景気は戦争がなくて人口が増加する平和な時代に好転していたことがわかる（表II-2）．

表 II-2 　西欧史における農業景気

年　代	西欧の農業景気	西欧史	日本史
古代から中世			
500～700		630：サラセン帝国おこる	645：大化改新
中世前期			
700～850	繁　栄	751：カロリング王朝成立 829：イングランド王国成立	710：奈良遷都 794：平安遷都
850～1000	不　況	962：神聖ローマ帝国成立	
1000～1150	回　復	1096：第1回十字軍	1016：藤原道長摂政
中世中期			
1150～1300	**農業ブーム**	1241：ハンザ同盟 1265：英国議会開く	1192：鎌倉幕府成立 1274：文永の役
1300～1450	農業不況	1270：第7回十字軍	1281：弘安の役
中世後期			
1450～1550	農業の軽度の回復	1346：ペスト流行 1492：米大陸発見 1517：ルター宗教改革 1531：インカ帝国滅亡	1338：足利幕府成立 1467：応仁の乱 1543：鉄砲伝来
近　世			
1550～1650	**農業ブーム**	1588：スペインの艦隊，英国に敗れる 1600：英・東インド会社設立 1620：メイフラワー号	1590：秀吉天下統一 1603：徳川幕府成立 1624：鎖　国
1650～1750	軽度の農業不況	1666：ニュートン万有引力の法則発見	
1750～1850	**農業ブーム**	1765：ワット蒸気機関発明 1776：米国独立 1792：フランス革命 1804～14：ナポレオン皇帝	1783～88：天明の大飢饉 1832～37：天保の大飢饉 1853：ペルリ来日 1868：明治元年 1873：地租改正

（山根一郎，1974）

　そして西欧では，産業革命を境にした急速な人口増加に伴い，工業と農業，都市と農村地帯の分業関係が成立した．この急速な人口増加に伴って，自然生態系の農地への転換が進み，同時にその農地での生産性を高める必要性が生じた．この結果，それまでの自給自足的・循環的土地利用から，都市への農畜産物や工業用原料としての工芸作物の供給のために，高い生産性維持が可能な農業へ

と転換していく必要が生じた．この過程で，四圃式輪作体制によって飼料の増産が行われ，家畜の飼育頭数が増加し，堆肥の増産による地力の維持がはかられ，農畜産物の生産量が増加した．いわゆる有畜農業の発達である．さらに人口が増加すると，農地におけるより高い生産性の維持が必要になった段階で，近代科学によって，作物の生育に必要な土壌の諸栄養素が解明され，それらを工業的に生産し供給することが可能になった．これが化学工業の発展に伴った，窒素，リン酸，カリという化学肥料の供給であった．

地球規模では，新大陸のアメリカ，カナダ，アルゼンチン，オーストラリア，そしてニュージーランドなどは，新興農業国として，ヨーロッパなどの先進国への穀物や畜産物そして工芸作物などの供給基地となり，それまでの森林や草原の開拓が急速に進み，農業の大規模経営が開始された．

第二次世界大戦までは先進国の植民地であり，戦後独立した多くの亜熱帯と熱帯の発展途上国および以前から独立国であった同様の国でも，戦前戦後を通じて，外国資本の強い影響下にあるプランテーション（plantation）によるモノカルチャー型の農業が展開されてきた．これらのプランテーション農業では，熱帯と亜熱帯の森林を対象に大規模な農地開発が進められてきた．この典型例は本章1．「生命系における緑地」で紹介したが，このような急激な農地開発で消失する熱帯林の現状回復には，きわめて長い歳月を要するといわれている．

このような工業先進国のやり方に対し，現在でもアマゾン川中流部の熱帯地域の原住民であるインデオが行っている伝統的焼畑移動農業を再評価する見方も出てきた．そこでは，豊かな森林を小規模に雨期に伐採し，乾期の初めに焼入れを行い，トウモロコシの種子を播く．次に，つる性のインゲンの種子をトウモロコシの傍らに播き，その茎に絡ませて生長させる．そして，数年で地力が低下すると，新たに豊かな森林で焼畑を行う（図II-10）．

森林資源の林産業的利用についてみると，その資源生産を積極的に高めることを目的とした自然林を，有用樹種を育成させる人工林へ改変するといった緑地化が進められている．また近年，熱帯における輸出用材の伐採による森林の急激な減少は，地球規模での環境破壊の元凶の1つとなっている．

図II-10 アマゾン川流域に生活する原住民インデオの焼畑
森林を伐採し,焼いた直後にトウモロコシを栽培したところ.

このような自然林の緑地化と熱帯降雨林の急激な減少が進む一方で,わが国の中山間地帯では,狩猟採取時代からの伝統と考えられる自然林における春の山菜採りや秋のキノコ採りが現在も盛んに行われている.また,アマゾンの熱帯林に生育する樹木からの天然ゴム,チクレ,ブラジルナッツ,リグニン,タンニンなどの趣向品,薬用物質,工業原料の採集が現在も行われている.

(3) 乾燥地における農牧業の発達

地球上の乾燥地帯には,世界人口の約20%の人々が生活し,農牧業が盛んな地域である.この地域の土地利用は放牧地が大部分を占め,農耕地は少ない.乾燥地帯は,前述したように,年間の降水量よりも蒸発散量が多い地域で,主に水要因が植物の生育を制限している.

乾燥の厳しい地域から順に,極乾燥地域,乾燥地域,半乾燥地域,乾燥半湿潤地域に区分される.極乾燥地域は真の沙漠であり,その外側に位置する乾燥地域から半乾燥地域,そして乾燥半湿潤地域へ移るに従い降水量が多くなる(☞VII章2.「沙漠化と緑地」).

極乾燥地域では降水量がきわめて少ないため,農牧業がほとんど不可能である.乾燥地域では,移動型の放牧(遊牧)が主であるが,地下水が利用できる

地域では，灌漑農業も行われている．半乾燥地域では，牧畜業，降雨依存型農業，灌漑農業が行われている．乾燥半湿潤地域では，降雨依存型農業が行われている．

世界の牧畜業では，全陸地面積の25％に及ぶ広大な土地が利用されている．水要因が制限となっており，耕作に適さない地域で主に牧畜業が行われている．牧畜業の古い歴史を持ち，現在も盛んに行われている地域は，中央アジア，モンゴル，中近東，アフリカのサヘルなどである．この牧畜業は，定着的牧畜と遊動的牧畜とに分けられる．また，南北アメリカやオーストラリア，ニュージーランドなどの乾燥地域でも牧畜業が盛んである．この地域の牧畜業は新しく，ヨーロッパからの移民によって始められた．

半乾燥地域で行われている降雨依存型農業は，主に自然降雨に依存した作物生産を行う独特の農業形態である．その特徴は，限られた雨水を土壌中に積極的に浸透させ，また土壌水をできるだけ蒸発散させない農法を用いることにある．この形態の農業は，中国華北部平野，インドの一部，サハラ沙漠の南縁，西アジアからサハラ沙漠北縁の地域などで行われている．これらの地域では，独特の作物および果樹類の栽培が行われている．

降雨依存型農業は，不安定なそして少ない降雨に依存しているために作物収量の変動が大きく，集水や保水のために休閑期を設けることが多い．この地域の土壌は有機物が乏しく，休閑中に風食や水食にさらされることも多い．

乾燥地帯の灌漑農業は，河川水あるいは地下水を畑に灌漑する農業である．したがって，降雨依存型農業地域においても，安定した高い作物生産を得るのに重要な手段である．河川水を利用する灌漑農業は，イラク，イラン，パキスタンなどで行われており，地下水を利用する灌漑農業は，中近東や北アフリカなどで行われている．後者は，山地や山麓地域の比較的浅いところにある地下水を，地下トンネルを用いて地表に取り出して灌漑に用いる伝統的な農法である．一方，新興農業国であるアメリカやオーストラリアなどの乾燥地域においても，河川水や地下水を利用した灌漑農業が大規模に行われている．この灌漑農業では，作物の収量は比較的安定しており，土壌の肥沃度が保たれるが，灌漑水に

含まれている塩類（ナトリウム塩，カルシウム塩，マグネシウム塩）が土壌の表層に蓄積しやすい．

（4）地球規模での栽培植物の環境対応

前述したように，自然界に生育する野生植物は，それぞれの生育に適した環境の地域に分布している．一方，人間は，農業を開始して以来，さまざまな有用野生植物を栽培化し，その資源生産力を高めるために品種改良を進めてきた．同時に，栽培植物の原種である野生植物が，本来生育していた環境よりもさらに広い環境で栽培可能な品種へと改良が続けられてきた．その結果，栽培植物の特に日長および温度への対応は，その原種に比べてかなり広い範囲となった．しかし，これらの環境要因への栽培植物の対応は，必ずしも同一品種による対応ではなく，それぞれの環境への対応が少しずつ異なった多数の品種による対応である．

果樹や工芸作物のような多くの多年生栽培植物は，それぞれ固有の生育環境

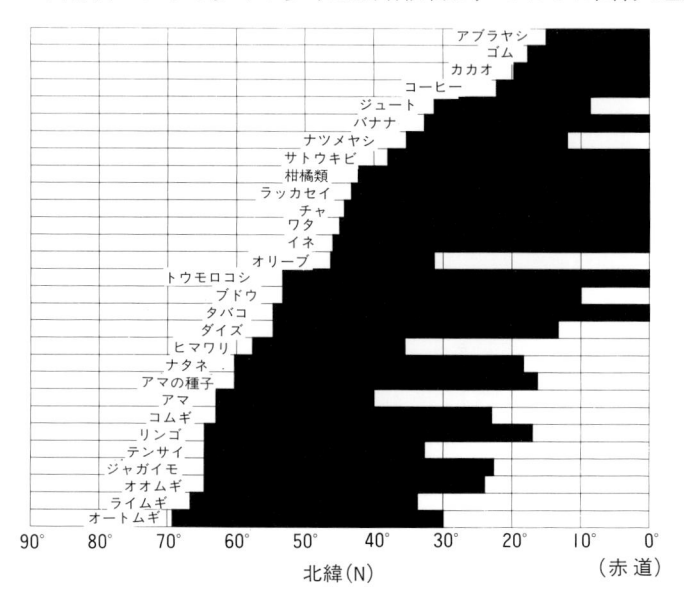

図II-11　北半球における主要作物の分布と緯度限界（David, G., 1998）

を有しており，その結果，限定された緯度分布をしている(図Ⅱ-11)．1年生の栽培植物もそれぞれ固有の緯度分布を示しているが，多年生栽培植物に比べ，より広い分布を示している．この理由は，1年生植物の栽培期間が短いために，広い範囲の緯度地帯においては，年間のある時期の気候条件が等しければ栽培が可能であることに基づく．さらに，1年生栽培植物では，さまざまな温度環境への対応可能な数多くの品種が育成されていることにもよる．

(5) 自然生態系と農業生態系の再生能力

　生物資源には，化石燃料や鉱物資源などの他の天然資源にはみられない，"再生産が可能"というきわめて特徴的な面がある．人間は農業を始めて以来，自然生態系を農耕生態系や牧野生態系，あるいは2次林生態系などの人為的系に改変し，生活に必要な生物資源を生産してきた．この場合にも，人為的生態系における生物資源の再生能力を利用してきた．そこで，農耕生態系を1つの例として，生物生産の再生能力について，自然生態系との比較をしてみる．

　自然生態系は，そこに生活するさまざまな生物が作り出した多様な食物連鎖を通じた物質循環とエネルギーの流れからなる1つの系(システム)である．この生態系に生活する生物の種が多様であること(生物多様性が大きいこと)は，この系の物質循環とエネルギーの流れが自然環境と調和し，安定していることを意味する．このような陸上の安定した自然生態系では，生物資源が持続的に生産され，系内で消費されている．

　農耕生態系内で生育(栽培)する植物は，1種類の栽培植物と除草剤などによる除草から免れた数種の雑草のみに限られてる．さらに，栽培植物の生育に障害となる病害虫の駆除を目的に農薬が散布される．その結果，栽培植物に有益な，あるいは無害な多くの昆虫や微生物までも駆除される場合も多い．したがって，農耕生態系内に生活する生物種数は，自然生態系に比べてきわめて限られており，生物多様性はきわめて低い．その結果，農耕生態系内の食物連鎖網は単純化しており，物質循環とエネルギーの流れは不安定で，外部からの環境ストレスの影響を受けやすい．

農耕生態系では，目的とする生物資源の生産力を高めるために大量の化学肥料が，またその生産力を人為的に安定化させるためにさまざまな農薬が投入される．栽培植物に吸収され，また分解されずに土壌に蓄積する化学肥料成分は，土壌のpHなどその環境に影響を与える．ほとんどの農薬は，本来自然界に存在しない化学合成物質であり，分解されにくく，土壌に蓄積する場合も多い．したがって，農耕生態系に投入される化学肥料と農薬の成分で蓄積した部分は土壌環境に影響を与え，また系内の食物連鎖と物質循環を乱す場合が多い．

　安定した陸上生態系では，光合成によって有機物，すなわち生物資源が生産される．生産された有機物のほとんどがそこに生活する生物のエネルギー源として利用されるか，あるいは生物体を構成する物質となったのち，最終的に系内で無機物までに分解される．その中でCO_2と水は系外に放出されるが，その他の無機物の多くが系内で物質循環する．一方，農耕生態系では，化学肥料投入によって大量の有機物が生産される．生産された有機物の大きな部分が収穫物として系外に移出される．この大量の有機物生産に必要な無機物である植物の栄養素の多くは化学肥料として外部から供給されるが，それ以外の必要な栄養素は系内に存在する無機物が用いられる．したがって，系内にもともと存在し，有機物生産に用いられ，系外に移出された栄養素の量は減少する．一方，投入された化学肥料が有機物生産に利用されなかった場合，その多くは系内に新たに蓄積し，さらには地表水や土壌水とともに系外に持ち出されることも少なくない．

　このように，農耕生態系では，植物の生長に必要な各種の栄養素量がアンバランスになりやすい．その結果として，系内における物質循環が不安定になる可能性がある．

　このように，自然生態系から農耕生態系への変換は，生物の多様性の大きな低下，それまでは存在しなかった化学物質の蓄積，流失，そして植物の生長に必要な栄養素のアンバランスをもたらしてきた．この結果は，現在の農耕方法が，その再生産の基礎である生態系における食物連鎖と物質循環の不安定化の原因となっており，生物資源の再生産能力を低下させていることを示す．

II. 人間と緑地環境　　　　　　　　　29

　このように，現在の農耕方法の問題点が明らかになりつつある一方で，21世紀にはさらに大きな人口増加が予測されている．しかも，新たな農耕地の拡大は，残された土地の気候および土壌条件の厳しさと，地球規模での環境への影響から限界に達している．

　このような状況において，最重要な課題は，自然生態系における生物資源生産の維持機構についてさらに研究を進め，農耕生態系を含めた人為的生態系の今後のあり方を根本的に考え直すことである．

3. 日本の自然と緑地

　緑地の成立には，さまざまな自然要因や人為要因が関係している．ここでは，まずわが国の自然について概説し，次にわが国の緑地についてその種類別概要を，それぞれの成立にかかわる要因に触れながら述べる．

(1) 日本の自然

　わが国は北緯 45°33′（北海道択捉島）から北緯 20°25′（東京都沖ノ鳥島）の範囲の中緯度帯に広く分布する．また，四方を海に囲まれている島国であると同時に，起伏に富む複雑な地形を持つ山国でもある．このような立地条件がわが国

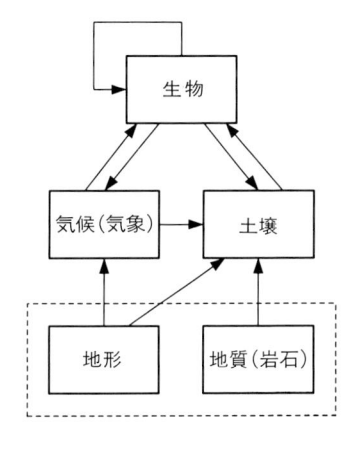

図II-12　自然要因としての気候，地形，地質，土壌および生物の関係
矢印は作用の方向を表す．生物から生物への矢印は生物間相互作用を示す．

の自然を多彩なものにしている．

　ここで自然要因として取りあげる気候，地形，地質，土壌および生物は，一般に図II-12のような関係にある．

a．気　　　候

1）気　　　温

　わが国の年平均気温はおおむね0～24℃の範囲にあり，南ほど高い傾向を示す(気象庁，1993)．このような気温の分布に基づき大まかに，北海道は亜寒帯（年平均気温6℃以下）に，本州北部は冷温帯（年平均気温6～13℃）に，本州南部，四国および九州は暖温帯（年平均気温13～21℃）に，南西諸島は亜熱帯（年平均気温21～25℃）に属する（☞図II-20）．

　年平均気温は，また，沿岸部よりも内陸部において低い傾向がある．これは，主として気温が標高の増加とともに低下する（100 mの増加につき0.55～0.65℃の低下）ことを反映したものである．

2）降　水　量

　わが国の年降水量はおおむね800～4,000 mm以上の範囲にあり，大まかには南ほど高い(気象庁，1993)．地域的には，本州の日本海沿岸部，東海の一部，紀伊半島南部，四国南部，九州南部および南西諸島において高い（おおむね2,000 mm以上）．本州の日本海沿岸部における高降水量は，冬の降雪量が多いことによるものである．わが国の降水量は，その大部分が温帯に属する国としては，かなり高いといえる．

3）日照時間と日射量

　わが国の年間日照時間は，おおむね1,400～2,200時間の範囲にあり，一般に日本海側で短く（おおむね1,800時間未満），太平洋側で長く，瀬戸内地方でも長い（おおむね1,800時間以上；気象庁，1993）．年平均全天日射量はおおむね10～15 MJ/m²/日の範囲にあり，平均的には南ほど高く，日本海側よりも太平洋側で高い傾向がある（吉田作松・篠木誓一，1978）．わが国の年間日照時間や年平均全天日射量を同じ中緯度帯の他の地域と比較すると，日照時間は短く，日

射量は低めである．これは，わが国の降水量が高いことと関連している．

b．地形と地質

1）地　　形

地形は，標高，斜面方位，傾斜度などの因子に分けられる．日本列島はプレート運動による地殻変動や造山運動の結果形成された大山脈として捉えられ，その地形は褶曲，断層，隆起，沈降，火山，侵食，堆積などの影響を受け，起伏に富む複雑なものとなっている．また，わが国の標高は0〜3,776 mの範囲にあり，沿岸部よりも内陸部において高い．

2）地　　質

わが国には，先カンブリア時代から第4紀に至る火成岩から，堆積岩や変成岩までのさまざまな種類の岩石が分布している（詳細は工業技術院地質調査所，1992を参照のこと）．わが国の地質は，日本列島が地殻変動の活発な地帯に位置し，さらに，環太平洋火山帯にも属しているため，大陸に比べてかなり複雑な構成，性状となっている．

c．土　　壌

わが国の主な土壌には，ポドゾル性土壌，褐色森林土，黄褐色森林土，赤黄色土，黒ボク土，沖積土などがある．わが国の土壌は，一般に大陸のものと比較して，より湿性な酸性土壌であり，形成年が若く未熟で，火山噴出物の影響を強く受けている．

d．生　　物

わが国では，脊椎動物約1,400種（哺乳類約200種，鳥類約700種，爬虫類約100種，両生類約60種，淡水魚類約200種），無脊椎動物約3万5,200種，維管束植物約7,100種，藻類約5,500種，蘚苔類約1,800種，地衣類約1,000種，菌類約1万6,500種の存在が確認されている（環境庁，1999）．このような生物種の数は，熱帯林を擁する国々と比べると少ないが，先進国，特にヨーロッパ

各国と比べると多い．しかし，最近，生物多様性の危機が世界的に進行しており，わが国でも，絶滅の恐れのある動植物種がレッドリストとして公表されている（☞Ⅴ章3.「生物多様性とビオトープ」）．

（2）日本の緑地

土地はその利用などの観点から，しばしば，耕地（樹園地を含む），永年草地，林地およびその他（建築物敷地，道路，不毛地など）に分けられる．緑地は，これら4種類の土地のいずれにも存在する．

日本は世界の中で，特に林地の割合が大きく，永年草地の割合が小さい（図Ⅱ-13）．わが国において林地の割合が高いのは，その気温と降水量から，一般に森林が極相群落となるためである（☞本章2.「世界の緑地環境と農業」）．同時に，耕地や永年草地などが存在するのは，ほとんどの場合（耕地の場合はすべて），人間活動の影響によるものである．

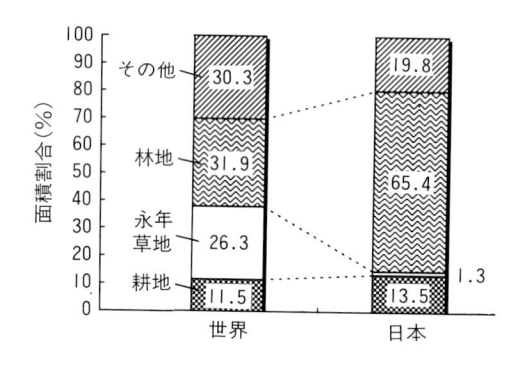

図Ⅱ-13 世界と日本の土地利用 (FAO, 1994)
耕地は樹園地を含む．

a．耕　　地

耕地は，一時的に作物が栽培される土地（播種や植栽なしの連続栽培期間が5年未満），樹園地（主として木本性永年作物が栽培される土地），一時的（5年未満）休閑地を指す．耕地は田と畑に大別され，畑はさらに，普通畑，樹園地および牧草地に分けられる（図Ⅱ-14）．

わが国の耕地面積は1960年以降減少しており，最近は500万haを若干下

II. 人間と緑地環境

図 II-14　緑地としての耕地
左上：棚田(山口県油谷町，撮影：小山信明)，右上：普通畑(左：コムギ，右：テンサイ；北海道帯広市，撮影：平田昌彦)，左中：樹園地(ナシ；宮崎県小林市，撮影：平田昌彦)，右中：樹園地(チャ；鹿児島県知覧町，撮影：松久保俊明)，左下：牧草地(イタリアンライグラス；宮崎県三股町，提供：雪印種苗株式会社).

回っている(図 II-15)．このうち，田が約 270 万 ha，畑が約 220 万 ha である．また，普通畑は約 120 万 ha，樹園地は約 40 万 ha，牧草地は約 60 万 ha である(図 II-16)．

耕地は食料，飼料，工業原料などの生産を本来の機能とする緑地であり，加

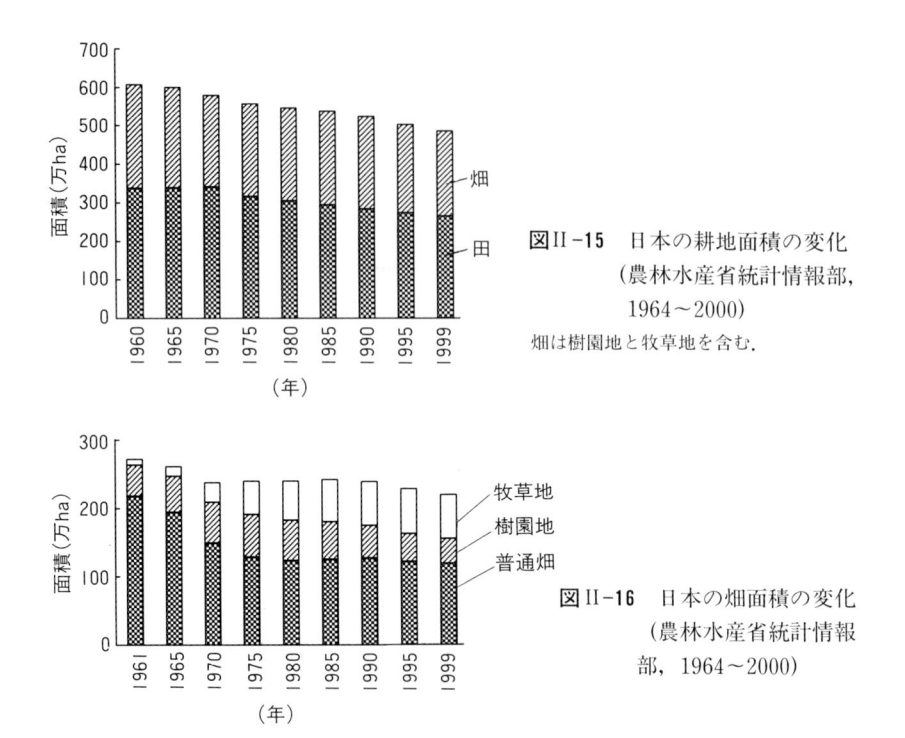

図II-15　日本の耕地面積の変化（農林水産省統計情報部，1964〜2000）
畑は樹園地と牧草地を含む．

図II-16　日本の畑面積の変化（農林水産省統計情報部，1964〜2000）

えて，環境保全機能や保健休養（レクリエーション）機能なども有している（☞図II-14, IV章1.「耕地の環境保全機能」）．特に，田は水資源の利用および保全，生物多様性維持の点からも重要である．また，耕地は前植生処理，耕起，播種，植栽，施肥，灌水，雑草・病害虫防除といった人為要因により成立する（播種，植栽以外は常にすべての要因が関与するわけではない）緑地である．

b．永年草地

　永年草地とは，草本植物が永年的(5年以上)に，栽培（主として飼料として）されるか，自生している土地であり，自然草地，半自然草地および人工草地に分けられる（図II-17）．わが国の永年草地はほとんどが半自然草地と人工草地であり，その面積は1975年以降減少し，最近は40万haを若干下回っている

II. 人間と緑地環境　　　　　　　　　　35

図II-17　緑地としての永年草地
左上：高山の自然草地(高山草原；長野県白馬岳，撮影：西脇亜也)，右上：湿原の自然草地(水生草原；北海道釧路湿原，撮影：平田昌彦)，左中：ススキ優占の半自然草地（宮城県川渡，撮影：西脇亜也)，右中：シバ優占の半自然草地(野生馬の放牧；宮崎県都井岬，撮影：西脇亜也)，左下：チモシー優占の人工草地（めん羊の放牧；北海道標茶町，撮影：平田昌彦)，右下：バヒアグラス優占の人工草地(梱包乾草の拾い上げ；宮崎県宮崎市，撮影：平田昌彦).

(図II-18).

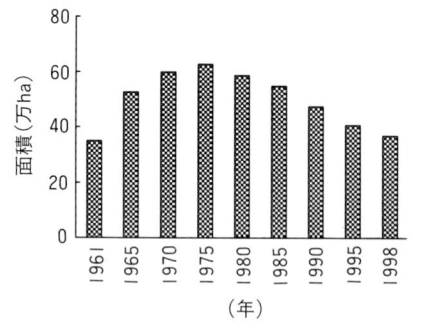

図II-18 日本の永年草地面積の変化(FAO, 1999)

1) 自 然 草 地

　森林が極相群落となるわが国においても，きわめて小面積ではあるが，厳しい自然条件のために樹木が生育できない場合には，自然草地が成立する．自然草地は，高山（強風や低温のため(森林限界以上)），湿原（高水分のため），海浜（塩分と強風のため），河岸（水位の増減や地表の不安定さのため）などにみ

図II-19　半自然草地の維持要因（岡本智伸 撮影）
左上：火入れ，右上：採草，左下：放牧（褐毛和種牛）．いずれも熊本県阿蘇．

られ（図Ⅱ-17），環境保全機能，生物多様性維持機能，保健休養機能などを有している（☞Ⅳ章2.「牧草地の環境保全機能」）．

2）半自然草地

半自然草地は，森林が伐採などによって破壊されたのち，火入れ，採草，放牧といった人為要因（図Ⅱ-19）によって森林の発達が抑えられ，維持されてい

図Ⅱ-20 気候および人為的撹乱（火入れ，採草および放牧）と日本の半自然草地植生との関係（沼田 真，1969；大久保忠旦，1990を改変）

区分	気候帯	火入れ，採草	放牧
A	亜寒帯	ササ型，イワノガリヤス型	ナガハグサ型，ウシノケグサ型
B	冷温帯	ススキ型，ササ型	シバ型
C	暖温帯	ススキ・アズマネザサ型(東部)，ススキ・ネザサ型(西部)	ネザサ型，シバ型
D	亜熱帯	トキワススキ型，ネザサ型	コウライシバ型，ギョウギシバ型

る草地である（図II-17）．半自然草地の群落構成は，自然条件ならびに人為的な撹乱の強さと植生の遷移の傾向とのバランスによって決まる（図II-20）．

明治後期から大正前期のわが国には，田（国土の約9％，約340万ha）を上回る半自然草地（国土の約11％，約390万ha）があり（氷見山幸夫ら，1991），牛馬の飼料や敷料の生産地や放牧地として利用されてきた．敷料は最終的に堆肥として田畑に投入されたので，半自然草地は肥料源でもあった．また，燃料や屋根ふき材の生産地としても重要であった．しかし，高度経済成長期以降の利用衰退に伴い，現在では，半自然草地の面積は著しく減少している（図II-21）．

図II-21　日本の半自然草地の分布（小路　敦ら，1998）

半自然草地は，飼料などの生産を本来の機能とする緑地であるが，環境保全機能や保健休養機能も有している．また，最近では，その生物多様性維持機能

が注目されている（☞ IV章 2.「牧草地の環境保全機能」）．

3）人　工　草　地

人工草地は，前植生処理，耕起，播種，植栽，施肥，灌水，採草，放牧といった人為要因により造成，維持され（播種，植栽と採草，放牧以外は常にすべての要因が関与するわけではない），飼料生産を本来の機能とする緑地である（図II-17）．主として外来の牧草種が播種，植栽される．

c．林　　　地

林地とは，天然あるいは植栽された樹木によって覆われている土地（樹園地を除く）を指す．林地は，樹林地，竹林およびその他（伐採跡地や未立木地）に

図II-22　緑地としての林地
左上：針葉樹（スギ）の人工林（宮崎県田野町，撮影：野上寛五郎），右上：広葉樹（クヌギ）の人工林（宮崎県椎葉村，撮影：杉本安寛），左下：針広混交（針葉樹：トドマツ，エゾマツ，広葉樹：ミズナラ，エゾイタヤ，カンバ類）の天然林（北海道音威子府村，撮影：野上寛五郎），右下：竹林（モウソウチク：宮崎県国富町，撮影：田原博美）．

大別され，樹林地はさらに，人工林と天然林，あるいは針葉樹林と広葉樹林に分けられる（図II-22）．針広混交林という類型が用いられることもある．

わが国の林地面積は，1960年以降，約2,500万haで推移しており，そのほとんどすべてが樹林地である（図II-23）．樹林地については，天然林と広葉樹林が減少し，人工林と針葉樹林が増加している（図II-24）．

図II-23 日本の林地面積の変化（農林水産省統計情報部，1954～1992）

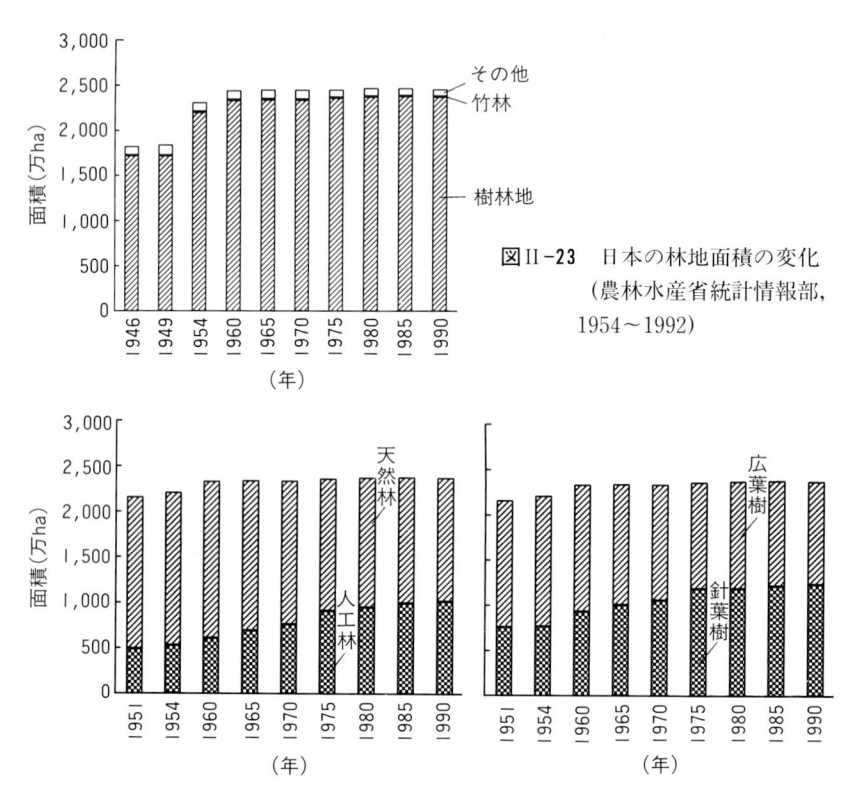

図II-24 日本の樹林地面積の変化（農林水産省統計情報部，1954～1992）

人工林は，皆伐，播種，植栽，下刈り，つる切り，枝打ち，除伐，間伐，施肥，病害虫防除といった人為要因により成立する．また，天然林にも択伐などの人為要因により成立しているものがある．林地は環境保全機能，防災（防火，防風，防潮，防水，防砂など）機能，生産機能（建築・工芸・土木・産業材料

II. 人間と緑地環境   41

や燃料としての木材など），保健休養機能，生物多様性維持機能など，多様な機能を持つ緑地である（☞ IV章 3.「林地の環境保全機能」）．

図 II-25　緑地としての都市公園，庭園，ゴルフ場など
左上：都市公園（宮崎県総合文化公園，撮影：平田昌彦），右上：庭園（岡山後楽園，撮影：西野直樹），左中：ゴルフ場（提供：勝田ゴルフ倶楽部），右中：競技場（国立霞ヶ丘競技場，提供：国立競技場），左下：道路の分離帯（車道，自転車道および歩道を分離；宮崎県宮崎市，撮影：平田昌彦），右下：河川敷（ソフトボール場；宮崎県宮崎市，撮影：平田昌彦）．

d. その他

土地利用上"その他"に区分される土地（耕地，永年草地および林地以外）にも，都市公園や庭園，ゴルフ場，球技場（サッカー場，野球場など）や陸上競技場などの競技場，道路の路肩や分離帯，河川敷，飛行場などの緑地が存在する（図II-25）．これらの緑地の草地部分は多くの場合，前述した永年草地の中の人工草地ともいえるが，生物生産（農業）的機能を持たないことから，土地利用上は"その他"に含まれるのである．

都市公園は自然公園（国立公園，国定公園および都道府県立自然公園）とは区別され，街区公園，近隣公園，総合公園，運動公園などの公園や，緩衝緑地，都市緑地，都市林緑道などの緑地からなる．わが国の都市公園は，面積，数ともに1975年以降増加しており（図II-26），1997年にはそれぞれ約8.6万haと約7.4万個所となっている（緑地を含む値；総務庁統計局，2000）．わが国のゴルフ場は，1901年に神戸・六甲山に作られて以来増加し，1998年には約2,400個所（図II-27）となっている．

以上のような緑地は，前植生処理，播種，植栽，施肥，灌水，雑草・病害虫防除，剪定，刈取り，樹木保護などの人為要因により成立する（草地部分の刈

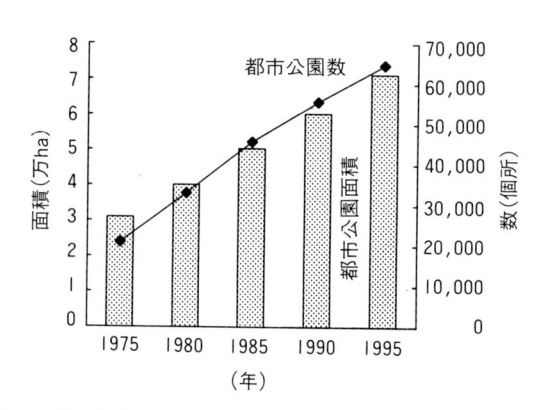

図II-26　日本の都市公園（緩衝緑地，都市緑地，都市林緑道などの緑地を除く）の面積と数の変化（総務庁統計局，1991；1998）

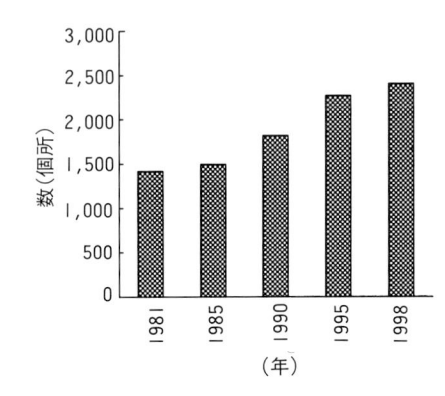

図II-27 日本のゴルフ場数の変化
（日本スポーツマーケット研究所, 1999）

取り以外は常にすべての要因が関与するわけではない）．これらの緑地の重要な機能は，保健休養機能(都市公園，庭園，ゴルフ場，競技場，河川敷)，環境保全機能や防災機能（道路の路肩や中央分離帯，河川敷，飛行場），交通機能（道路の路肩や中央分離帯，飛行場）などである．

III. 緑地植物の生育と緑地評価

1. 草本緑地植物の種類と生態

　草本緑地植物の中心をなすのはイネ科植物（graminous plant, grass）であるが，これと同伴し，あるいは単独でマメ科植物（legumious plant）をはじめ多くの植物が用いられる．その利用は表III-1に示すように，直接的に農業生産物として利用する場合，環境保全用として利用する場合，さらにスポーツランドを含めたアメニティ植物（amenity plant）として利用する場合がある．これらは厳密には分類できないし，複合的に利用される場合もある．なお，アメニティ植物としての利用は多岐にわたり，その領域は明瞭ではない．また，水稲，ムギ類，ダイズなどの一般作物も草本緑地植物であるが，これら食用作物に関しては他書に譲り，ここでは，イネ科植物のうち，緑地植物として重要な役割を果たす草地用牧草および非農耕用を含めた緑化用芝草を，マメ科植物のうち

写真：早春のクリムソンクローバ（写真提供：福山正隆）

表III-1 草本緑地植物の利用場面

A．農業生産用（採草・放牧用）
B．環境保全用
　a．農耕地用（果樹園下草など）
　b．非農耕地用
　　i．道路などののり面
　　ii．飛行場，軍用地
C．アメニティ用
　a．スポーツランド用
　　i．ゴルフ場
　　ii．サッカー場
　　iii．その他
　b．非スポーツランド用
　　i．カントリーパークおよびカントリーガーデン
　　ii．ホームガーデン

寒地型マメ科植物を，さらに緑化用草花について若干ふれたい．

(1) イネ科植物

a．イネ科植物の特性

イネ科植物には，比較的低温で好適な生育をする寒地型のタイプと，比較的高温で好適な生育をする暖地型のタイプがある．また，家畜生産用の草地で用いられる場合には牧草，芝生用として用いられる場合には芝草(turfgrass, lawn grass)という．寒地型イネ科植物 (temperate grass, cool season grass) は10～25℃が生育適温であり，10℃以下になると生育の低下が生じ，5℃では若干の生育を示すのみとなる．暖地型イネ科植物 (tropical grass, warm season grass) は15～17℃ではわずかな生育であるが，20℃以上では温度が高くなるほど生育は盛んとなり，30～40℃で最大の生育を示す．このような違いは光合成代謝系の違いによるところが大きく，この代謝の違いに基づき，寒地型植物をC_3植物 (C_3 plant)，暖地型植物をC_4植物 (C_4 plant) という．また，C_4植物はC_3植物より，高温下での光合成能力が高いばかりでなく，要水量も低く，高温や乾燥にも強い．そのほか，表III-2に示すように生理的，形態的に多くの違いがある．これらの差異を進化的に考察してみると，図III-1に示すように，イネ

III. 緑地植物の生育と緑地評価

表III-2 C_3, C_4植物の生理・形態的特徴

特性	C_3植物	C_4植物
1. CO_2固定系	カルビン・ベンソン回路	C_4回路＋カルビン・ベンソン回路
2. 葉組織の構造	非Kranz構造	Kranz構造*
3. 維管束間距離	大	小
4. 最大光合成能力 ($\mu mol/m^2/sec$)	低い (10〜25)	高い (20〜50)
5. CO_2補償点 (ppm)	高い (40〜70)	低い (0〜10)
6. 光呼吸	高い	低い
7. 光飽和点	低い (最大日射の1/2〜1/4)	高い (最大日射以上)
8. 光合成適温 (℃)	低い (15〜30)	高い (30〜45)
9. 生長の適温	低い	高い
10. 耐乾性	弱い	強い
11. 最大乾物生長率 ($g/m^2/day$)	低い (約20)	高い (約30)
12. 要水量 (水g/乾物g)	大きい (約600)	小さい (約300)
13. CO_2添加による光合成能力向上	大きい	小さい

*維管束細胞とそれを放射状に取り囲む葉肉細胞からなる花弁状の葉内構造．

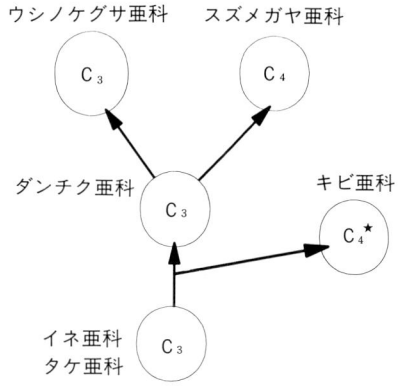

図III-1 イネ科植物の亜科レベルにおける発生とC_3およびC_4植物の関係

C_3：C_3植物に所属，C_4：C_4植物に所属，★：族，属，種レベルで例外がある．

科では亜科（subfamily）レベルでC_3型とC_4型がほぼ完全に分類される．この系統関係から類推すると，C_4植物はC_3植物から発生したことなり，その分化時期は白亜紀と推定されている．亜科レベルではタケ亜科，イネ亜科，ダンチク亜科，ウシノケグサ亜科がC_3植物に属し，キビ亜科，スズメガヤ亜科がC_4植物に属している．すべての寒地型牧草・芝草は，比較的新しく分化したウシノケ

グサ亜科に属し，暖地型牧草・芝草のうちギニアグラス，バヒアグラス，スス キやトウモロコシなど長大飼料作物はキビ亜科に，比較的乾燥に強いシバ，バーミューダグラスはスズメガヤ亜科に属している．

　また，草種選択を行う場合，重要な特性として草型の違いがあげられる．縦への伸長性が優れた長草型（tall-grass type）タイプと，伸長性は劣るものの横への広がりに優れた短草型（short-grass type）タイプである．後者は一般的にほふく茎（storon, runner）や地下茎（rhizome）を出し，多くの茎数を持ち均一な面的広がりを可能とする，いわゆる芝型の植生状態となる．これに対し，前者は各個体が比較的明瞭であり，これを叢状型（バンチタイプ，bunch type）あるいは株型と称し，面的には不均一でバイオマス量が凸状となり，コロニー的植生状態を形成する．伸長性の優れた長草型草種は採草地に適し，芝型の短草型草種は放牧地に適する．

　C_4植物は基本的に熱帯原産であるが，現在では北海道にもシバ型草原（Zoysia-type grassland）がみられるように，寒冷地まで生息域を広げている．しかし，これは地上部の耐寒性が強いからではなく，株（茎基部）や地下茎が休眠状態で越冬可能であることによる．

b．イネ科主要牧草・芝草

　主なイネ科牧草・芝草を亜科別に表III-3に示した．同種で家畜用の牧草として，また芝生用の芝草として利用される草種も多いが，近年は育種開発が進み，目的に応じた品種が開発されている．特に，芝草の場合には植物体内に特殊な糸状菌（filamentous fungus）を寄生させることにより，耐虫性，耐干性が高まり，芝生の維持が容易になるとして，積極的に育種的導入がはかられている．これらの種子はエンドファイト種子として販売されているが，牧草中のエンドファイト（endophyte）を家畜が摂食すると中毒が発生したり，増体の停滞がみられるので，注意が必要である．

1）主な寒地型牧草・芝草

　①オーチャードグラス（orchardgrass または cocksfoot, *Dactylis glomerata*）

表III-3 イネ科牧草および芝草

亜科 (Subfamily) 適温タイプ			
属 (Genus)	種 (Species)	属 (Genus)	種 (Species)
ウシノケグサ亜科 (Festucoideae) **寒地型**			
Festuca	トールフェスク (F. arundinacea)[c]	Poa	ラフブルーグラス (P. trivialis)[b]
	メドウフェスク (F. elatior)[c]	Lolium	ペレニアルライグラス (L. perenne)[c]
	シープフェスク (F. ovina)[b]		イタリアンライグラス (L. multiflorum)[c]
	ハードフェスク (F. ovar. duriuscula)[b]	Dactylis	オーチャードグラス (D. glomerata)[a]
	レッドフェスク (F. rubra)[c]	Agrostis	レッドトップ (A. alba)[c]
	チューイングフェスク (F. r. var. commutata)[b]		ベルベットベントグラス (A. canina)[b]
Bromus	スムーズブロームグラス (B. inermis)[a]		クリーピングベントグラス (A. palustris)[b]
	レスクグラス (B. catharticus)[a]		コロニアルベントグラス (A. tenuis)[b]
Poa	ケンタッキーブルーグラス (P. pratensis)[c]	Phleum	チモシー (P. pratense)[a]
	カナダブルーグラス (P. compressa)[b]		
スズメガヤ亜科 (Eragrostoideae) **暖地型**			
Buchloe	バファローグラス (B. dactyloides)[b]	Cynodon	ジャイアントスターグラス (C. aethiopicus)[a]
Eragrostis	ウィーピングラブグラス (B. curvula)[b]	Zoysia	シバ (Z. japonica)[c]
Eleusine	シコクビエ (E. coracana)[a]		コウシュンシバ (Z. matrella)[b]
Cynodon	バーミューダグラス (C. dactylon)[c]		コウライシバ (Z. tenuifolia)[b]
キビ亜科 (Panicoideae) **暖地型**			
Eremochloa	センチピードグラス (E. ophiuroides)[c]	Pennisetum	ネピアグラス (P. purpureum)[a]
	ヒエ (E. crusgalli)[a]		パールミレット (P. typhoides)[a]
Axonopus	カーペットグラス (A. affinis)[c]		キクユグラス (P. clandestium)[c]
Brachiaria	シグナルグラス (B. decumbens)[a]	Miscanthus	ススキ (M. sinensis)[a]
	パラグラス (B. mutrica)[a]	Stenotaphrum	セントオーガスチングラス (S. secundatum)[b]
Panicum	カラードギニアグラス (P. coloratum)[a]	Sorghum	スーダングラス (S. sudanense)[a]
	ギニアグラス (P. maximum)[a]		モロコシ, ソルゴー (S. bicolor)[a]
Paspalum	ダリスグラス (P. dilatatum)[a]	Euchlaena	テオシント (E. mexicana)[a]
	バヒアグラス (P. notatum)[c]	Zea	トウモロコシ (Z. mays)[a]

[a]: 主として生産用の牧草として利用される草種, [b]: 主として非生産用の土壌保全, 景観用芝草として利用される草種, [c]: 生産用の牧草, 非生産用の土壌保全・景観用芝草としても利用される草種.

…地下茎, ほふく茎を持たない叢状の草種で, 干ばつにもよく耐え, 果樹園の下草といわれるように耐陰性が非常に強い. 日本の気候条件によく適応し, 北海道～九州 (山岳地域) までの広い地域にわたる採草地および放牧地において利用されている. 暖地では夏枯れのため裸地が発生しやすい.

②チモシー (timothy, *Phleum pratense*) …典型的な寒地型で, 家畜の嗜好性がよく, 北海道および東北北部で採草用牧草として栽培されている. 耐寒性はきわめて強いが, 耐暑性, 耐干性は弱い. 再生力が弱いので低刈りには向か

ない.

　③トールフェスク (tall fescue, *Festuca arundinacea*) …冷涼な気候を好むが, 寒地型草種としてはかなり高温に強く, 耐干性があり, 暖地でも用いられる. 草丈は一般に高く, 株型で, 茎葉は粗剛で性質も強健であり, 刈込みにも強い. 牧草として, また土壌侵食防止用として用いられる. 近年, 矮性タイプの芝草用品種が育成され, ゴルフ場のティーグラウンドおよびラフにも用いられている.

　④ケンタッキーブルーグラス (Kentucky bluegrass, *Poa pratensis*) …アメリカ・ケンタッキー州で放牧用草種として利用され有名になった. 冷涼な気候を好み, 耐寒性は寒地型草種の中では強い方に属する. 耐暑性はあまり強くなく, 耐陰性は寒地型草種の中では弱い方に属する. 造成初期の生育はやや遅いが, ほふく茎を多く出し, 定着後の生育は速やかで, 早春の生育開始も早い. 放牧用牧草して重要な草種で, 密な短草型草地を形成し, 永年草地の優占草種である. また, のり面保護, ゴルフコースのティーグラウンド, フェアウェイやラフ, 公園, 家庭庭園の芝生用草種としても用いられる.

　⑤ペレニアルライグラス (perennial ryegrass, *Lolium perenne*) …イタリアンライグラスと同属でライグラス類として分類される場合がある. 草丈が30〜60 cm で株型になり, 分げつ力が強く比較的短命な多年草である. 寒地型草種の中では耐寒性, 耐暑性が弱い草種であるが, 初期生育が優れ, 再生力も良好であり, 家畜の嗜好性, 栄養価も高い. イギリスなどの冷涼で季節的気温変化が少ない地域では, きわめて優良な放牧用草種となっている. 近年, 芝生用としてエンドファイトを付与した品種が育成され, 永続性が向上した芝草専用種が育成されている. 初期の定着性, 生育が優れているので, 暖地では冬期に暖地型芝草の上からオーバーシードし, ゴルフコースの周年利用を支えている.

　⑥イタリアンライグラス (Italian ryegrass, *Lolium multiflorum*) …地中海地方原産. 初期生育がきわめて良好で, 草丈は高くなるが, 越夏が困難であり, 1〜2年草として利用される. 牧草としては, 晩秋に播種され冬期から翌春に刈取り利用される. 関東以西ではきわめて重要な牧草であり, 極早生, 早生, 中

生, 晩生, 極晩生の多くの品種が開発されている. 芝生用としては, ペレニアルライグラスより初期の定着性および生育がいっそう優れているので, 暖地でのオーバーシード用として用いられる.

⑦クリーピングベントグラス (creeping bentgrass, *Agrostis palustris*) …コロニアルベントグラス, レッドトップとともにベントグラス類といわれることがある. 長い地上ほふく茎を有し, 種子繁殖するものと栄養繁殖するものがあるが, 一般に浅根性で, 高温, 干ばつには弱く, 暖地では夏枯れを生じたりする. 寒地型草種の中では最も美しく, 繊細な芝地を形成するので, 一般芝生, 観賞用芝生として世界中で用いられている. ゴルフコースのグリーンには, 寒地はもとより暖地でも広く利用されている. しかし, その維持管理には高度な技術が要求される. 牧草として用いられることはない.

2) 主な暖地型牧草・芝草

①シバ (Japanese lawngrass, *Zoysia japonica*) …利用上ノシバと呼ばれる場合が多い. 北海道南部から九州, 朝鮮, 中国東部に分布し, 日本における代表的な芝草で, 古来より広範囲で用いられており, 多くの生態種がみられる. 葉は粗剛で, ほふく茎を出し, 自然草高は10〜20cmほどである. 一般的に, 平均気温が15°C以下で休眠を開始し, 12°C以下では完全に休眠し, 10°C以下では地上部は枯死する. したがって, 晩秋には地上部は枯死し, 地上茎および地下茎で越冬する. 春には10〜12°Cで生育を開始する. 性質は非常に強健で, 刈込み抵抗性, 耐踏圧性, 耐暑性, 耐干性, 耐病性, 耐塩性などがきわめて強い. 酸性土壌を好み, 日本の土壌によく適応している. 自然草地において長草型のススキ草原に対し, 短草型のシバ草原として日本各地で成立している. 人工の放牧草地としても張り芝や種子播種で造成されている. ゴルフコースのフェアウェイ, ラフ, スポーツ競技場, 公園, 庭園などの芝地として, さらに地表面保護用として, 飛行場, のり面, 河川の堤防などにも利用されている. 秋には早期に枯れあがり, さらに春には緑化が遅れる欠点があり, 育種的改良が期待されている.

②バーミューダグラス (bermudagrass, *Cynodon dactylon*) …世界の暖地,

熱帯に広く分布し，いくつかの変種がある．日本のギョウギシバもその1つである．形態は大型のものから小型で繊細なものまで多様である．一般に，大型の系統が牧草として利用されて，小型で繊細な系統が芝草と利用されている．繁殖は地上および地下ほふく茎，さらに種子で行われる．しかし，芝草用に種子のできない3倍体品種（通常，ティフトンバーミューダと呼ばれる）が育成され，暖地型の上質な芝生として，庭園やゴルフ場のグリーンとして利用されている．

③バヒアグラス（bahiagrass, *Paspalum notatum*）…暖地型草種の中でも耐寒性が強く，深根性で太く，短いほふく茎，地下茎があり，密な草地，芝生をつくる．亜熱帯〜温帯に適応する．耐暑性，耐干性があり，痩せ地にもよく生育する．西南暖地の平場の放牧草地で利用されるが，家畜の嗜好性がよくない．芝生としては茎葉が大きく，株型になりやすので質的には劣るが，西南暖地での地表面保護には適している．

④センチピードグラス（centipedgrass, *Eremochloa ophiuroides*）…草丈は低く，よく伸長する地上ほふく茎を出し，非常に密な芝生を形成する．耐暑性，耐干性は強いが，耐寒性は弱い．しかし，関東地域でも越冬の可能性はある．土壌の適応性は広く，痩せ地でもよく生育する．西南暖地では平場での芝型放牧草地の草種として有望視されている．また，河川敷，公園，庭園での利用も広まっている．種子からの造成は，夏雑草との競合があり，周到な管理を要求される．

⑤ススキ（silvergrass または Japanese plume-grass, *Miscanthus sinensis*）…多年草で，草丈は1〜2mであり，種子および短い地下茎で繁殖する．北海道から沖縄までの全国の原野，兵陵地，空き地に自生している．短草型のシバ草原に対し，長草型のススキ草原として，古くから家畜の採草用牧草として，また屋根ふき材として利用され，秋の7草にもあげられるなど，生活に密着した草である．出穂花序は短い白毛のある小穂を多数着け，景観的にも優れている．

(2) マメ科牧草

マメ科牧草にも暖地型と寒地型があり,表Ⅲ-4のように分類される.これらは光合成代謝が異なるわけではなく,いずれもC_3植物である.しかし,両者には温度-光合成特性および生育に対する温度反応が大きく異なる.基本的に暖地型マメ科牧草は熱帯,亜熱帯のみで用いられ,暖地型イネ科牧草が九州の平場では主要牧草であるのに対して,ほとんど用いられていない.

表Ⅲ-4 マメ科牧草

適温タイプ 属 (Genus)	種 (Species)	適温タイプ 属 (Genus)	種 (Species)
寒地型		**暖地型**	
Astragalus	レンゲ (A. sinicus)	Centrosema	セントロ (C. pubescens)
Lespedeza	ヤハズソウ (L. striata)	Crotalaria	クロタラリア (C. juncea)
	マルバヤハズソウ (L. stipulacea)	Desmodium	グリーンリーフデスモデウム (D. intortum)
	メドハギ (L. cuneata)*		シルバーリーフデスモデウム (D. uncinatum)
Lotus	バーズフットトレフォイル (L. corniculatu var. japonics)	Glycine	グライシン (G. wightii)
		Leucaena	ギンネム (L. leucocepha)*
Lupinus	青花ルーピン (L. angustifolius)	Macroptilium	サイラトロ (M. atropurpureum)
Medicago	紫花アルファルファ,ルーサン (M. sativa)		ファジービーン (M. lathyroides)
	黄花アルファルファ,ルーサン (M. falcata)	Pueraria	クズ (P. lobata)
Melilotus	白花スイートクローバ (M. alba)	Stylosanthes	スタイロ (S. guianensis)
	黄花スイートクローバ (M. officinalis)		
Trifolium	シロクローバ (T. repens)		
	アカクローバ (T. pratanse)		
	アルサイククローバ (T. hybridum)		
	クリムソンクローバ (T. incarnatum)		
	サブタレニアンクローバ (T. subterraneum)		
Vicia	コモンベッチ (V. villosa)		

*低木性.

a.主な寒地型マメ科草種

①シロクローバ (white clover, *Trifolium repens*)…生存期間の長いマメ科の多年草である.世界的にきわめて重要な草種となっている.主茎は短く,多くのほふく茎を伸張させ,その各節から葉や根を出し,地表被覆力が高い.主に放牧用草種としてイネ科草とともに播種されるが,短草で地表をよく被覆するため,雑草防止や土壌侵食防止にも用いられる.土壌適応性は広く,痩せ地でも生育するが,耐陰性は強くなく,日陰地ではよく生育しない.また,生育

適温および耐干性が低いので，暖地では夏期に生育が衰え，あるいは枯死する．

②アカクローバ（red clover, *Trifolium pratanse*）…ヨーロッパでは古くから自生していたが，根粒菌（leguminous bacteria, root nodule bacteria）で窒素を固定し，土壌の肥沃度を高める作用があるので，穀作物との輪作に用いられていた．根は直根とこれから生じる繊維状の2次根からなる．耐寒性はあるが，耐暑性および耐干性に弱く，夏期の高温と乾燥で障害が発生する場合がある．特に，暖地では越年的利用に限定される．家畜の嗜好性，栄養価も高く，主に採草用牧草としてイネ科牧草と混播されるが，放牧用牧草として用いられる場合もある．花色は深紅色から桃色まであり，夏に開花する．

③アルファルファ（alfalfa）またはルーサン（lucerne, *Medicago sativa*）…全世界に広く栽培されている重要な牧草である．やや乾燥した気候と排水良好なアルカリ性土壌を好み，湿潤地や樹陰地には適さない．花は紫色を主とし，種は異なるが青，黄色のものもある．牧草の女王と呼ばれ，良質な乾草を生産する．

④クリムソンクローバ（Crimson clover, *Trifolium incarnatum*）…採草用草種として，また秋から春にかけて土壌流亡防止と緑肥用草種としても重用されている．主根が深く，草丈20〜70cmで，頭花は2〜7cmの円錐状で，深紅色である．土壌適応性は広く，被陰にも強いのでライグラス類との混播用マメ科牧草としても適しているが，近年は鮮やかで大型な頭状花が注目され，他の景観作物と伴に景観用草種としての利用もさかんである．

(3) 緑化用草花

自然の草原は多様な植物が生存し，主体をなすイネ科植物の中に色鮮やかな草花も多く存在する．これらの野生草花は自然の草原生態系の中で生存可能な能力を備えている．このような野生の草花に準じて，簡易な管理で生存可能な草花をワイルドフラワー（wild flower）と称している．ワイルドフラワーをミックスして混成させたものをワイルドフラワーガーデンという．また，牧草地を模したガーデンをメドウというが，この中にワイルドフラワーを混植したもの

をワイルドフラワーメドウあるいは単にフラワーメドウ (flower meadow) といっている．自然な景観を宿したフラワーメドウは，カントリーガーデンをはじめ，道路のり面緑化として利用されている．ここで用いるワイルドフラワーとしては，春から秋にかけて開花していくカスミソウ，コマチソウ，ナノハナ，ネモフィラ，ハナビシソウ，アイスランドポピー，ハルシャギク，ヒナゲシ，ヤグルマソウ，ルピナス，ワスレナグサ，キバナコスモス，コスモス，オオキンケイギク，オオテンニンギク，フランスギク，ガザニア，ハゲイトウなどがある．また，タンポポやツキミソウなどの在来の野生草花，さらにジャーマンカモマイル，ラベンダー，ローズマリー，チャイブ，オレガノ，ボリジなどのハーブ (herb) 類と組み合わせた利用もある．

2．木本緑地植物の種類と生態

（1）木本植物の区分と分布

　植物の中で，茎が木本化するものを木本植物と呼ぶ．
　木本植物は，必要に応じて，形態的あるいは生態的な特徴の違いにより区分される．
　例えば葉の形態による区分では，一般に葉が針状のものは針葉樹 (needle-leaved tree)，幅広のものは広葉樹 (broad-leaved tree) と呼ばれる．前者は胚珠がむき出しの裸子植物 (gymnosperms) に，後者は主として胚珠が子房の中に包まれている被子植物 (angiosperms) に分類される．
　葉の寿命による区分では，寿命が6カ月程度と短く，毎年落葉するものは落葉樹 (deciduous tree)，寿命が2〜7年程度と長く，年間を通して葉を着けているものは常緑樹 (evergreen tree) であり，そのうち特に葉が革質で光沢があるものは照葉樹 (laurel) と呼ばれる．
　落葉樹は，寒期や乾燥期などの生育に不適当な時期には葉を落とし，蒸散を最小限に抑えることによって，樹体を保護していると考えられている．

それらの木本植物は，温度の違いに応じて熱帯地域から亜寒帯のタイガまで，また，降水量に応じて多雨地域から半乾燥地域まで，さまざまな環境に適応して生育している．

それらを年平均気温と年降水量により主要な植生型に区分したものが図II-9であり，それらの分布状態は図III-2の通りである．

わが国の森林帯区分の一例としては，年平均気温による日本森林帯区分を表III-5に，それらの森林帯の分布状態を図III-3に示す．

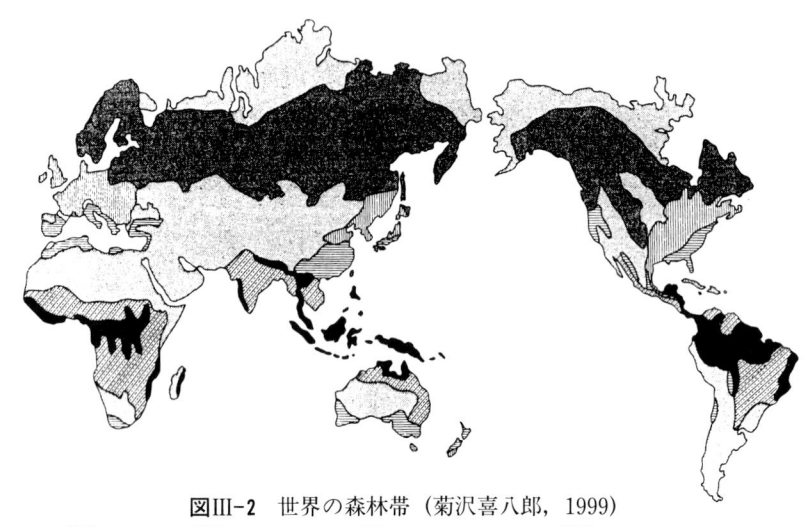

図III-2 世界の森林帯（菊沢喜八郎，1999）
　ツンドラ，　北方針葉樹林，　温帯落葉広葉樹林，　暖帯常緑広葉樹林，
　熱帯多雨林，　サバンナ林．

表III-5 日本の森林帯区分

年平均気温	21℃以上	21～13℃	13～6℃	6℃以下
森林帯名	亜熱帯林	暖帯林	温帯林	亜寒帯林
植生型 (気候的極相)	亜熱帯林	常緑広葉樹林 照葉樹林	落葉広葉樹林	北方針葉樹林
			暖帯性落葉 広葉樹林	針広混交林	

（本多静六，1899）

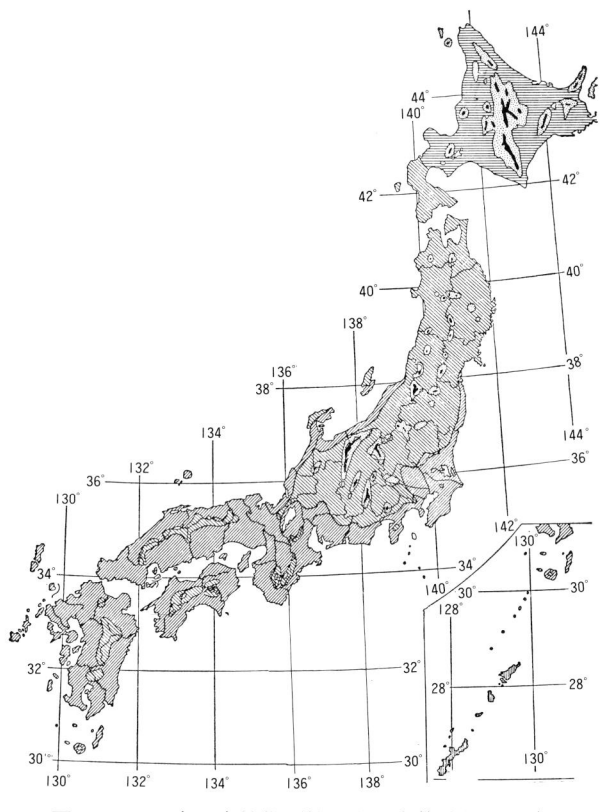

III. 緑地植物の生育と緑地評価　　　　　　57

図III-3　日本の森林帯（林野庁研究普及課, 1981）

■高山植生, ▦亜寒帯(亜高山)針葉樹林, □亜寒帯(亜高山)広葉樹林, ☰冷温帯汎針広混交林, ▨冷温帯林, ▧暖温帯林, ⫿亜熱帯林.

　また，木本植物は成木に達すると 20 m 以上になるものから，成木しても数 m 程度にしかならないものまでいろいろとあるところから，便宜的に樹高による区分も行われる．

　その区分基準は，使用される場合によって，表III-6 のようにそれぞれ異なる．

　木本植物が森林の中で占める構造的位置による区分では，森林の上層を占め林冠を形成するものが高木，中層を占めるものが亜高木，下層で最大樹高をとるものが低木であり，成木して高木に達するものは高木性木本植物，亜高木に

表III-6　樹高の区分例

樹高区分例	都市緑化分野	国土交通省道路緑化技術基準	森林科学関連分野
高　木	6～7m以上	3m以上	11m以上
亜高木(中木)	4～6m	1～3m	6～10m
低　木	2～3m以下	1m以下	5m以下

しか達しないものは亜高木性木本植物，成木しても低木に留まるものは低木性木本植物と呼ばれる．

さらに，それらの樹林地には，つる性で樹幹を登はんする，つる性木本植物も生育する．

（2）主な木本緑地植物の特性

木本植物のうちで，自然緑地，農村緑地，都市緑地などに生育するものは，総称して木本緑地植物と呼ばれる．

木本緑地植物の区分法の一例として，前述の樹高，葉の形態，葉の寿命などにより区分したものを，表III-7に示す．

表III-7　木本緑地植物の区分

樹高による区分	葉の形態，寿命による区分
高木性木本緑地植物（11m以上）	針葉樹，常緑広葉樹，落葉広葉樹
亜高木性木本緑地植物（6～10m）	針葉樹，常緑広葉樹，落葉広葉樹
低木性木本緑地植物（5m以下）	針葉樹，常緑広葉樹，落葉広葉樹
つる性木本緑地植物	常緑性，落葉性

それらの各区分単位を代表する主な木本緑地植物の生態的な特性は，次の通りである．なお，木本緑地植物の根系部の生長特性は『樹木根系図説』（苅住　昇，1979）によった．

III. 緑地植物の生育と緑地評価

a. 高木性木本緑地植物
1) 針 葉 樹

①イチイ（イチイ科イチイ属, *Taxus cuspidata*）…北海道〜九州の緑地に生育する．雌雄異株の常緑の陰樹である．萌芽力が強く刈込みに耐えるため，生垣や庭木として賞用される．杭状の垂下根が深くまで発達する深根性であるが，大径の斜出根も多く発達する．細根の分岐は中庸であり内生菌根が発達する．稚苗の生長はきわめて遅く，移植の難易は中庸である．適潤性〜弱湿性の土壌を好むが，堅密で通気不良な土壌でも生育する．耐寒性は大きいが，大気汚染に弱い．→アララギ，オンコとも呼ばれる．

②クロマツ（マツ科マツ属, *Pinus thunbergii*）…北海道南部以南〜九州の緑地に生育する．常緑の陽樹である．二葉松であり，盆栽として賞用される．深根性で，根株の下や太い水平根の基部から垂下根が出て深部に達する．小・中径根は一般に表層部に集中分布し，細根は小さな塊り状で疎生し，外生菌根が発達する．移植の難易は中庸である．耐潮性，耐乾性および耐せき悪性が大きいため，海岸砂防林や防風林として広く植栽される．都市化に伴う生育環境の悪化に対して耐性が小さい．近年，マツノザイセンチュウ被害が甚大である．

③ニオイヒバ（ヒノキ科ネズコ属, *Thuja occidentalis*）…北海道〜九州の緑地に生育する．北米北部・カナダ原産の常緑の陰樹である．庭園樹として栽植される．浅根性で，主根は早期に分岐して止まり，垂下根や斜出根の発達は不良で，深部ではとり足状となる．地表に沿って大・中径の水平根が発達する．細根は表層に多く分布し，内生菌根が発達する．生育早く，挿し木で容易に根づくが，移植の難易は中庸である．耐乾性や耐酸性が大きく，大気汚染にも強い．背腹葉に腺体が発達し，芳香性の精油を含む．

④ヒマラヤスギ（マツ科ヒマラヤスギ属, *Cedrus deodara*）…ヒマラヤ北西部やアフガニスタン原産で，北海道南部以南〜沖縄の緑地に生育する．雌雄同株の常緑の陽樹である．長さ約 10 cm の長楕円形の球果を着ける．記念樹として工場や校庭などに栽植される．深根性で，主根は数本の斜出根や垂下根に分

岐し，垂下根は深部に達する．根系分布は表層に多く，細根には外生菌根が発達する．移植は容易である．弱酸性，適潤性，かつ通気良好な砂壌土を好み，過湿地や乾燥地では生長が不良である．大気汚染にやや弱い．

⑤イチョウ（イチョウ科イチョウ属，*Ginkgo biloba*）…北海道～九州の緑地に生育する．中国原産の雌雄異株の落葉性の陽樹である．葉の形態は針状ではないが，裸子植物であるので，針葉樹に含める．盆栽としても好まれ，防火樹としての機能が高い．中・大径の斜出根や垂下根が発達する深根性である．細根は分岐して表層部に密に分布するが，深部にも多い．細根の根端は外生菌根によって肥厚し，粒状のものが多い．土壌の乾燥や過湿，大気汚染および厳しい気候条件に対して耐性が大きい．移植はきわめて容易であり，種子の発芽も良好である．古生代末から中生代白亜紀にかけて栄えた生きた化石であり，中国に留学した僧が持ち込んだといわれるが，渡来時期は不明である．

その他，アカマツ，ウラジロモミ，カラマツ，ゴヨウマツ（ヒメコマツ），スギ，ツガ，トウヒ，ヒノキ，モクマオウ，モミなどがある．

2) 常緑広葉樹

①クスノキ（クスノキ科クスノキ属，*Cinnamomum camphora*）…関東以南～沖縄の緑地に生育する．やや陰樹的性格を持つ．庭園樹や街路樹として栽植される．根株とその周りの太い水平根の基部から，やや太い垂下根が数本発達するが，堅密な土層では急に細くなり，多湿な土層では腐朽する．全体に根系の分岐は少ない．内生菌根が発達し，通気の良好な適潤性土壌で生長が良好である．幼木の移植は難であるが，大木は容易である．耐潮性が大きく，大気汚染にも強い．樹高は50 m，直径は2 mを超え，寿命も600年を超す巨木がある．クスノキ林の林床では他感作用のため，他の樹木が育ちにくい．全体に芳香があり，材および葉から樟脳をとる．

②シラカシ（ブナ科コナラ属，*Quercus myrsinaefolia*）…宮城県以南～九州の緑地に生育する．雌雄同株であり，やや陰樹的性格を持つ．生垣や防風・防火樹，屋敷林として利用される．垂下根は小・中径根が多く，大部分は堅密な下層土で生長が止まる．斜出根が発達し，根系を特徴付ける．細根はひげ状で，

外生菌根が著しく発達する．移植は難である．耐潮性が大きく，酸性土壌にも強いが，大気汚染にやや弱い．

③タブノキ（クスノキ科タブノキ属，*Machilus thunbergii*）…東北沿岸～沖縄の緑地に生育する．陰樹であるが，やや陽光地にも耐える．葉は質厚く，光沢がある．主根は根株付近で多数の小・中径根に分岐し，垂下根や斜出根が発達する．堅密な下層土でも根系の生長は良好であるが，細根は表層部に多い．移植は難である．耐潮性が大きく，塩分が多い海岸地帯でも生長がよい．冬期土壌が凍結する寒冷地では，根系が枯損するか生長が不良となる．大気汚染に強い．

④マテバシイ（ブナ科マテバシイ属，*Pasania edulis*）…関東以南～沖縄の緑地に生育する．陽樹である．防風，防火および工場緑化樹として利用される．深根性であるが，根株から直接発達する太い垂下根はなく，小・中径の垂下根がすだれ状に発達し，堅密で湿った下層土でも伸長する．細根は小塊状で疎生し，外生菌根が発達する．移植は難である．耐潮性があり，大気汚染に強い．

⑤ヤマモモ（ヤマモモ科ヤマモモ属，*Myrica rubra*）…房総半島南部・福井県以西～伊豆七島～沖縄の緑地に生育する．雌雄異株の陰樹であるが，やや陽光地にも耐える．街路樹や生垣にも用いられ，初夏，暗紅色に熟する核果は食用に供される．主根は数本の側根に分岐し，一部は垂下して比較的深部に達する．表層に集中分布する細根には，内生菌根とともに根粒菌が共生する肥料木である．移植の難易は中庸からやや難である．比較的せき悪地や乾燥にも耐えるが，酸性土壌に弱い．耐潮性があり，大気汚染にも強い．

その他，アカガシ，アラカシ，イスノキ，スダジイ，タイサンボク，タラヨウ，バリバリノキ，フサアカシア，ホルトノキ，ヤマグルマなどがある．

3）落葉広葉樹

①アオギリ（アオギリ科アオギリ属，*Firmiana simplex*）…北海道南部以南～沖縄の緑地に生育する．奈良時代に渡来した中国原産の陽樹である．葉は大きく掌状である．幹の緑色が美しいので，街路樹や景観樹として広く植えられる．根株と根株に近い水平根から出る中・大径の垂下根や斜出根は，深部では屈曲して急に細くなる．数本の太い水平根が発達し，地表部を横走するが，分

岐は少ない．小径根に疎生する細根には内生菌根が発達する．適潤な深い土壌を好むが，向陽地ではやや乾燥したところでも育つ．移植は容易である．耐潮性が大きく，大気汚染に強い．樹皮を剝いでつくった縄は水に強い．

②エンジュ（マメ科クララ属，*Sophora japonica*）…北海道〜九州の緑地に生育する．中国原産の複葉の陽樹である．耐煙性が大きいので，街路樹として広く栽植される．明瞭な垂下根のほかに，根株から中・大径の斜出根や水平根が発達する．垂下根は下層で発達が不良となり，広く発達した水平根が根系の形態を特徴付ける．小径根に疎生する細根に根粒菌が共生する肥料木である．移植の難易は中庸である．耐潮性が大きい．→花を乾かし煎じて止血薬にする．

③ケヤキ（ニレ科ケヤキ属，*Zelkova serrata*）…北海道南部〜九州の緑地に生育する．陽樹である．街路，社寺などに栽植される．垂下根は発達が不良で，比較的浅いところで生長が停止するなど浅根性である．地表に沿って発達する太い水平根から小径根が分岐し，網目状に広く分布する．細根分岐が多く大きい房状で，内生菌根が発達する．移植は容易である．酸性土壌に強く，耐寒性も大きいが，大気汚染にやや弱い．樹形は箒状となり，大高木となる．

④シダレヤナギ（ヤナギ科ヤナギ属，*Salix babylonica*）…北海道〜九州の緑地に生育する．中国中南部原産の雌雄異株の陽樹である．小・中径の斜出根や垂下根が発達し，ひも状に垂下した小径根が下層土に入るなど，深根性である．小・中径根の分岐は疎放であるが，細根の分岐は著しく，内生菌根が発達する．根系は過湿条件にも耐性があり，通気不良な粘土質の土壌でも生長する．堅密な下層土中でも大きい房状の細根を分岐するため，乾燥条件にもよく耐えるなど，適応性の幅が大きい．移植は容易である．耐潮性が大きく，大気汚染に強い．根系の材質が軟らかく，枯損や腐朽しやすいため，倒伏しやすい．

⑤シラカンバ（カバノキ科シラカンバ属，*Betula platyphylla*）…北海道〜福井，岐阜，静岡以北の緑地に生育する．雌雄同株の陽樹である．樹皮は若木では褐色であるが，成木では白く薄く剝離する．街路・風致樹として用いられる．浅根性で，垂下根の発達はきわめて悪い．小・中径の斜出根や水平根が地表に沿って浅い土層内を横走する．小・中径根に疎生する細根はひげ状で，外生菌

根が著しく発達する．移植は難である．排水良好な埴壌土を好むが，耐酸性や耐乾性が大きく，痩せ地にも耐える．耐寒性は大きいが，暑さには弱い．

⑥スズカケノキ（スズカケノキ科スズカケノキ属，*Platanus orientalis*）…北海道〜沖縄の緑地に生育する．地中海東部地方原産の雌雄同株の陽樹である．街路樹や庭園樹に広く栽植される．主根が明瞭であり，中・大径の水平根や垂下根も発達する．垂下根はそれほど深くまで達しないが，水平根は表層土中を横走して遠くに達する．堅密な通気の悪い粘土質土壌では著しく浅根となるが，乾燥によく耐える．耐潮性や耐寒性が大きく，大気汚染にも強い．挿し木が容易でよく発根するなど，移植も容易である．わが国には明治初めに渡来した．

⑦ソメイヨシノ（バラ科サクラ属，*Prunus yedoensis*）…北海道南部以南〜九州の緑地に生育する．陽樹である．接ぎ木で増殖される．根株から数本の斜出根と垂下根が分岐するが，垂下根は下層土での発達が不良である．小・中径根に疎生する細根は小塊状で，内生菌根が発達する．適潤性の土壌を好み，通気不良の土壌では根系が枯損する．街路樹や公園樹によく利用されるが，大気汚染に弱い．毛虫が着きやすく，天狗巣病などの病気にかかりやすい．

⑧ニセアカシア（マメ科ニセアカシア属，*Robinia pseudoacacia*）…北海道〜沖縄の緑地に生育する．北米原産の羽状複葉の陽樹である．街路樹，公園樹などとする．幼齢木では垂下根が発達して深部に達するが，成木では主根が枯死して，水平根が遠くまで地表に沿って横走し根系の形態を特徴付ける．疎生する細根は著しく少ないが，根系全体の土壌緊縛力が大きいので治山用樹種として用いられる．根粒菌が共生する肥料木であり，内生菌根が発達する．移植は容易である．耐煙性，耐乾性および耐せき悪性が大きい．

その他，イタヤカエデ，エノキ，カツラ，コナラ，トチノキ，トネリコ，ハンノキ，ヒメシャラ，ホオノキ，ボダイジュ，ユリノキなどがある．

b．亜高木性木本緑地植物

1) 針　葉　樹

①カイズカイブキ（ヒノキ科ビャクシン属，*Juniperus chinensis*）…本州〜沖

縄の緑地に生育する．常緑の陽樹である．工場や校庭などに栽植され，また，生垣にも用いられる．浅根性で，主根は多数の斜出根や水平根に分岐するなど不明瞭である．小径根が根株からひも状に多数分岐し，内生菌根が発達した細根とともに，表土に集中的に分布する．通気透水性のよい砂質土壌を好み，乾燥に耐えるが，酸性土壌には弱い．過湿地や堅密な壁状構造の土壌では著しく生長が悪い．移植は容易である．耐潮性があり，大気汚染に強い．イブキの園芸品種であり，一般に，挿し木により増殖される．

②コノテガシワ（ヒノキ科コノテガシワ属，*Biota orientalis*）…北海道南部以南～沖縄の緑地に生育する．中国北部原産の常緑の陽樹である．庭園に栽植され，よく生垣に用いられる．浅根性で，主根は多数の中・大径の斜出根に分岐する．内生菌根の発達する細根の分布は地表部に多く，堅密な下層土では少ない．粘土質土壌を好み，耐潮性や耐乾性が大きいが，酸性土壌に弱い．一般に，実生や挿し木で増殖するが，成木の移植は難しい．日本には元文年間（1736～1740年）に伝来したとされている．→漢方で葉と仁を薬に用いる．

その他，イヌガヤなどがある．

2) 常 緑 広 葉 樹

①ウバメガシ（ブナ科コナラ属，*Quercus phillyraeoides*）…関東以南～沖縄の緑地に生育する．陽樹であるが，やや日陰にも耐える．葉は厚く長楕円形である．庭木や生垣として利用される．主根と根株付近から，タコ足状に分岐した垂下根と斜出根が根系の形態を特徴付ける．垂下根の深さは中庸～深根性である．小・中径根の分岐は疎で，細根は小塊状で疎生し外生菌根が発達する．成木の移植は難である．耐潮性，耐乾性および耐せき悪性を持つので，海岸地帯の土層が浅い岩場や尾根などで優占林をつくる．大気汚染に強い．材は堅く，備長炭の原料となる．→実は食べられる．

②サンゴジュ（スイカズラ科ガマズミ属，*Viburnum odoratissimum*）…東北南部以南～沖縄の緑地に生育する．雌雄同株の陰樹であるが，陽光地にも耐える．海岸性低木林の構成種として広い分布を持つが，葉が厚質で光沢が著しいので，生垣，防風林，防火樹として栽植される．浅根性であり，垂下根の発達

は不良である．水平に発達する小・中径根および細根の分岐は疎で，根系は表層に集まり，広がりは中庸である．移植は容易である．湿潤地を好み，耐潮性が大きく，大気汚染にも強いが，酸性土壌に弱い．稚樹は寒さにも弱い．

③モッコク（ツバキ科モッコク属，*Ternstroemia gymnanthera*）…東北南部以南～沖縄の緑地に生育する．雌雄異株の陰樹であるが，陽光地にも耐える．庭木として栽植されることが多い．浅根性で，垂下根の発達は不良で，水平根や斜出根が特徴的に認められる．小・中径根の分岐は疎で，それらに疎生する細根は分岐が密でやや大きい房状となる．適潤性～弱乾性の土壌を好むが，酸性土壌に弱い．耐潮性が大きく，大気汚染にも強い．稚樹は寒さに弱い．

その他，カナメモチ，サカキ，サザンカ，シキミ，ソヨゴ，ツゲ，ツバキ，モチノキ，ユズリハなどがある．

3）落葉広葉樹

①コブシ（モクレン科モクレン属，*Magnolia kobus*）…北海道～九州の緑地に生育する．陽樹であるが，やや日陰にも耐える．並木や花木として栽植される．根株から垂下根が発達するが，堅密な下層土に達すると急激に細くなり，湾曲するか生長を停止する．小・中径の垂下根も深く達するものは少ない．根株から分岐した斜出根は上部に湾曲して，水平根となって発達する傾向がある．細根の分岐は疎で，大きな房状となる．移植は難である．耐寒性があり，湿潤な粘土質土壌を好むが，過度の湿気には弱い．→蕾は鎮静・鎮痛剤とする．

②サルスベリ（ミソハギ科サルスベリ属，*Lagerstroemia indica*）…本州～九州の緑地に生育する．中国原産の陽樹である．幹は淡紅紫色で平滑であり，庭木や景観樹として栽植され，また，盆栽として珍重される．根株から中・大径の斜出根が分岐，発達するが，垂下根の下層土での生長は不良である．疎生する細根は房状である．移植は容易である．暖温帯性で，乾燥や暑さによく耐え，耐潮性や耐堅密性を持つなど，あまり土壌を選ばない．光要求性が高く，自然林の中で生育することはほとんどない．花期が長いので百日紅の漢名がある．

③ナナカマド（バラ科ナナカマド属，*Sorbus commixta*）…北海道～九州の緑地に生育する．羽状複葉の陽樹であるが，やや日陰にも耐える．街路樹や景観

樹として栽植される．中・大径の斜出根や垂下根が発達するが，浅根性のため，垂下根の下層土での発達は不良である．中径根がひも状に地表に沿って横走する．疎生する細根はひげ状である．移植の難易は中庸である．やや乾燥した通気良好な立地で生長が良好である．岩石地などでも根系はよく生長する．堅密な過湿土壌では生長が悪いが，立地条件に対する適応性の幅が広く，せき悪土壌や火山灰土壌のような強酸性の土壌でも成立する．耐寒性はあるが，暑さに弱い．材が燃えにくいため，この名がある．

④ハナミズキ（ミズキ科ミズキ属，*Cornus florida*）…北海道～九州の緑地に生育する．北米原産の陽樹である．庭木や街路樹として栽植される．浅根性であり，主根は早期に消失し，短い垂下根と斜出根が残り，水平根の発達が顕著である．小径根に疎生する房状の細根は表層に多く，下層土には少ない．移植は難である．やや湿った立地を好むが，通気が不良な粘土質土壌や過湿地では根系の生長が悪い．アメリカヤマボウシの別名がある．

その他，アオハダ，イロハカエデ，エゴノキ，クサギ，ズミ，ネジキ，ネムノキ，ハウチワカエデ，リョウブなどがある．

c．低木性木本緑地植物

1）針　葉　樹

①キャラボク（イチイ科イチイ属，*Taxus cuspidata*）…本州～九州の緑地に生育する．常緑の陰樹である．庭園などに栽植される．中・大径の斜出根が深くまで達する深根性である．細根は房状で分岐が多く密生し，内生菌根が発達する．適潤性～弱湿性の土壌を好み，通気不良な湿った立地にも耐える．発芽後の初期生長は遅いが，移植は比較的容易である．耐酸性や耐潮性が大きい．

②ソテツ（ソテツ科ソテツ属，*Cycas revoluta*）…関東南部以南～沖縄の緑地に生育する．雌雄異株の常緑の陽樹である．葉の形態は針状ではないが，裸子植物であるので針葉樹に含める．観賞用に植栽される．全体的に浅根性であり，地上部の基部からひも状の不定根がタコ足状に分岐する．疎生する細根には根粒菌や外生菌根が発達する．移植は容易である．やや乾き気味の通気性のよい

砂質土壌を好む．耐煙性，耐潮性および耐堅密性が大きい．寒い地域では根系の生長が不良で，冬期土壌が凍結するようなところでは根系は枯死する．

その他，ネズミサシ，ハイネズ，ハイマツ，ミヤマビャクシンなどがある．

2) 常緑広葉樹

①アオキ（ミズキ科アオキ属，*Aucuba japonica*）…北海道中南部以南～沖縄の緑地に生育する．雌雄異株の陰樹である．葉は厚く光沢があり，庭木とされ，園芸品種が多い．根元から数本の斜出根が分岐し，それに小径根や細根が着く．浅根性のため根系の分布は表層部に多い．適潤～弱湿性の通気のよい土壌を好み，向陽の乾燥地では生育が悪い．移植は容易である．耐潮性や耐寒性が大きく，大気汚染にも強い．東アジアの特産種で，照葉樹林の指標種である．

②アセビ（ツツジ科アセビ属，*Pieris japonica*）…北海道南部以南～九州の緑地に生育する．陰樹である．庭園樹や下木として栽植される．主根は少数の斜出根に分岐する．水平根が発達し，下層土では根系の生長が不良な浅根性である．酸性土壌を好み，水分条件に対する適応性の幅が大きいので，乾燥地から湿性土壌にまで広く成立する．移植は容易である．耐潮性や耐煙性が大きく，他感作用を持つ．馬酔木の名の通り，有毒で食害を受けにくい．

③イヌツゲ（モチノキ科モチノキ属，*Ilex crenata*）…北海道～九州の緑地に生育する．雌雄異株の陰樹であるが，陽光地にも耐える．革質の葉は密に互生し，球形の実は熟して黒色となる．刈込み物や生垣に利用される．浅根性で，小・中径の斜出根や水平根が発達するなど，根系は主として表層に分布する．根を切断すると多数の細根が出るので，移植は容易である．乾燥地でも，やや多湿なところでも生育する．耐潮性や耐寒性が大きく，大気汚染にも強い．

④トベラ（トベラ科トベラ属，*Pittosporum tobira*）…関東以南～沖縄の緑地に生育する．雌雄異株の陽樹である．植込みや生垣などに利用される．棒状の主根が明瞭で，主根と水平根によって特徴付けられる．根系は全体に疎で，細根は好気的な表層に集中分布する．移植の難易は中庸である．耐潮性を持ち，乾燥にもよく耐えるので，塩類濃度が高く土壌が未熟な海岸地帯に自生するなど，あまり土壌を選ばない．大気汚染に強い．正月や節分に邪鬼を払うために，こ

の枝を用いる地方がある．

⑤ヒイラギ（モクセイ科モクセイ属，*Osmanthus heterophyllus*）…北海道南部以南〜沖縄の緑地に生育する．雌雄異株の陰樹である．対生する葉は硬く，葉縁には先が刺状になった鋭いきょ歯があるが，老樹になると梢の葉は全縁となる．庭木などとして利用される．垂下根の発達は下層土で止まるなど浅根性で，多数の中・大径の水平根や斜出根によって根系は特徴付けられる．移植は容易である．耐乾性や耐潮性が大きく，大気汚染にも強い．材は細工物に，枝葉は節分行事に用いられる．

その他，クチナシ，シャクナゲ，シャリンバイ，ジンチョウゲ，チャ，ナンテン，ヒサカキ，マサキ，ヤツデなどがある．

3) 落葉広葉樹

①ウツギ（ユキノシタ科ウツギ属，*Deutzia crenata*）…北海道南端〜九州の緑地に生育する．陽樹であるが，陰樹的性格も持つ．生垣や植込みなどに栽植される．深根性で，根株から数本の垂下根が出て深部に達する．細根は表層に集まり，根株付近では密生して塊り状となる．移植は容易である．耐酸性，耐乾性，耐湿性，耐煙性および耐潮性を持つなど，立地環境に対する適応性の幅が大きく，石灰岩地帯や蛇紋岩地帯にも生育する．幹が中空でこの名がある．

②ドウダンツツジ（ツツジ科ドウダンツツジ属，*Enkianthus perulatus*）…北海道南部以南〜九州の緑地に生育する．陽樹である．白色壺形の小花を下垂し，秋の紅葉も美しいため，観賞用に広く栽植される．浅根性であり，根株から多数の水平根が分岐し，一部は垂下するが短い．細根はひげ状で小塊状に密生し，地表部近くに集中分布する．移植は容易である．耐乾性や耐酸性が大きいなど土壌耐性域が広く，直射光の強さにも耐え，紅葉が美しい．耐煙・耐潮性は弱い．

③ハマナス（バラ科バラ属，*Rosa rugosa*）…北海道〜九州の緑地に生育する．羽状複葉の陽樹である．海岸に群生し，また，生垣や花木として栽植される．深根性で，根株付近から大径の塊り状の主根が発達し，これから分岐した垂下根がほぼ直線的に伸び，深部に達する．細根は小さい房状で疎生する．移植は容易である．弱乾性の深い砂質土壌でよく生育する．耐寒性，耐潮性および耐乾

性が大きいところから，海岸砂防などに用いられる．

その他，エニシダ，ガクアジサイ，ガマズミ，カマツカ，サンショウ，シモツケ，スノキ，ツツジ類，ニシキギ，ニワトコ，ネコヤナギ，ハギ類，マユミ，ムラサキシキブ，ヤマブキ，レンギョウなどがある．

d．つる性木本緑地植物
1）常　緑　性

①キヅタ（ウコギ科キヅタ属，*Hedera rhombea*）…北海道南部以南～沖縄の緑地に生育する．陰性つる植物であるが，日射にも耐える．葉は厚く光沢があり，建物の装飾などにも用いる．地表をはう茎の葉節から小径の不定根が分岐され，茎を固定する形で発達するが，浅根性のためあまり深くまでは入らない．岩石や樹幹を登はんするものは大気中でも茎から気根を出して，樹体や岩体などに植物体を固定するとともに，養水分を吸収する．移植は容易であり，あまり土壌を選ばない．耐寒性や耐潮性が大きく，大気汚染にも強い．

②テイカカズラ（キョウチクトウ科テイカカズラ属，*Trachelospermum asiaticum*）…北海道南部以南～九州の緑地に生育する．陰性つる植物である．葉は対生し，質厚く光沢がある．地表を横走する茎の節から不定根が分岐して地中に入る．根系の大部分は細根で，分岐は疎で，深さは浅く，ほとんど表層土内をはう．移植は容易である．樹幹や岩上をはうものは，気根状の短小な不定根を分岐して植物体を固定する．耐煙性，耐潮性および耐寒性が大きい．

その他，スイカズラ，ビナンカズラ（サネカズラ），フウトウカズラ，ムベなどがある．

2）落　葉　性

①フジ（マメ科フジ属，*Wisteria floribunda*）…北海道中北部～沖縄の緑地に生育する．陽性～中間性の奇数羽状複葉のつる植物である．観賞用に栽植する．深根性で，棒状の主根が垂下して深部に達する．小・中径根の分岐は疎で，土層内を横走する．小径根に疎生する細根には，根粒菌が共生する．移植は容易である．湿地を好み，粘土質の堅密な土壌でも生育する．耐寒性や耐潮性が

大きい．樹幹を登はんし，樹高 20 m 以上の高木層に届き，依存木を枯損させることがある．種子は乾燥を嫌う．つるは丈夫で，縄や細工物に利用される．

②マタタビ（マタタビ科サルナシ属，*Actinidia polygama*）…北海道～九州の緑地に生育する．陽性のつる植物である．浅根性で，根系の主体をなす小・中径根が表層近くに広く分布する．細根の分岐は中庸で，房状となる．移植は容易である．適潤～弱湿性の土壌で根系の生育がよい．樹幹を登はんし，液果は初秋に熟し薬用となる．ネコおよび同属の動物が好むことで知られる．

その他，アケビ，クマヤナギ，サルトリイバラ，サルナシ，ツルウメモドキ，ヤマブドウなどがある．

3．緑地の土壌環境評価

（1）緑地における植物の生育因子と土壌の機能

植物の生育は，次の6因子に規制される．①光，②空気（特に酸素），③水，④温度，⑤養分，⑥有害因子である．有害因子は存在しないことが，植物の生育を保障することにつながる．植物の地下部に直接関与する因子，すなわち土壌に関係する因子は，空気，水，温度，養分，有害因子である．植物は呼吸する．植物は，光合成によって自らが作り出した有機物を酸素を用いて燃焼させ，エネルギーを得なければ生活ができない．これが呼吸である．植物根も呼吸し，エネルギーを獲得し，土壌中を伸長して，栄養分を吸収しやすくする．土壌中の空気が，大気に比べて二酸化炭素濃度が高く酸素濃度が低いのは，植物根のほかに，土壌動物，微生物などが呼吸しているからである．土壌は植物根の呼吸に必要な酸素を一定の割合で保持し，供給する能力を有する．土壌は，大きな孔隙から小さな孔隙に至るまで，空気と水が存在できる場を提供し，それらを保持している．土壌が水を保持する程度（吸着エネルギー）は，ポテンシャル（potential）で表現され，土壌に水が強い力で引き付けられていれば，植物根への水の供給は抑制される．水が土壌に中程度に引き付けられていれば，水は

重力に抵抗して，土壌中に留まっていることになり，植物が必要な時期に必要な量の水を提供できるのである．土壌温度は，植物根の生育，生長の基本的な反応を保障する．高温すぎても，低温すぎても，植物は生育障害を引き起こす．植物に必要な栄養分（養分）の大部分は，根からの吸収による．養分の供給は，水の供給とともに，あるいはそれ以上に，土壌の果たす役割として重要である．植物に必要な養分には，窒素，リン，カリウムのような多量に必要とされる要（元）素（多量要（元）素，macro element）と銅，亜鉛のように少量であっても欠くことのできない要素（元素）である微量要（元）素（micro element あるいは trace element）とがある．多量，微量要素ともに植物にとって必要な要素を必須要（元）素と呼び，必須元素をいかに，いつの時期に，適当な量を供給できるかが，よい土壌かどうかを決定することになる．

a．土壌の生産機能

　生態学では，光合成を行って有機物を生産する生物を生産者と呼ぶ．この生産者を支える土壌の能力を，土壌の生産能力という．植物を生産するために発揮される土壌の機能には，空気と水に関する機能，養分に関する機能，根の健康に関する機能があり，これらの機能が有機的に連結して，はじめて植物の生産に寄与するのである．

　空気と水に関する土壌の機能は，空気と水を蓄える貯蔵庫の働きと，空気と水を供給する調節器の働きの両方である．これらの機能を担っているのは，土壌構造の間にある孔隙や団粒内部にも存在する微細孔隙である．したがって，土壌の孔隙は，太い（粗）孔隙から細い（微細）孔隙までさまざまで，これらの孔隙に保持されている空気は，水が多くなれば，その場を水に譲ることになる．こうして保持された水のポテンシャルは，気圧，ミリバールあるいは水柱の高さ（水柱の高さ cm の対数値＝pF）などで表示される．pF 値は，土壌へ吸着している水のポテンシャルを示すとともに，土壌の孔隙量，水の量を示すことになる．pF 1.5～4.2 までの水を保持できる大きさの孔隙は，毛管引力を持つ孔隙で，保持されている水は毛管水であり，このうち，植物に有効な水は

pF 1.5～3.0 である．団粒構造を持つような土壌は，pF 1.5～3.0 の正常有効水を多く保持し，植物にとってよい土壌といえる．

　養分に関する土壌の機能は，植物に必要な養分の貯蔵庫と養分供給の調節器の役割である．これらの機能を担っているのは，鉱物（1次鉱物，2次鉱物），腐植（humus あるいは humic substance）などであり，特に，土壌の養分供給は粘土鉱物（アルミノシリケイト，clay minerals），腐植のような土壌コロイドと呼ばれる成分である．土壌中の窒素以外の大部分の養分は，粘土鉱物，1次鉱物（primary minerals），鉄・アルミニウム水和酸化物などの無機成分中に貯蔵されている．無機成分中に貯蔵されている養分も，そのままでは，植物にほとんど吸収されない．植物に吸収されるようになるためには，無機成分中に存在する養分の溶解量が増加する必要があるが，微生物の活動が活発になって有機物を分解すると，土壌水には二酸化炭素や有機物の一部が溶解され，養分を可溶化するようになる．窒素の大部分，リン，硫黄の一部は有機物中に存在し，有機物の分解に伴って解放される．窒素は，有機態窒素から無機態窒素（アンモニア態窒素）へ変化し，植物に利用される．また，アンモニア態窒素は，亜硝酸態窒素を経て，硝酸態窒素に形態変化（この場合は硝化とよばれる）されたあとにも植物に吸収される．こうして解放された養分のうち，陽イオンは粘土と腐植の複合体のような負荷電に吸着，保持され，一方，陰イオンは鉄・アルミニウム水和酸化物のような陽荷電に吸着，保持され，必要に応じて再解放される．陽イオンや陰イオンを交換，保持する土壌の能力は，容量（イオン交換容量，ion exchange capacity）として表示され，土壌 1 kg 当たり 10～40 $cmol_c$（センチモルチャージ＝センチグラム当量）がよい土壌である．

　根の健康に関する土壌の機能は，健全な根から空気，水，養分の吸収を保証することにある．土壌は植物根を取り囲み，根に必要な酸素，温度，水，養分，pH などを整えて，根の健康を保証しているのである．空気，水，養分は，土壌中に適当な量が存在していることが望ましい．植物に対して有害な作用を持つ他感作用物質，自家中毒物質が生成されて土壌中に存在するようになることもある．有害因子が発生しないことも，よい土壌の条件である．

b．土壌の浄化機能

　土壌には，生物の遺体を分解し，物質循環の１つの役割を果たす能力とともに，われわれの生活や健康にとって有害な成分を吸着，分解し，浄化する能力がある．これらの働き，すなわち，分解と吸着の担い手は，土壌中に生息している土壌動物，土壌微生物と土壌コロイド（粘土や腐植）である．

　土壌中には，ミミズ，トビムシ，線虫などの土壌動物や，*Bacillus* 属，*Fusarium* 属，*Actinomyces* 属などの土壌微生物が存在し，動植物の遺体や排泄物を分解し，それらに含まれている物質を解放する．土壌動物や土壌微生物の活動は，動植物の遺体や排泄物の量，質ばかりでなく，土壌温度，pH，水分の条件によって変化する．近年，多種類の合成有機化合物が作られ，土壌動物や土壌微生物も最初は分解できないが，合成有機化合物に対応して，分解する形質を獲得することもある．しかし，依然として分解できない有機化合物も多い．新しい有機化合物を作り，使用する際には，不要となったときの分解法をあらかじめ考慮しておかなければならない．

　土壌には，きわめて反応の活発な成分である粘土鉱物や腐植が含まれており，アンモニアガス，亜硫酸ガスなどを吸着，除去する能力があり，高速道路や自動車駐車場からの自動車排気ガスを土壌に導入し，吸着，除去させているが，その能力にも限界があることを忘れてはならない．また，粘土鉱物や腐植には，イオンを交換，吸着する働きがあり，窒素やリンによって汚染された水から窒素やリンを交換，吸着，除去することができる．この能力を利用して，汚水の土壌処理が実用化されているのである．しかし，汚水から土壌へ物質が移動しただけであり，汚水の浄化は，土壌の汚染を意味していることを認識する必要がある．

　土壌は，自然を構成する重要な要素の１つである．しかし，土壌以外の自然を構成する要素と同様に，現在まで，標準化された土壌環境評価はない．緑地の土壌環境評価が実施され，長期モニタリングの結果が集積され，解析が進むとともに，緑地において，土壌の生産機能，浄化機能が損なわれることのない

よう，また，土壌が汚染されることのないように強く望みたい．

（2）土壌の汚染に関する法律

　わが国は，深刻な環境汚染を経験した．その結果，現在においても，汚染物質によって著しい障害に苦しめられている数千人の患者の方々が存在する．たとえ，裁判によって一定の結論が導き出されたといえども，障害を背負って生き続けている人たちがいるのである．

　国は，激しい環境汚染とその被害を目の当たりにして，遅まきながら，1967年に「公害対策基本法」を成立させた．その後，1970年末の第64回臨時国会において「公害対策基本法」の一部を改正し，土壌汚染を追加し，あわせて「農用地の土壌の汚染防止等に関する法律」(いわゆる土壌汚染防止法)を成立させ，1971年6月5日より施行した．この法律は，農用地が特定有害物質に汚染されて，人間の健康を損なう恐れのある農産物が生産される，あるいは農作物などの生育が阻害されることを防止するためのものであり，土壌（農用地土壌，特に水田土壌が対象である）についても，有害物質（カドミウム，銅，ヒ素）についても限定されたものになっている．したがって，森林や個人住宅の敷地内の土壌は，この法律には含まれないし，水銀，六価クロムなどのきわめて毒性の強い金属も対象外となっている．

　その後，環境庁は，1984年に再生有機質資材の農用地における適切な使用をはかり，かつ土壌中の重金属などの蓄積による作物の生育への影響を未然に防止するために，「農用地における土壌中の重金属等の蓄積防止に係る管理基準」(1984)を暫定的に定めた．この基準設定に当たっては，資材中の含有量が比較的高く，他の物質よりも早く作物の生育に影響を及ぼす恐れの高い亜鉛を指標物質として選定し，基準値を亜鉛の自然賦存量分布のおおむね95％累積値に相当し，作物に影響のないことが確認されている120 mg/kg（表層土壌，全量分析）とした．

　しかし，市街地にあった多くの工場や研究所が郊外へ移転することもあいまって，市街地の土壌汚染が明確となるにつれて，環境庁は市街地土壌汚染問

題検討会を組織して，有害物質の種類，濃度などを検討し，1986年に市街地土壌汚染問題検討会報告書をとりまとめた．「市街地土壌の管理指針」(市街地土壌に係る暫定対策指針，1986) は，アルキル水銀化合物，水銀およびその化合物，カドミウムおよびその化合物，鉛およびその化合物，有機リン化合物，六価クロム化合物，ヒ素およびその化合物，シアン化合物，PCBの9物質について，汚染の認められた土地所有者に対して汚染の調査，処理，処分を行うことを定めたものである．

「農用地の土壌の汚染防止等に関する法律」制定後，20年を経て，環境庁は1991年8月に土壌の汚染に係る環境基準について(1991)告示し，「土壌の汚染に係る環境基準」(土壌環境基準) 10項目を設定した．この基準を設定するに当たっての基本的な考え方は，①土壌の持っている水質浄化，地下水涵養機能を重視して，水質環境基準のうち，人の健康の保護に関する環境基準の対象項目について，土壌の10倍量の水で抽出し，その濃度が水質基準以下の値(溶出基準)であることとしたこと，②土壌の食料生産機能を重視して，「農用地の土壌の汚染防止等に関する法律」に準拠して，農用地土壌汚染対策地域の指定要件を基準(農用地基準)値としたことにある．

土壌環境基準設定後，ハロゲン化炭化水素などの地下水汚染が全国で認められるようになり，1994年2月に土壌環境基準項目の見直しがはかられて15項目が，さらに1999年に2項目が追加され，現在は27項目が土壌環境基準として設定されている (表III-8)．これにより，「有害物質が蓄積した市街地等の土壌を処理する際の処理目標について」(1990) は廃止されることになった．

土壌の汚染は，重大な事態を引き起こす．汚染に気が付いたときには，すでに手遅れになっていることが多い．土壌から汚染物質を除去するには，膨大な費用と時間，高度な技術を必要とする．常に監視を怠らず，土壌の汚染を引き起こさせない努力が重要なのである．

表III-8　土壌の汚染にかかわる環境基準

項　目	環境上の条件
カドミウム	検液1 lにつき0.01 mg以下であり，かつ，農用地においては玄米1 kgにつき1 mg未満であること
全シアン	検液中に検出されないこと
有機リン	検液中に検出されないこと
鉛	検液1 l中につき0.01 mg以下であること
六価クロム	検液1 l中につき0.05 mg以下であること
ヒ素	検液1 l中につき0.01 mg以下であり，かつ，農用地(田に限る)においては，土壌1 kgにつき15 mg未満であること
総水銀	検液1 l中につき0.0005 mg以下であること
アルキル水銀	検液中に検出されないこと
PCB	検液中に検出されないこと
銅	農用地（田に限る）において，土壌1 kgにつき125 mg未満であること
ジクロルエタン	検液1 l中につき0.02 mg以下であること
四塩化炭素	検液1 l中につき0.002 mg以下であること
1,2-ジクロロエタン	検液1 l中につき0.004 mg以下であること
1,1-ジクロロエチレン	検液1 l中につき0.02 mg以下であること
cis-1,2-ジクロロエチレン	検液1 l中につき0.04 mg以下であること
1,1,1-トリクロロエタン	検液1 l中につき1 mg以下であること
1,1,2-トリクロロエタン	検液1 l中につき0.006 mg以下であること
トリクロロエチレン	検液1 l中につき0.03 mg以下であること
テトラクロロエチレン	検液1 l中につき0.01 mg以下であること
1,3-ジクロロプロペン	検液1 l中につき0.002 mg以下であること
チウラム	検液1 l中につき0.006 mg以下であること
シマジン	検液1 l中につき0.003 mg以下であること
チオベンカルブ	検液1 l中につき0.02 mg以下であること
ベンゼン	検液1 l中につき0.01 mg以下であること
セレン	検液1 l中につき0.01 mg以下であること
フッ素	検液1 l中につき0.8 mg以下であること
ホウ素	検液1 l中につき1 mg以下であること

　1．環境上の条件のうち，検液中濃度にかかわるものにあっては，別表に定める方法（省略）により検液を作成し，これを用いて測定を行うものとする．

　2．カドミウム，鉛，六価クロム，ヒ素，総水銀およびセレンにかかわる環境上の条件のうち，検液中濃度にかかわる値にあっては，汚染土壌が地下水面から離れており，かつ現状において当該地下水中のこれらの物質の濃度がそれぞれ地下水1 lにつき0.01 mg, 0.01 mg, 0.05 mg, 0.01 mg, 0.0005 mgおよび0.01 mgを超えていい場合には，それぞれ検液1 lにつき0.03 mg, 0.03 mg, 0.15 mg, 0.03 mg, 0.0015 mgおよび0.03 mgとする．

　3．「検液中に検出されないこと」とは，測定方法の欄に掲げる方法により測定した場合において，その結果が当該方法の定量限界を下回ることをいう．

　4．有機リンとは，パラチオン，メチルパラチオン，メチルジメトンおよびEPNをいう．

　5．1,1,2-トリクロロエタンの測定方法で日本工業規格K 0125の5に準ずる方法を用いる場合には，1,1,1-トリクロロエタンの測定方法のうち日本工業規格K 0125の5に定める方法を準用することとする．この場合,「塩素化炭化水素類混合標準液」の1,1,2-トリクロロエタンの濃度は，溶媒抽出，ガスクロマトグラフ法にあっては2 mg/mlとする．　　　　　　　　　　　　　　（環境庁，1994）

(3) 緑地における土壌環境のモニタリング

a．土壌環境モニタリング

　近年に至るまで，自然環境の一部として土壌環境を長期にモニタリング(monitoring)している例は多くない．しかし，農産物の収量をいかに増加させるかは，土壌をどのように管理するかであり，そのために多くの試験研究が世界中で進められてきた．

　イギリスのローザムステッド農事試験場では，1852年から1967年までの116年間の肥料連用試験(畑土壌)(長期モニタリング)の成果を発表している(Rothamsted Agriculture Experimental Station, 1969)．この研究の成果から，化学肥料も堆厩肥も施用していない畑におけるコムギの収量はきわめて低いが，ゼロとはならないこと，窒素肥料が収量の増減に強く影響していること，コムギの収量増加に対して，化学肥料は堆厩肥の効果を補うことができることなどが明らかとなった．他方，わが国における長期堆肥・厩肥連用試験については，栃木県農業試験場および青森県農業試験場藤坂支場が報告しており，これらの試験結果は，作物の収量が気候の変化に影響されやすく，短期の試験結果では明確な結論が導き出されないなど，長期モニタリングの必要性を明らかにしている(栃木県農業試験場，1971；青森県農業試験場，1960)．これとは別に，わが国では，地力保全基本調査(農林水産省，1990)が，1959～1976年の17年間にわたって，わが国の主要な農耕地508.4万haで実施され，土壌区ごとに土壌の生産力可能性分級がなされ，土壌の基本的な性質，生産力阻害要因とその強度，地力保全対策などが明らかにされた．その後，土壌環境基礎調査が実施され，1998年度に取りまとめがなされることとなっているが，現在まで，その全国的な取りまとめはなされていない．また，林野庁は，国有林下の土壌および民有林下の土壌の一部をそれぞれ国有林野土壌調査および適地適木調査によって明らかにし，土壌分析値とともに1/2万および1/5万土壌図として刊行している．

　一方，環境庁は，自然生態系を長期にモニタリングするために，生態系総合

モニタリング調査を広域モニタリングおよび重点モニタリング地点に区分し，長期モニタリングを開始した．モニタリングの方法は，林野庁（1995）および環境庁（1997）ともにマニュアルを提示し，このマニュアルに沿って調査が実施され，長期モニタリングの結果が集積されている．

b．土壌汚染モニタリング

1971年より，カドミウム，銅，亜鉛，鉛，ヒ素を対象として，国は重金属調査を実施している．全国で4,000点の土壌試料を採取，分析し，1974年からは，3年ごとに試料を採取，分析して，試料を保存している．土壌汚染のモニタリングに当たっては，土壌情報の収集，土壌モニタリング地点の選定，プロットの選定，土壌断面調査，サブプロットの選定，土壌試料採取，土壌試料の前処理，土壌試料採取の頻度および時期，プロットの保存，調査項目と分析方法，土壌モニタリングの精度保証および精度管理，土壌データ管理および処理などをあらかじめ決定し，監視する必要がある．

（4）緑地における土壌環境の評価

土壌環境を評価する基準は，土壌の生産機能，浄化機能および土壌汚染を包括的に評価できる基準でなければならない．土壌の生産機能の評価については，これまでいくつかの評価結果が示されている．一方，浄化機能の評価については，標準化されたものは見当たらないが，松井　健（1990）が評価基準の試案を提示している．土壌の汚染については，基準値を超える値に対して，一括して不可の評価を与えることとして，緑地における土壌環境の評価を以下に示す．

a．土壌の生産機能評価

これまで，土壌の生産機能の評価については，農用地を対象として，農林水産省が地力保全基本調査において土壌生産力分級（4段階）を，また，林地を対象として，林野庁が地位指数（5段階）を用いてきた．土壌生産力分級では，基準項目として，表（作）土の厚さ，有効土層の厚さ，表（土）の礫含量，耕う

III. 緑地植物の生育と緑地評価

表III-9 土壌環境評価

評価基準		1 優	2 良	3 可	4 不可
生産機能					
土壌の物理的性質	粘土	20〜45	10〜20 45〜55	0〜10 55〜75	75〜100
	シルト	20〜45	10〜20 45〜55	0〜10 55〜75	75〜100
	砂	20〜45	10〜20 45〜55	0〜10 55〜75	75〜100
	粒径組成	LiC, CL, L SC, SCL, SL	SiL, SiCL SiC	HC, S, LS	
	礫 (%)	<5	5〜15	15〜60	>60
	透水係数 (cm/s)	$>10^{-2}$	$10^{-5} \sim 10^{-2}$	$10^{-7} \sim 10^{-5}$	$<10^{-7}$
	孔隙率 (%)	40〜60	30〜40 60〜80	20〜30 80〜90	<20 >90
	硬度 (mm)	<21	21〜24	24〜27	>27
土壌の化学的性質	酸性度	5.6〜6.8	4.5〜5.6 6.8〜7.7	3.5〜4.5 7.9〜9.0	<3.5 >9.0
	全炭素 (mg/kg)	30〜50	20〜30 50〜80	2〜20 80〜100	
	全窒素 (mg/kg)	>1.5	0.8〜1.5	0.3〜0.8	
	交換性カルシウム (cmol$_c$/kg)	>6.0	3.0〜6.0	3.0〜1.0	
	有効態リン (mmolP/kg)	>12	4〜12	<4	
浄化機能					
陽イオン交換容量 (cmol$_c$/kg)		>15	7〜15	3〜7	<3
リン酸吸収係数 (mmol/kg)		<400	400〜1,500	1,500〜2,300	>2,300
土壌動物 (32の土壌動物群の検索)		>50	30〜50	5〜30	<5
土壌微生物 細菌百分率		60〜80	40〜60 80〜90	<40	
放線菌百分率		20〜40	5〜20	0〜5	
糸状菌百分率		0〜3	3〜5	>5	
汚染					
カドミウム		土壌の汚染にかかわる環境基準値を超えないこと (基準値を超えた場合には評価4)			
全シアン		〃			
有機リン		〃			
鉛		〃			
六価クロム		〃			
ヒ素		〃			
総水銀		〃			
アルキル水銀		〃			
PCB		〃			
銅		〃			
ジクロロメタン		〃			
四塩化炭素		〃			
1,2-ジクロロエタン		〃			
1,1-ジクロロエチレン		〃			
cis-1,2-ジクロロエチレン		〃			
1,1,1-トリクロロエタン		〃			
1,1,2-トリクロロエタン		〃			
トリクロロエチレン		〃			
テトラクロロエチレン		〃			
1,3-ジクロロプロペン		〃			
チウラム		〃			
シマジン		〃			
チオベンカルブ		〃			
ベンゼン		〃			
セレン		〃			
亜鉛		農用地における土壌中の重金属などの蓄積防止にかかわる管理基準を超えないこと (基準値を超えた場合は評価4)			

んの難易，湛水透水性，酸化還元性，土地の乾湿，自然肥沃度，養分の豊否，障害性，災害性，傾斜，侵食をあげ，これらを評価基準とした．一方，林地を対象とした評価基準には，地位指数が採用された．地位指数は，一定の基準（40年）における林分上層林の平均樹高で示され，地位指数は土壌タイプとよい相関を持つため，土壌タイプと結び付け，評価基準とすることができる．

　土壌の生産機能の評価を分解機能，土壌汚染とともに筆者は4段階に分け，表III-9のように示した．土壌の生産機能は，土壌の物理的性質，化学的性質によって規定される．物理的性質には粘土含量，シルト含量，砂含量，粒径組成，礫含量，透水係数，孔隙率，硬度を，化学的性質には酸性度，全炭素，全窒素，交換性カルシウム，有効態リンを評価項目として取りあげ，評価基準値に基づいて評価する．これまでに得られているデータ（土壌生産力可能性分級など）と比較し，解析する．

b．土壌の浄化機能評価

　土壌の浄化機能の評価項目として，陽イオン交換容量，リン酸吸収係数，土壌動物，土壌微生物を取りあげ，評価基準値に基づいて評価する．これらの結果を過去のデータ（土壌生産力可能性分級など）と比較し，解析する．

c．土 壌 汚 染

　土壌汚染の評価項目として，「土壌の汚染に係る環境基準」に示されたカドミウム，全シアン，有機リン，鉛，六価クロム，ヒ素，総水銀，アルキル水銀，PCB，銅，ジクロロメタン，四塩化炭素，1,2-ジクロロエタン，1,1-ジクロロエチレン，cis-1,2-ジクロロエチレン，1,1,1-トリクロロエタン，1,1,2-トリクロロエタン，トリクロロエチレン，テトラクロロエチレン，1,3-ジクロロプロペン，チウラム，シマジン，チオベンカルブ，ベンゼン，セレンおよび「農用地における土壌中の重金属等の蓄積防止に係る管理基準」に示された亜鉛を取りあげ，評価基準値に基づいて評価する．これらの結果を過去のデータと比較し，解析する．

4. 緑地の気象環境評価

(1) 緑地内の気象

　降り注ぐ太陽放射の一部は植物に吸収されて光合成に使われるが，大部分は熱にかわり，気層を暖めたり，蒸発散に使われる．このため，緑地内では外部と異なる気象環境が形成される．耕地や森林に生育する植物群落内では，上部と下部では光の強さが異なり，それに応じて気温，風速，CO_2濃度の垂直分布が変化し，いつも同じではない．緑地内の熱や物質およびエネルギーのやりとりを理解するためには，緑地を取り巻く気象環境の成立機構について十分な知識を持っておく必要がある．

a．温度の鉛直分布

　土壌や緑地内の温度は，太陽放射の影響によって，日周期および年周期で変化する．気温（air temperature）が，南中時の1～2時間後に，夏至の約1カ月後に最高になったりするのは，地表面温度（soil surface temperature）の変化に気温が遅れ，しばらく時間がかかるためである．晴れた日における裸地と緑地がある場合の気温と地温の垂直分布の模式図を図III-4に示す．気温の日変化は裸地では能動面（active surface）である地表面，植物群落では日射を最も吸収する層（能動層，active layer）での加熱と冷却により，その面で日較差（diurnal range）が最も大きく，その面から遠ざかるにつれてその影響は小さくなる．気温の日変化（diurnal variation）がなくなる高度は，その日の気象条件によって異なるが，高度500 m程度である．地温の日変化がなくなる深さは，植被や土壌条件などによって異なるが，深さ約30～50 cm程度である．

　日中の気温は高度とともに低下しているが，晴れた夜間は，地表面付近は高度とともに気温が高くなる逆転層（invertion layer）が発達する．接地逆転（surface inversion layer）の高度は，地形や天候条件によって異なるが，100

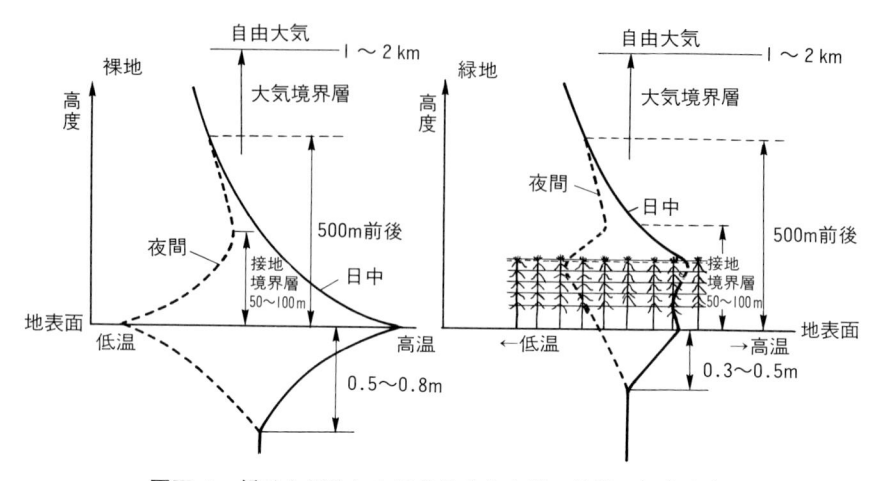

図III-4　緑地と裸地における日中と夜間の気温の鉛直分布

m前後である．

b．湿度の鉛直分布

　緑地内の湿度（humidity）の鉛直分布は，気温分布ほど単純ではない．湿度の場合は，緑地内の植物の繁茂度によって，蒸発面が土壌表面であったり植被層（樹冠層，vegetation layer, canopy layer）あるいはその両方からの場合があるためである．蒸発散（evapotranspiration）が生じている場合には，水蒸気の流れは，水蒸気圧（water vapor pressure）や水蒸気量が高い（多い）層から低い（少ない）層へとなる．しかし，相対湿度（relative humidity）でみると，必ずしもそのような分布になっているとは限らず（相対湿度は温度が関係しているため），水分の発生源（蒸発がどの面から生じているか）などをみる場合には，水蒸気圧あるいは水蒸気量を表す比湿を用いる．

　相対湿度は，そのときの水蒸気圧（vapor pressure, e）とその温度における飽和水蒸気圧（saturation vapor pressure, e_s）の比で，次式で表される．

$$相対湿度（\%）：h = e/e_s \times 100$$

　湿潤空気（moist air）1 kgに含まれる水蒸気量を比湿（specific humidity），

湿潤空気1m³中に含まれる量を絶対湿度（absolute humidity）といい，それぞれ次式で求めることができる．

$$\text{絶対湿度}: a = 0.217\, e/T \quad (\text{kg/m}^3)$$

$$\text{比 湿}: q = \frac{0.622\, e}{P - 0.378\, e} \fallingdotseq \frac{0.622\, e}{P} \quad (\text{kg/kg})$$

ここで，e：水蒸気圧（hPa），T：絶対温度（℃），P：大気圧（hPa）である．

c．風の鉛直分布

風は熱や水蒸気，二酸化炭素などの物理量，あるいは花粉，汚染物質などの微粒子を輸送し，緑地の気象環境形成に重要な役割を果たしている．しかし，風速（wind speed）や風向（wind direction）は絶えず変化し，変動して，非常に複雑である．

水平で一様な農地上における平均風速（mean wind speed）の高度分布は，対数法則（logarithmic law）が成立し，近似的に次式のように表される．

$$U(z) = \frac{U^*}{\kappa} \cdot \ln\left(\frac{Z-d}{Z_0}\right)$$

ここで，U^*：摩擦速度（friction velocity, m/s），Z：高度（m），d：地表面修正量（zero-plane displacement, m），Z_0：粗度長（roughness length, m），κ：カルマン定数である．

農地上の平均風速は，植被の存在のため，みかけ上，地表面から d だけ持ちあがった $\ln(Z-d)/Z_0$ に比例して増加する（図Ⅲ-5）．

d や Z_0 は植被面の高さ，植被の密度，構造などで変化し，植被面の高さ（平均樹高あるいは草丈）h を用いて，一般的に以下のような関係が得られている．

森林について

$$d/h = 0.6 \sim 0.9$$

$$Z_0/h = 0.02 \sim 0.14$$

植物群落について

$$d/h = 0.6 \sim 0.8$$

$$Z_0/h = 0.03 \sim 0.16$$

植被内では，風速は群落頂部付近の値に比べて著しく減衰する．一般的に，下層ほど風速は小さくなるが（図Ⅲ-7の点線），下層があまり茂っていない樹林内

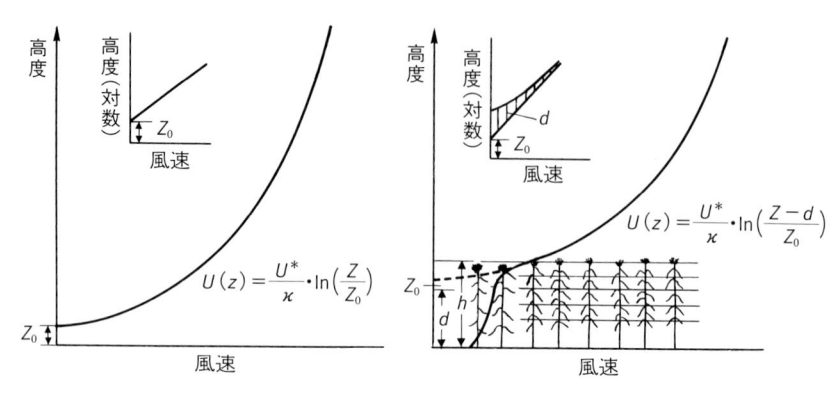

図Ⅲ-5 裸地と緑地内における風速の鉛直分布
Z_0：粗度長, d：地表面修正量.

においては，地表面近くの層で再び風速が大きくなってピークが現れる場合があり（図Ⅲ-7の実線），非常に複雑である．

風は物理量（運動量，水蒸気，熱，CO_2）の輸送量と大きくかかわっている．例えば，風が強くなると輸送係数（拡散係数）が大きくなり，より多くの物理量が輸送される．図Ⅲ-6に示すように，空気中の温度，水蒸気や二酸化炭素に濃度勾配があるとき，それぞれの物質は輸送され，ある面を通して，単位時間当たりに輸送される物理量をフラックス（flux）と呼び，次式で表される．

$$F = K \frac{\partial A}{\partial z}$$

ここで，F：フラックス，K：拡散係数（diffusion coefficient），$(\partial A/\partial z)$：物理量 A の高さ方向の傾度である．

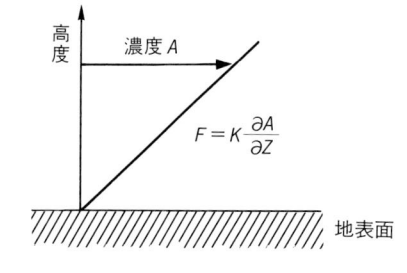

図Ⅲ-6 濃度勾配があるときの物質輸送

前式から輸送される物理量，フラックスは，濃度勾配と拡散係数の積を用いて定量的に評価できることがわかる．ここで拡散係数は，風の対数法則から求めることができる．

$$K = \frac{\kappa^2 (U_2 - U_1) Z}{\ln(Z_2/Z_1)}$$

ここで，U_2, U_1：高度 Z_2, Z_1 における風速である．

したがって，フラックスを定量的に求めるために，前述した風の対数法則は重要な概念である．

d．CO_2 の鉛直分布

CO_2 は光合成によって植物に吸収されるとともに，呼吸によって植物から放出される．また，土壌からは，植物の根と土壌微生物の呼吸によって CO_2 が大気中へ放出される．このような植物や土壌の作用により，植物群落内や大気中の CO_2 濃度分布が決定される．日変化をみると，昼間は光合成作用により CO_2 濃度は低くなり，夜間は逆に高くなる．図Ⅲ-7 に示すように，CO_2 濃度の垂直分布は，昼間は植物の光合成により植被の能動面付近で濃度が最も低くなる"くの字型"の分布を示し，夜間は植物の呼吸および土壌呼吸によって能動面付近で濃度が最も高い"逆くの字型"の分布となる．

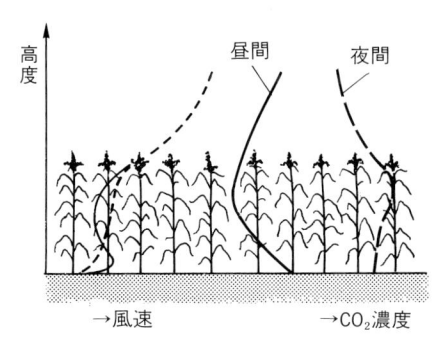

図Ⅲ-7　群落内外の風速(左図)およびCO_2濃度(右図)の鉛直分布

e. 放射環境

太陽光は，太陽放射（solar radiation）あるいは日射（または短波放射）と呼ばれ，大気や地表，植物体内で吸収されて熱にかわり，それぞれの環境を決定する．群落内で吸収された日射の一部は植物の光合成活動により，地球の生命活動の源になっている．太陽光は電磁波の一種で，波長（振動数）によって図III-8のように区別されている．可視域の0.4～0.7μm（400～700 nm）は，波長の短い順に青紫，青，緑，黄，橙，赤に，紫外線（ultraviolet radiation）は逆順にUV-A，UV-B，UV-Cと分類される．赤外線（infrared radiation）は，近赤外，中間赤外，熱赤外，遠赤外に分類される．

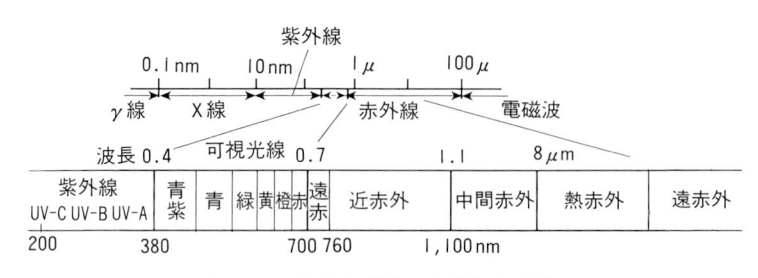

図III-8 各種電磁波の名称と波長帯

群落内における日射あるいは光合成有効放射（photosynthetically active radiation, PAR）の測定結果を図III-9に示す．相対光強度の対数と葉面積指数とは直線関係がみられ，近似的に門司正三と佐伯敏郎（1953）は次式で表した．

$$I = I_0 \exp(-kF)$$

ここで，I：群落内の光強度，I_0：群落上端の光強度，k：吸光係数，F：群落上端から考える任意の深さまでの葉面積指数（LAI, leaf area index）の積算値である．

吸光係数は群落の構造によって異なり，図III-9に示すように，水平葉は垂直葉に比べ大きく，植物内に入った光の減衰が大きい．また，式からわかるように，葉面積指数が大きいほど放射の減衰は大きくなる．

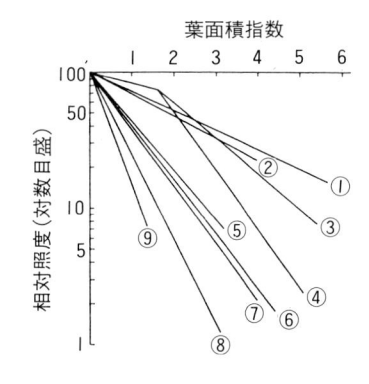

図III-9 各種群落における光の強さと葉面積指数との関係（門司正三・佐伯敏郎, 1953）
①ヨシノカラマツ, ②オギ, ③ヨシナガホノシロワレモコウ, ④オギノウルシ, ⑤キクイモ, ⑥ノウルシ, ⑦アカザ, ⑧フキ, ⑨キカラスウリ.

(2) 緑地内の熱収支特性

a. 放射収支

耕地や林地などの緑地において，太陽からの放射エネルギーは，植物体や土壌温度の上昇，蒸発の潜熱，空気の加熱（顕熱）に使われ，緑地の環境を作り出している．地表面における熱収支環境を知るためには，図III-10に示すように対象とする面に入射する下向きの放射エネルギーと反射または射出される上向きの放射エネルギーの差し引き，すなわち，次式で表される放射収支（短波と長波の収支, radiation balance, radiation budget）を求める必要がある．

$$R_n = (1-a)S + L_U - L_D$$

ここで，R_n：正味放射量（net radiation），a：アルベド（短波の反射率），S：短波放射量（shortwave radiation），L_U：$(=\delta\sigma T_s^4)$ 地表から放射される上向きの長波放射量（long wave radiation）で，σはステファンボルツマン定数（$5.67\times10^{-8} W/m^2K^4$），$T_s$は地表面温度，$\delta$は射出率，$L_D$：$(=\delta\sigma T_c^4)$ 大気から下向きに放射される長波放射量でT_cは天空の温度である．

夜間は短波放射がなくなるので，放射収支は長波放射のみとなり，地表面に比べ上空の温度が低いため，正味放射量は負の値となり，熱が失われる状態となっている．これが，夜間地表面が冷える理由である．$(L_U - L_D)$は有効放射と呼ばれる．正味放射量は，それぞれの項を単独に測定したり計算から求めることができるが，正味放射量を直接測定できる機器があるので，これを用いると

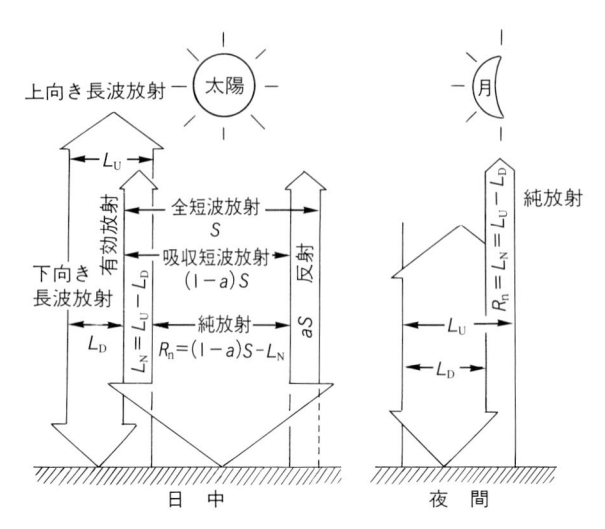

図III-10 地表面における放射収支の模式図（内嶋善兵衛，1982）

便利である．

b．熱　収　支

熱収支（heat balance）の定量的な評価は，緑地における気象環境成立の定量的評価や好適な緑地環境の評価などに重要な情報を提供する．正味放射量の一部は蒸発（潜熱）に，一部は空気の加熱（顕熱）に，一部は地温や植物体の昇温(貯熱)に，残りは光合成に使われるが，光合成に使われる量は少なく，これを無視すると熱収支の関係は次式で表される．

$$R_n = lE + H + G$$

ここで，lE：潜熱伝達量（sensible heat flux），H：顕熱伝達量（latent heat flux），G：貯熱量（地中熱伝達量，soil heat flux）である．

潜熱伝達量や顕熱伝達量は大気中における水蒸気（蒸発）や熱の輸送量を見積もる重要な要素であり，これを求める種々の方法があるが，以下に示すボウエン比を用いると熱収支式から導き出される次式より簡単に求めることができる．

III. 緑地植物の生育と緑地評価

$$lE = (R_n - G)/(1+\beta)$$

$$H = (R_n - G)/(1+1/\beta)$$

ここで，$\beta:(=H/lE=0.66(\theta_1-\theta_2)/(e_1-e_2))$ はボウエン比（Bowen ratio），e_1, e_2, θ_1, θ_2：高度 Z_1, Z_2 における水蒸気圧および温度である．

それぞれの面における各熱収支項（heat balance component）の特徴を図III-11に示す．十分に湿った裸地や水田では，正味放射量の大半が蒸発に使われ，他の熱収支項への配分が少なくなっている．一方，乾燥地では，蒸発量が少なく，大気や地温を暖める顕熱伝達量や地中熱伝導量に太陽放射のエネルギーが使われる．針葉樹林帯では，大部分が顕熱，潜熱に分配され，貯熱に分配され

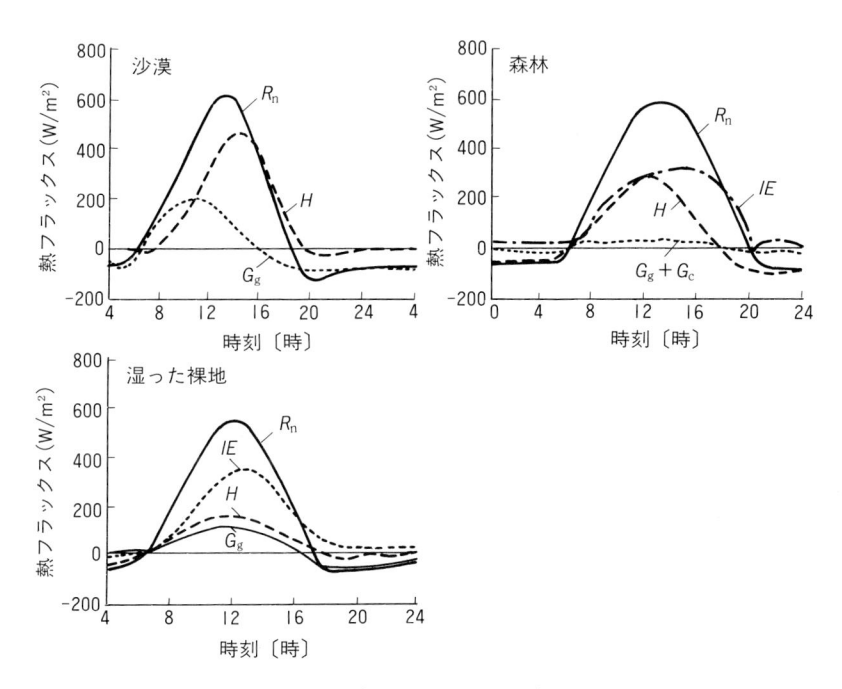

図III-11 いろいろな表面における熱収支特性

R_n：正味放射量，H：顕熱伝達量，lE：潜熱伝達量，G_g：地中（土壌）の貯熱，G_c：樹体および森林内空間の貯熱．
沙漠（Vehrencamp, 1953），森林（McNaughton, B., 1973），湿った裸地（早川誠而, 2001）．

る量は少ない．このように，対象とする場所の違いによって熱収支特性が異なり，それぞれの地域特有の気象環境が作り出されているといえる．

環境共生型の地域づくりにおいて，緑地はその中心的存在として多方面から注目されている．緑地の持つ機能は多岐にわたるが，周辺環境に及ぼす気象への影響も期待される効果の1つである．特に，緑地の持つ温度緩和作用については，緑地の規模や季節の違いによる影響程度の評価など，多くの興味ある研究対象となっている．赤外放射温度計（infrared thermometer）を用いて得られたのり面の温度分布を図III-12に示す．コンクリート面は植被面に比べ，日中は最大で10℃以上高くなって，植生域の持つ温度緩和作用が明らかなことがわかる．これは，コンクリートの持つ物理的特性などにより，植被面とは異なった熱収支場が形成されるためである．

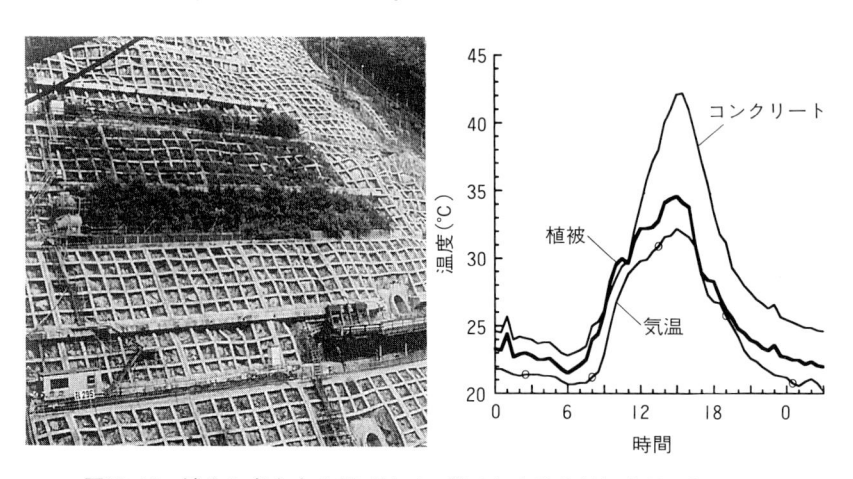

図III-12 植生が存在する斜面法面の様子と赤外放射温度計が捉えた各場所の温度の経時変化（堂脇善裕，2001）

(3) 気候と植生の分布

農業形態は社会・経済的影響を受け，時代とともに変化してきたが，気候の影響も大きい．気候を1つの資源と考え，これを風土産業として見直し，有効に活用することは，持続的な発展の1つの方向である．気候はさまざまなスケー

ルの現象から成り立っており，いろいろな分類がなされている．よく使われる分類法の1つとして，表III-10に示すように，地域の広がりに重点をおいて，大気候，中気候，小気候，微気候に区分する方法がある．緑地気候は，耕地，公園，都市，森林などの対象とするスケールの違いによって，微気候から中気候の範囲に属する．

表III-10 気候のスケールと対応する現象

	地域の水平的広がり	垂直的広がり	気候現象の例	対応する気象の例	対応する気象の時間
微気候	10^{-2}～10^2m	10^{-2}～$2\cdot10^0$m	水田の気候 温室内の気候	風の息	10^{-1}～10^1秒
小気候	10^1～10^4m	10^{-1}～10^3m	霜道 斜面の温暖帯	しゅう雨	10^1～10^4秒
中気候	10^3～$2\cdot10^5$m	10^0～$6\cdot10^3$m	都市の気候 盆地の気候	トルネード	10^3～10^5秒
大気候	$(2～4)\cdot10^5$～10^7m	10^0～$1.2\cdot10^5$m	気候帯 季節風	偏西風 ロスビー波	10^5～10^7秒

(吉野正敏，1978)

気候を表現するために作成された気候指数（climate index）と，気候が農業生産に利用できる観点から気候を評価する農業気候資源指数などには，次のようなものがある．

①特定の現象の継続期間で表す指数…生物期間，積雪期間，無霜期間
②気象要素の積算値で表す指数…有効積算温度，積算日射量
③異なる気象要素を組み合わせて表した指数…湿潤係数，放射乾燥指数
④農業気候資源指数…自然植生の純1次生産力，気候生産力指数

日平均気温（daily mean temperature）が10°Cを越える期間の積算温度（accumulated temperature）は，種々の作物の経済的栽培限界を示すものとしてよく用いられる．ただし，作物の生育限界温度は作物の種類により異なり，個々の作物について議論する場合，作物が生育しうる最低の温度，すなわち基準温度以上を有効積算温度（effective accumulated temperature）として取り扱う．基準温度としては，冷涼作物が5°C，温帯作物（C_3植物）が10°C，熱帯作物（C_4植物）が15°Cとし，その期間で平均気温が基準温度が超えた日の平均

気温を単純に加えて計算する場合と，各日の平均気温から基準温度を差し引いた値を加えて計算する2通りが用いられている．特に，後者を有効積算温度というが，前者も有効積算温度としてよく用いられている．

気候は地域によって異なり，したがって植物の生産能力も地域によって異なる．この地域の植物の生産力を評価する1つの方法として，気象要素を組み合わせて得られる気候指数を用いた評価がなされている．例えば，乾燥した気候条件下（降水量が少ない）では，気温条件による植生帯の変化は小さく，降水量が支配的となり，降水量の少ない順に，沙漠，ステップ，サバンナ植生に分けられる．降水量が多い気候条件下では，植生帯の変化は気温が左右する．日本のように降水量に恵まれた地域では，特に温度要因が植物の分布を規定することになる．

世界中には，さまざまな種類の植物がいろいろなタイプの植生を形作っている．それぞれの植生の潜在生産量あるいは達成可能生産量は，気温，日射量および降水量に大きく左右される．

今西錦司と吉良竜夫は，植物の分布を降水量と気温を用いて表される暖かさの指数（warm index, WI）と乾湿指数（dry index, DI）という2つの植生気候指数より区分した．吉良（1945）は，植物の生長にとって必要最低限の温度を5℃と仮定し，1年間の積算値として次式で示す暖かさの指数を定義した．

$$WI = \Sigma(T_i - 5)$$

ここで，T_i：i月の平均気温，$T_i \leq 5$の場合には$T_i - 5 = 0$とする．

乾湿指数（DI）は，暖かさの指数と年降水量（P）を用いて，次式のように表される．

$$WI < 100℃\cdot月のとき \quad DI = P/(WI + 20)$$
$$WI \geq 100℃\cdot月のとき \quad DI = 2P/(WI + 140)$$

今西・吉良が，暖かさ指数と乾燥指数を用いて世界の植生帯を区分した（図III-13）．内嶋善兵衛（1999）は，暖かさの指数が気候温暖化によってどの程度変化するかを調べ，次式を導き出している．

$$WI_W = 23.0 + 1.025\ WI_N$$

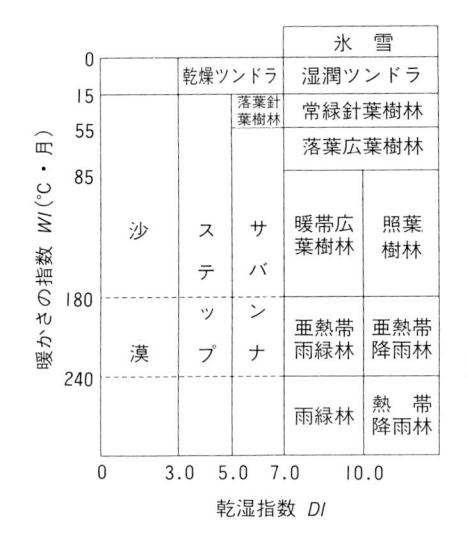

III. 緑地植物の生育と緑地評価

図III-13 暖かさの指数と乾湿指数を使った植生帯の気候区分
（今西錦司・吉良竜夫，1953）

ここで，WI_W，WI_N：温暖化気候と現在の気候での暖かさの指数である．

内嶋によれば，現気候下で北海道の中央部を南北に走る $WI=55$ の線は，温暖化により消失し，北海道は山岳地帯を除いてすべて落葉広葉樹林帯になる．また，落葉広葉樹林帯と北部温暖帯林を分ける $WI=100$ の線は，関東および中部の山麓を巡って日本海岸に延びているが，これが温暖化で東北北部まで北上し，九州南部は，ヒルギなどの亜熱帯樹種が繁茂する気候が出現するとしている．

前述のごとく，植生の分布は大まかに気候因子の中で気温と降水量を用いてその特徴を表現できるが，局地スケールの気象は地形や地表状態の影響を強く受けるため，局地スケールの気候を問題にする場合には，これらの影響を考えて評価する必要がある．

気象官署やアメダス観測点の気象データは，観測密度が粗く，現場の農家の要望に十分応えきれない側面がある．最近では国土数値情報（digital national land information）が整備され，地形や地理的情報がメッシュ単位で入手可能となり，地形や地理的特徴によって大きく影響を受ける気候値をメッシュ単位

（メッシュ値）できめ細かく評価（メッシュ気候値）するようになった．

このほか，地形により局地的な放射，風，降水量などが特徴的な分布を呈し，独自の気候が形成されることは容易に想像できる．この地域の気候を活用するためには，いろいろなスケールの気候現象が重なり合って形成される地域の気候について，十分その実態を把握する必要がある．

5．リモートセンシングによる緑地環境の評価

近年，コンピュータ科学の革新やセンサ開発，人工衛星技術の発展などによって大きな進歩を遂げたのがリモートセンシング（隔測，remote sensing）と呼ばれる分野である．これは，各物体が電磁波（magnetic wave）に対してそれぞれ異なる反射特性を持っていることに注目して，地表にある資源の種類や量，環境や土地利用状況を識別する技術である．

この節の前半部では，緑地環境評価の道具として使われるようになったリモートセンシング技術について簡単に解説し，後半部でこれを用いた評価の例を紹介する．

（1）リモートセンシングの原理

見慣れた毎日の通勤路でも，久しぶりにバスに乗って外を眺めると違った場所のように思えて，とても新鮮な気分になることがある．まして，飛行機に乗って下を眺めると，地上からみるのとは全く違った光景が展開する．一斉に横向きに花を着けたヒマワリ畑は車窓からは華やかにみえるが，上からみるとそれほど目立たない．一方，車上からはわからなかった昔の川の痕は，空からは白黒模様の農地の乾湿として，くっきりとみえる．すなわち，リモートセンシングとは，鳥になって地上を観察する手法である．

a．リモートセンシングの特徴

人工衛星などを用いたリモートセンシング技術の特徴として，①同時，広域

かつ反復して観測ができ，②情報が数値で得られ，③人の目にはわからない現象が可視化されるなどの利点があげられる．アメリカが打ち上げた地球観測衛星 (earth observation satellite) ランドサットを例として，これらについて具体的に説明しよう（表III-11）．

表III-11　最近の主な地球観測衛星によるデータの特徴

衛星/センサ/稼動年	回帰日数(日)/打上げ国	空間分解能	観測波長帯	走査幅 (km)
ランドサット/MSS/1972〜	18(16)/アメリカ	80 m	可視2，近赤外2	180
ランドサット/TM, MSS/1984〜	16/アメリカ	30 m 熱は120 m	可視3，近赤外1，中赤外2，熱1	180
スポット/HRV/1986〜	26/フランス	20 m PANは10m	可視2，近赤外1	60
モス-1/MESSR/1987〜1995	17/日本	50 m	可視2，近赤外2	100
IRS/LISS/1988〜	22/インド	72.5 m 36.25 m	可視3，近赤外1	74×2
ノア/AVHRR/1978〜	1/アメリカ	1.1 km	可視1，近赤外1，熱1	2,700
ERS/SAR/1991〜	3/欧州共同体	30 m	マイクロ波X	100
JERS/SAR/1992〜1999	44/日本	18 m	マイクロ波L，可視2，近赤外1	75
レーダサット/SAR/1995〜	24/カナダ	10/30 m	マイクロ波X	50〜500

ランドサット（LANDSAT）に搭載されたTM（セマティックマッパ）というセンサは，可視光域のほかに，人間の目では感知できない近赤外や中間赤外，熱赤外までの7波長の反射輝度を観測できる．それぞれの空間分解能は30 m×30 mで（熱赤外だけは120 m），走査幅180 kmの情報を16日周期で取得している．各7波長の輝度値は256段階の数値で表示されるので，これらを組み合わせて画像表示したり，波長間の演算をしたり，既存の地理情報と重ねて付加価値の高い情報を生産することもできる．ランドサット1号が打ち上げられたのが1972年[注]なので，これまでにほぼ30年間のデータが蓄積されている．このほか，現在はフランスのSPOT（スポット），インドのIRSなどの地球観測衛星や，気象観測で馴染みの深いNOAA（ノア）のデータも緑地評価に利用できる場合もある．スポットは高い空間分解能を備えていること，ノアは高頻度の観測ができる点に特徴がある．

注）ランドサット1号から3号までの搭載センサは，空間分解能 80 m×80 m の MSS（多波長分光走査計）であった．

　前記の人工衛星が光学センサ（optical sensor）を搭載しているのに対して，ERS（エルス，欧州共同体による打上げ）や RADARSAT（レーダサット，カナダ）はマイクロ波合成開口レーダ（synthetic aperture radar，SAR）を積んでいる．光とマイクロ波（microwave）の大きな違いは，後者は波長が長いため雲を通して計測できる点である．日本のように夏期に湿度が高い地域では，全天候型のマイクロ波センサが威力を発揮するが，得られる情報は光学センサのものとは異質で，解析にも違った手法が必要である．

b．時空間を縮める科学

　リモートセンシング技術をもう1つの側面からみるなら，時空間を縮める技術と位置付けることができる．近代科学は，顕微鏡を使って個体レベルからより細かな組織や細胞の形態や機能を解明した．さらには，DNA 配列や分子構造にまで分解するなど，小さなものを拡大して精密に分析することで進歩をとげてきた．しかし，大きすぎて全容がみえなかったり，変化が緩やかで認識できない現象も多く存在する．例えば，環境や生態系，あるいは地域や流域などの問題がこれに含まれる．このような広域で長期間の観測を要する研究課題に対して，リモートセンシングが有効な場合が多い．大きすぎる対象に対しては，数百 km 上空から俯瞰して全体像を捉えることが可能である．また，30年という制限はあるが，同じ場所を同一センサで反復観測しているので，計測された情報を時系列的に並べて，つまり時間軸を圧縮して変化部分を比較することも可能である．

　このような特徴を使ったリモートセンシング技術は，今や農業や環境研究には欠かせない存在になっている．緑地環境分野への適用例はこれまで多くはないが，近年の衛星センサの分解能の向上に伴い，今後増加する可能性は高い．

(2) 緑地環境を評価するために

リモートセンシングは，各物体の持つ電磁波反射特性を物理的に計測する技術である．したがって，われわれに与えられる情報は反射の強さを示す単なる数字の配列でしかない．しかし，解析の過程でこれに専門的知識や経験を付与することにより，必要な情報が浮き出てくる．つまり，物理信号を生物現象に読みかえる技術が求められる．

a．すべての物体は異なる反射特性を持つ

図III-14は代表的な地表被覆物である土壌，水，植生の分光反射を示している．横軸に波長，縦軸に反射強度をとると，土壌はなだらかな右上がりの曲線を描く．同じタイプの土壌でも，水分や有機質に富む土壌の反射は一般に低く，乾燥した貧栄養の土壌は明るい．水は反射が少なく，特に透明な水は可視光域だけでわずかに反射する．しかし，粘土質を多く含む濁流水はやや高い反射を示す．

これに対して，植物葉に含まれる葉緑体は，可視部（赤や青）の波長を特異

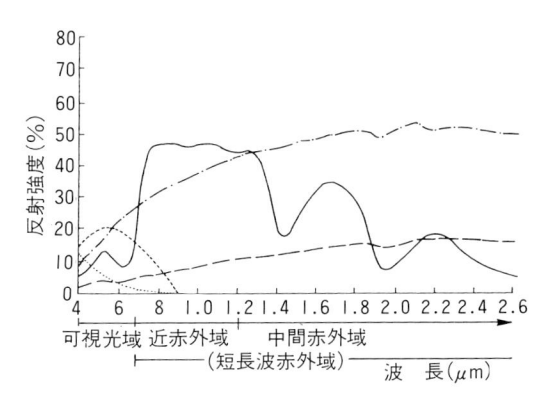

図III-14 緑色植物，土壌および水の一般的分光反射パターン
（「農業リモートセンシング」，1996）

……：透明な河川の水，‥‥‥：濁った河川の水，――：植生，-・-：シルト粘土，
―・―：黒泥土．

的に吸収し，反対に，葉肉細胞が近赤外域を強く反射する．これに加え，1.4μ
と 1.9μ 帯には水分による吸収帯があるため，ここに大きなくびれが生じる．このようにして，植物特有の反射パターンが形成される．このほか，建物や道路などの人工構造物の反射は概して低いうえ，他の項目と異なり，1年中ほとんど変化しない．また，幾何学的形状からも識別しやすい．このような物体の反射特性を理解すれば，正確な土地被覆分類を行うことが可能になり，緑地環境の解析や評価にも有力な手法として利用することができる．

b．人工衛星と航空機データの違い

　緑地環境を監視したり解析するためには，人工衛星あるいは航空機に搭載したリモートセンシングシステムが必要である．ここで使われる電磁波帯は，光学域（可視・赤外域など）やマイクロ波域（X，C，Lバンドなど）が一般的で，センサとしてMSS（多波長分光走査計）やレーダを用いている．しかし，人工衛星の画像情報はあらかじめ決められた波長帯とスケジュールのもとで取得されている（表III-11）．

　衛星センサの空間分解能（spatial resolution）は数十mから数kmまでさまざまであるが，高々度から観測するため，1回の観測の走査幅は広い．また，これまで空間分解能が高い衛星の回帰日数は概して長いものが多かった．しかし，最近では，空間分解能が1～4mで回帰日数が数日周期の超高分解能の商業衛星（例えばイコノス）もデータ提供を始めている．

　これに対して航空機MSS（airplane multi-spectral scanner）を利用する場合は，表III-12の例のように，数十種類の波長帯の中から12ないし24の波長を選ぶことが可能で，分解能モードとしても広角か狭角を選択できる．また，観測日や飛行コースも自由に設定できる点に利点がある．空間分解能は飛行高度とも関連するが，高分解能モードでは1m以下にすることも可能である．当然ながら1回の走査幅は狭い．したがって，面積当たりのデータ単価は後者の方が高価になる．どちらを選ぶかは研究や解析の目的によって決めるべきであろう．

表III-12 ある航測会社の航空機搭載型 MSS 仕様例

チャンネル番号	観測波長
CH 1〜16	416〜 699 nm（可視光域）
CH 17〜26	753〜 1,199 nm（近赤外域）
CH 27〜41	1,247〜 2,465 nm（中間赤外域）
CH 42〜43	9,245〜11,815 nm（熱赤外域）

収録チャンネル数
　43 検出器のうち任意の 24/12 CH を選択可能
瞬時視野
　1.25 mrad または 2.5 mrad

(3) 変貌する緑地

a．統計値からみた都市緑地面積

　都市あるいは都市近郊に残存した樹林地は景観を保全し，さまざまなインパクトに対して緩衝的役割を果たすなど，地域の環境保全上きわめて重要な働きをしている．しかし，こうした樹林地は近年の都市開発や混住化の進展により，全体的な量が減少しているばかりでなく，個々の規模の縮小に伴う環境劣化や，樹林地間の距離の拡大などといった質的変化をもたらしている．

　近代国家として初めて公園地が選定されたのが 1873 年（明治 6 年）の太政官布達によるとされるが，その後昭和初期までは数も面積も横這い状態が続く．首府東京では，1939 年に総合的な公園・緑地マスタープランを定め，以後積極的に緑地の確保を行ってきた（末松四郎，1981）．当初の計画では，都心から半径 15 km 圏に 136 km^2 に及ぶグリーンベルトを設定して，その中に農地，雑木林などを多く含む環状緑地帯が予定されていたという．

　図III-15 は，東京都における公園緑地面積の変化を表している．日本の高度経済成長を反映して東京の自然の緑が失われるにつれ，緑地面積は反対に増えていった．その結果，1993 年の統計によれば，東京都には 8,034 個所，5,480 ha の都市公園などが存在する（末松四郎，1981）．これは，都民 1 人当たり 4.6 m^2 の公園面積を持っていることになるが，西欧各都市が軒並み 10 m^2 以上であるのに対して，まだ少ないといわざるを得ない．

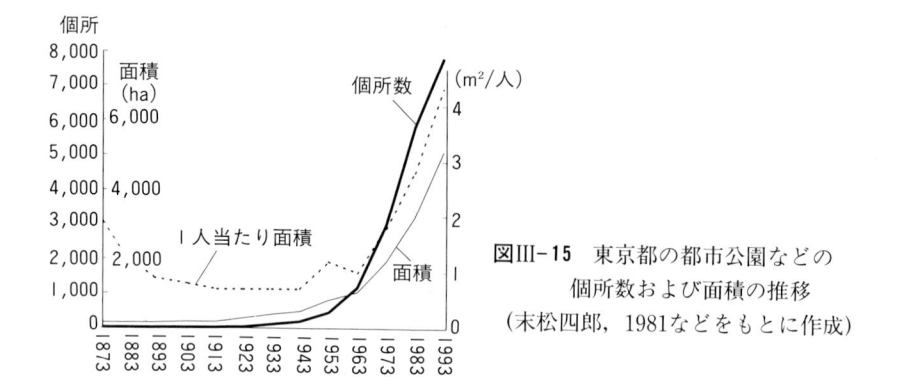

図Ⅲ-15 東京都の都市公園などの個所数および面積の推移
（末松四郎，1981などをもとに作成）

さて，人工衛星の画像データは，国や県レベルの広域的な緑被の現況や変化を捉えることを得意としている．しかし，1 ha にも満たない公園緑地など小面積の緑地に対しては，航空機 MSS の適用が有効である．

b．空からみた緑地環境の変化

梅干野 晃・加藤倍敬（1990）は高度 460 m の航空機で観測した高分解能 MSS データを用いて，市街地における緑被分布の把握を試みた．観測は東京都墨田区の3地区で1984年9月24日に実施した．この地域には隅田公園なども含まれ，都内としては比較的緑が豊富なエリアであるが，路地裏に庭木や鉢植え植物など小面積の植被も多い地区で，衛星画像では解析が困難であった．航空機搭載 MSS の 11 波長（空間分解能 1.2 m）の分光データの中から 6 波長を選び，画像分類を行った．その結果，可視，近赤外，熱赤外域の波長を各1つずつ，合計3波長のデータを用いて緑被と緑被以外に分けたときの正答率はそれぞれ 99％と82％になり，全6波長を使った場合の 100％，84％と大きな違いがなかった．緑被部分を芝地，草地，樹木に細分類しても前記の3波長でそれぞれ 95，94，93％と高い精度で検出できた．地上実測値と航空機 MSS による推定結果を比較したのが表Ⅲ-13 である．航空機 MSS データによる緑被率が若干過大評価されているが，いずれの地区でも差は2％以内であった．この実験で，緑被の細分化には熱赤外域のデータが特に有効なことがわかった．

表III-13 東京都墨田区の緑被率に関する航空機 MSS データによる解析結果と地上実測結果の比較

植被	解析対象域(%)		
	東向島6	京島3	文花団地
樹　木	7.3 (8.7)	3.5 (2.5)	23.0 (－)
草　地	1.3 (0.4)	0.5 (0.0)	7.2 (－)
芝　地	0.4 (0.1)	0.2 (0.0)	1.6 (－)
屋上植栽	－ (0.04)	－ (0.1)	－ (－)
鉢植え	－ (0.14)	－ (0.4)	－ (－)
緑被率	9.0 (9.4)	4.1 (3.0)	31.7 (29.6)

表中，前の数字が航空機 MSS からの推定値，(　)内は現地での実測数値を表している． (梅干野　晃・加藤倍敬，1990 より)

16年後の 2000 年 3 月に，田中總太郎ら (2000) は墨田区の同じ地点を IKONOS（イコノス）のデータを使って解析している．イコノスは最近打ち上げられた超高分解能商業衛星で，搭載しているセンサのマルチスペクトル画像の空間分解能は本来 4 m であるが，白黒画像モードを使って航空機並みの 1 m 分解能に合成し直した．このデータをもとに分類を試みた結果，梅干野　晃ら (1990) と同程度の区分が可能と判断された．このように，従来は低高度の航空機でしか観測できなかった市街地の緑被の分布状況などについても，今後は衛星画像データが利用できる可能性が高まっている．

イコノスに比べて分解能が劣るランドサット TM データを使って，横張真・福原道一 (1988) は東京のベッドタウン化が進行している千葉県柏市周辺を解析した．これは，自然および居住環境の保全を目的とした土地利用の検討の一環として行ったものである．1985年 1 月に取得した画像により，樹林地率とその混在度を求め，土地利用の混在状況を表す指標の 1 つとしての樹林地の分布特性を把握した．この結果から，柏市で将来混住化がどのような形で進むかを予測している．

(4) 緑地機能を定量的に捉える試み

リモートセンシングデータだけで，環境保全や防災など緑地の持つ多面的な機能を直接的に計測することは難しい．しかし，リモートセンシングデータで

緑地の種類や面積，密度や活性などを判読し，これに別の方法で計測した情報を導入して組み合わせること（地理情報システム（geographic information system, GIS）[注]）により，さまざまな機能を定量的に推定することが可能になる．

注）位置情報と結び付けることのできるデータを空間データと呼ぶが，その位置座標や相互関係を明示的に表現しながら，空間データを処理，管理できるコンピュータシステムの総称．

a．大気および水質浄化機能の推定

植物は光合成を行う中で，同時に大気汚染物質を気孔から取り込んでいる．森林では1年間に20ないし100 kg/haの窒素が吸収されるという報告もある．したがって，森林は大気や水質の浄化に貢献していると考えられる（戸塚　績・三宅　博，1991）．実際に，ある地域でどれだけの吸収が見込めるかについては，リモートセンシングで植被の種類や密度，林齢などを判読し，その面的広がりを把握し，これに樹種や林齢別の吸収量をかけ算すれば推定が可能となる．このような試みも始まっている．

b．景観評価システムへの導入

近年，草地は畜産生産機能以外に，保健休養の機能についても独自の評価が求められている．そこで佐々木寛幸ら（1998, 1999）は，草地における展望施設の最適配置場所を求めるのに，コンピュータ上で景観評価を行って決定する方法を提案している．主に地形データに基づき，事例対象地内に設定された複数の視点から，評価対象の地点がみえる頻度（これを被視頻度という）によって評価するものである．この方法をさらに発展させて，リモートセンシング画像情報を直接導入して，季節や年によって変化していく過程を再現すれば，より現実味のある景観変化をシミュレーションできるであろう．

このように，緑地環境を評価するためのリモートセンシング技術の利用場面は無限に広がっているといえよう．

IV. 農山村緑地の環境保全機能

1. 耕地の環境保全機能

(1) 農業および農地の環境保全機能

　耕地をはじめとした農業および農地の主要な環境保全機能として，図IV-1に示す12種があげられる．これらはさらに，"国土保全"，"アメニティ保全"，"生物・生態系保全"の3グループに集約できる．3グループ12種の機能の具体的な内容は以下の通りである．

　①国土保全機能

　　a）土砂崩壊防止機能…樹木や作物が地表面を被覆し地中に根を張ることで，降雨などにより斜面が崩壊するのを防止する働き

　　b）土壌侵食防止機能…樹木や作物が地表面を被覆することで，降雨や風に

　写真：岩手県胆沢平野の散居景観（写真提供：山本勝利）
　　胆沢平野は岩手県南部に位置し，全国有数の散居景観として知られている．国土庁と農村開発企画委員会による第6回農村アメニティ・コンクールで最優秀賞を受賞した．

国土保全 （物理環境）	● 土地崩壊防止 ● 土壌侵食防止 ● 水涵養 ● 水質浄化 ● 大気浄化 ● 大気組成調節
アメニティ保全 （人間環境）	● 景観保全 ● 気候緩和 ● 保健休養 ● 居住環境保全
生物生態系保全 （生物環境）	● 生態系保全 ● 野生生物種保護

図IV-1　農林地の環境保全機能

より土壌が侵食されるのを防止する働き

　c）水涵養機能…農地や林地が雨水を一時的に貯留し，河川や湖沼に徐々に流出することで，水の供給を安定化する働き

　d）水質浄化機能…樹木や作物などが雨水や河川などから流入した水に含まれる窒素や浮遊物などを捕捉することで，農地や林地から流出する水を浄化する働き

　e）大気浄化機能…植物体が呼吸の際に大気汚染物質を吸着する働き

　f）大気組成調節機能…植物体が二酸化炭素を固定し，酸素を供給する働き

②アメニティ保全機能

　a）景観保全機能…農地や林地が地域の視覚的な秩序や美観を形成したり，郷土感を醸成する働き

　b）気候緩和機能…樹木や作物の蒸散作用により農地や林地が周囲の気候（特に夏期の最高気温）を緩和する働き

　c）保健休養機能…レクリエーションの場としての働き

　d）居住環境保全機能…プライバシーの保護や騒音の防止など，快適な生活にとって不可欠な居住環境を保全する働き

③生物・生態系保全機能

　a）生態系保全機能…農林地を含む生態系全体を保全する働き

　b）野生生物種保護機能…個別の，特に希少な生物種の生存を保護する働き

（2）耕地のアメニティ保全機能

本節では，前記のさまざまな環境保全機能のうち，近年，特に注目されると

ころとなっているアメニティ保全機能に着目し，気候緩和機能と景観保全機能について詳述する．

アメニティ (amenity) という言葉が，政策上のキャッチフレーズなどとして一般に使われるようになったきっかけは，OECD による日本の環境政策に関するレポート（1974年）とされる．その中で OECD は，日本が公害問題の改善にめざましい成果をあげる一方，アメニティの形成には著しく立ち遅れていると報じた．"アメニティ"はもともとイギリスで発達した，快適さを表す言葉である．しかし，「アメニティとは認識することはできても，定義することは難しい」といわれるように，その概念は必ずしも明瞭ではない．事実，イギリスでも学術的にはあまり用いられないという．ところが，わが国では，先の OECD レポート以降，この言葉が定義されないまま，"ふれあい"や"やさしさ"などとともに，快適な環境の形成をめざした施設や地域づくりを象徴するキーワードの1つとなった．

こうした動きを受けて，従来，農作物生産の場とみなされてきた耕地でも，アメニティに配慮した整備が問われるようになった．特に，緑に乏しいわが国の大都市の近郊では，無秩序な都市化によって市街地内に取り残された耕地が，今日では貴重な都市緑地の1つとしてみなされ，快適な居住環境の形成に貢献することが期待されている．

これまで世界の先進国は，経済的繁栄の中で，快適な居住環境は工学的技術により達成できると考えてきた．景観をよくしたければ美しい構造物をつくる，温度や湿度を快適に保ちたければ空調機を設置するといった発想である．しかし，世界的な資源の枯渇や地球レベルでの環境問題の深刻化に伴い，資源とエネルギーの膨大な消費を前提とした快適さの追求は，経済的にも倫理的にも否定されつつある．かわって，今最も問われているのは，土地の自然条件や生態系の有効活用を前提に，資源やエネルギーの消費を極力ひかえた居住形態である．環境の時代といわれる21世紀には，エコロジカルな技術こそが快適な居住環境を形成するキーテクノロジーとなっているだろう．耕地がもたらすアメニティに着目し，それを生かす方策を考えることは，こうした時代の要求に応え

(3) 気候緩和機能

a．水田の気温低減効果とその分布形態

　緑地が，防風や温度および湿度の調節といった気候緩和機能を持つことはよく知られている．耕地もまた例外ではない（図IV-2）．特に，植物体や地表面からの水分蒸散などにより，夏期の最高気温を低減する効果があることは，都市内に残存した耕地の重要な役割として注目されている．耕地の気候緩和機能に着目し，それが効果的に発揮される市街地と耕地の混在形態を明らかにすることは，市街地と耕地が混在する都市近郊での望ましい土地利用のあり方に，1つの回答を与えるものとなるだろう．

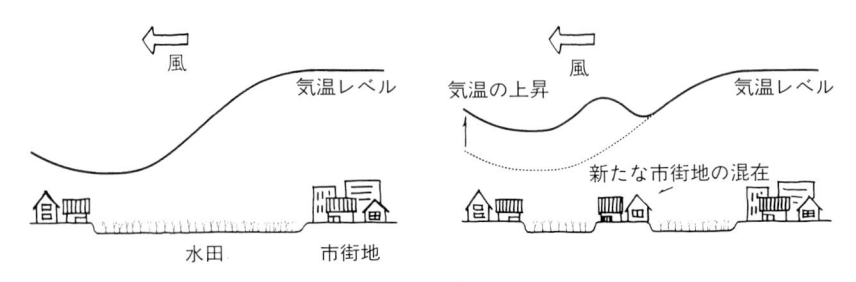

図IV-2　市街地の混在による水田の気温低減効果の減少を示す模式図

　ここでは，特に水田に着目し，水田がもたらす気温低減効果について述べることとする．

　水田の気温低減効果は，その表面温度が周囲の土地利用よりも低いため，水田上空で冷却された空気が周囲の市街地などに及ぶことによってもたらされるものと考えられる．表IV-1は，埼玉県春日部市を中心とした地域を事例に，放射温度計を用いて，盛夏（8月）の正午前後にさまざまな土地利用の表面温度を測定した結果である．水田の表面温度は34℃であったのに対して，市街地内の舗装路や建築物の屋根は55℃前後であり，20℃近く低かった．また，同じ緑地でも，樹木の表面温度は平均36℃，畑地は37℃（植被）〜42℃（裸地）と，い

IV. 農山村緑地の環境保全機能

表IV-1　各種土地被覆の表面温度

土地被覆	表面温度(°C)	
水田	34.2	↑ 低
樹木	35.8	
畑地（植被）	36.8	
畑地（裸地）	41.6	
校庭（裸地）	46.1	
公園広場（裸地）	46.3	
家屋（屋根）	52.4	
砂利道	52.8	
アスファルト舗装路	55.9	↓ 高

ずれも水田より高かった．水田は，緑地の中でも特に気温を低減する効果を高く持つと考えられる．

　事実，前記と同じ事例地域内のさまざまな地点で水田上空の気温を実測した結果，市街地との間に最大約2.5°Cの気温較差が認められた．しかし，図IV-3に示すように，水田と市街地が細かく混在して両者がモザイクをなした場合と，両者がきれいに峻別された場合とでは，個々の水田の規模が異なるため，その気温低減効果も異なることが考えられる．そこで，事例地域内にみられるさまざまな形態の水田の中から，規模の異なる水田が分布した地点を複数選定し，盛夏（8月）の正午前後の気温を測定した．

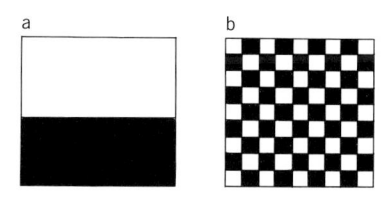

図IV-3　水田と市街地の混在パターンの模式図

　その結果，水田が細かく分散するよりも，まとまって存在した方が気温低減効果を期待できることが明らかになった．市街化がある程度進行し，水田と市街地が隣接するようになった場所で水田に気温低減効果を期待するならば，水田と市街地との混在はできるだけ避けて，個々の水田の規模を大きく維持する

ことが望ましいといえる．

b．気温低減効果の市街地内への波及範囲

一方，水田の気温低減効果は，市街地内のどれくらいの範囲まで及ぶのだろうか．既述の事例地域において，やはり盛夏の午後2時前後に，市街地内の気温を水田からの距離に従って連続的に測定した．その結果，水田の気温低減効果は，水田の縁から風下側150 m～200 mまでの市街地内に及んでいることが明らかになった．もちろん，この数字は，風向や風速，気温などに多分に影響されるものであろう．しかし，1つの目安として考えるなら，水田の周囲にある市街地が，水田の気温低減効果を十分に享受しようとする場合，その幅は，夏期の卓越する風向きと平行に計測して，およそ150 m以内であることが望ましいといえる．

（4）水田と畑地の景観保全機能

a．水田の景観保全機能

水田景観は，わが国の耕地景観を最も特徴付けるものであろう．しかし，ひとくちに水田景観といっても，実にさまざまなタイプの景観がある．ここでは，埼玉県の中央部を流れる都幾川の流域の水田地帯を事例に，どのような水田景観が望ましいものとして評価されるのかを調査した研究例を紹介する．まず，事例地域内に存在するさまざまな水田を，立地する地形と周辺土地利用により類型化し，図IV-4に示す5タイプの類型を得た．次に，この5類型の典型と考えられる地点を11カ所選定し，被験者を現地に同行させ，実際の景観をみせながら，その評価を把握している．

得られた回答を解析した結果，好ましい景観として選択された上位4地点(水田タイプA，D，E)に共通する特徴として，周辺土地利用が林地であること，中・大規模な水田であることが認められた．また，好ましい景観としての選択理由を総合的に解釈すると，第1に"開放感がある"，次に"自然的だから"があげられた．また，水田景観の好ましさは，"開放感"の強さによって影響され

IV. 農山村緑地の環境保全機能

図IV-4 水田の類型

左上：水田タイプA（低地の大規模な水田），右上：水田タイプB（台地端に位置する水田），左中：水田タイプC（市街地に近接する水田），右中：水田タイプD（谷津の水田），左下：水田タイプE（山間の斜面や谷底の水田）．

ていることが考えられた．

一方，好ましい景観構成要素としては"水田"と"林，森"が，好ましくない要素としては"住宅"，"電柱，電線"が，それぞれ選択されている．また，興味深いことに，好ましくない景観構成要素が多い景観ほど，その景観全体の評価が下がるという傾向が認められた．

以上の結果を総合すると，図IV-4 水田タイプEに代表されるような，開放感

のある中・大規模な水田の背後に，自然度の高さを象徴する林地が広がる水田景観が，最も評価の高い景観であると結論される．また，水田景観の保全には，景観の質を落とす施設や構造物を排除したり，隠したりすることが効果的であると考えられる．具体的には，電柱および電線の地下埋設，生垣などの植栽による構造物の隠蔽が，効果的な水田景観の保全策として指摘できよう．

b．畑地の景観保全機能

一方，水田と並んで，わが国の代表的な耕地景観をなす畑地の景観についても，前出の水田景観と同様の調査を行った．事例地域には，群馬県北部の沼田市および昭和村を選択した．まず，事例地域内に存在するさまざまな畑地を，立地する地形と周辺土地利用により類型化し，図IV-5に示す6タイプの類型を得た．次に，6類型の典型と考えられる地点を現地調査に基づき選定し，評価対象景観とした．そして，対象地域の住民を被験者に，郵送配布・回収方式によりアンケート票を用いた調査を実施した．質問項目は，前記の水田景観を対象とした研究と同一である．

畑地景観が好ましいとして選択された度数は，畑地タイプAが最も高く，以下，景観B＞D＞C＞E＞Fの順となった．すなわち，規模の大きな畑地からなる景観タイプほど高く評価されている．また，好ましい景観の選択理由としては，第1に"広がり"，次に"伝統"があげられた．これらの結果から，畑地景観は，以下の3つの類型に区分されることが適当であると考えられた．

①類型 I（畑地タイプA，B）…大規模な畑地の景観．"広がり"を第一印象とし，評価が高い．

②類型 II（畑地タイプC，D，E）…中山間地の畑地景観．"広がり"を持たず，"伝統"的な印象を与える．一般には，好ましいという評価と結び付きにくい．

③類型 III（畑地タイプF）…都市近郊の畑地景観．"広がり"を持たず，"伝統"的な印象もないため，特に評価が低い．

一方，好ましい景観構成要素としては"畑地"と"林，森"が，好ましくない要素としては"電柱，電線"が選択されている．また，水田景観の場合と似

IV. 農山村緑地の環境保全機能　　　　111

図IV-5　畑地の類型
左上：畑地タイプA（平坦地上の大規模な畑地），右上：畑地タイプB（傾斜地上の大規模な畑地），左中：畑地タイプC（凹凸のある傾斜地上の畑地），右中：畑地タイプD（急傾斜地上の小規模な畑地），左下：畑地タイプE（急傾斜地上の小規模な畑地），右下：畑地タイプF（市街地と混在した小規模な畑地）．

た傾向として，好ましくない景観構成要素の割合が少ない景観ほど，景観の全体的な評価が高くなるという関係が認められた．

　以上の結果から，畑地景観の保全のためには，類型ごとに以下のような対策が考えられた．類型 I（大規模な畑地景観）の場合，畑地の広がりが評価に大

きな影響を及ぼし，一般に評価が高い．本類型に含まれるような畑地では，特に評価の低い人工構造物を除去，隠蔽することで，広がり感を保全し，高い評価を維持する必要がある．類型Ⅱ（伝統的な畑地景観）の場合は，伝統的な景観の裏付けとなる地域性への配慮が必要だろう．類型Ⅲ（都市近郊の畑地景観）の場合，確かに評価は相対的に低いものの，都市住民の環境意識の高まりを考慮すれば，今後，その重要性が高まることが予想される．

（5）環境保全機能に着目した耕地の保全整備

先に指摘した通り，昨今，耕地の環境保全機能はきわめて高い社会的な関心事となっているが，その背景には主に2つの動きがある．1つは，過疎地域における農業の衰退と耕地の荒廃である．戦後，慢性的に続いてきた農業離れと都市への人口集中の結果，担い手を失い，放棄された耕地が，いわゆる中山間地を中心におびただしく認められるようになった．そうした耕地の多くは，一方で河川の上流部の斜面地に立地するため，きちんと管理されていれば，水涵養や土砂崩壊防止といった環境保全機能を持つことが考えられる．そこで，これらの耕地の永続的な管理を保障する根拠の1つとして，環境保全機能が着目されているのである．

もう1つは，都市部における居住環境の改善に対する関心の高まりである．急速な経済成長の終焉に加え，余暇時間の増大や高齢化の進行に伴い，身近な環境の改善に対する希求は，近年，特に都市部を中心に大きな高まりをみせている．しかし，3大都市圏をはじめとしたわが国の都市の多くは，居住環境という面で十分な質を備えているとはいえず，それは特に都市緑地の不足に顕著に表れている．こうした事態に対し，1990年代以降，都市の近郊やその内部に残存した耕地に，居住環境を保全するうえでの機能を認め，その積極的な保全をはかろうとする動きがみられるようになっている．

本項で取りあげたアメニティ機能としての気候緩和機能と景観保全機能は，どちらも主に後者の動きに対応するものである．その機能を語るうえでは，機能の享受主体としての市街地の存在が不可欠といえる．しかし，先述した研究

結果が示すように，気候緩和にしても景観保全にしても，過度の市街地の存在は，その機能の発現にとってはマイナスである．機能の享受主体である以上，隣接して存在する必要があるが，機能の発現自体にとってはマイナスに働く．アメニティにかかわる耕地の環境保全機能を語るうえでは，市街地をめぐるこのジレンマを，いかに解決するかが鍵となる．

残念ながら，これまでの都市計画や地域計画にかかわる理論は，この問いに対して積極的な回答を用意するものではなかった．都市（市街地）と農村（耕地）は峻別し，お互いに干渉しないことで，それぞれの役割に徹しようというのがその発想の根拠だった．近代都市計画の代表的な手法に，都市近郊でのグリーンベルトの設置と，都市内でのゾーニングがあるが，これらはいずれも都市と農村の峻別および土地の用途純化を目指すものであった．

ところが近年の研究によって，江戸をはじめとしたわが国の中世都市やアジアの諸都市では，市街地と耕地が複雑に混在し，しかも両者の間にきわめて緊密な生態的関係性が持続的に成立していたことがわかってきた．近代都市計画が否定してきた都市と農村の混在こそ，実は日本やアジアの都市のアイデンティティそのものであり，かつ環境保全という視点から，きわめて注目に値する都市の姿だったというわけである．

21世紀を迎えた今，私たちが求めるべきは，環境保全という視点に立った新たな都市と農村の秩序の形成であろう．その際，市街地と耕地を合理的かつ計画的に混在させることは，そうした秩序形成の鍵の1つとなるに違いない．今後の研究の進展により，市街地と耕地の混在をめぐるジレンマを解くことは，21世紀におけるエコロジカルな都市と地域の形成という重要なテーマに大きく貢献するものとなるだろう．

2．牧草地の環境保全機能

牧草地（以下，単に草地という）の果たす機能は，第1に家畜の餌としての飼料を生産し，肉や牛乳などの動物性タンパク質を供給する食料生産機能にあ

る．しかし，近年，草地の持っている多くの優れた機能が注目されてきた．これらはこれまで単に自然的営みとして見過ごされてきたが，地球・自然・地域環境に対する関心が深まる中で，その重要性が認識されるようになり，評価されるようになった機能である．また，自然的営みとしての機能以外にも都市住民が農村に潤いを求めるようになり，草地景観をはじめとした草地の持つアメニティ機能に関心が高まっている．このような草地本来の生産機能以外の機能を一括して環境保全機能として統合する．草地の機能を整理すると，図IV-6のように生産機能と環境保全機能として分類でき，環境保全機能の中には多くの機能があげられる．

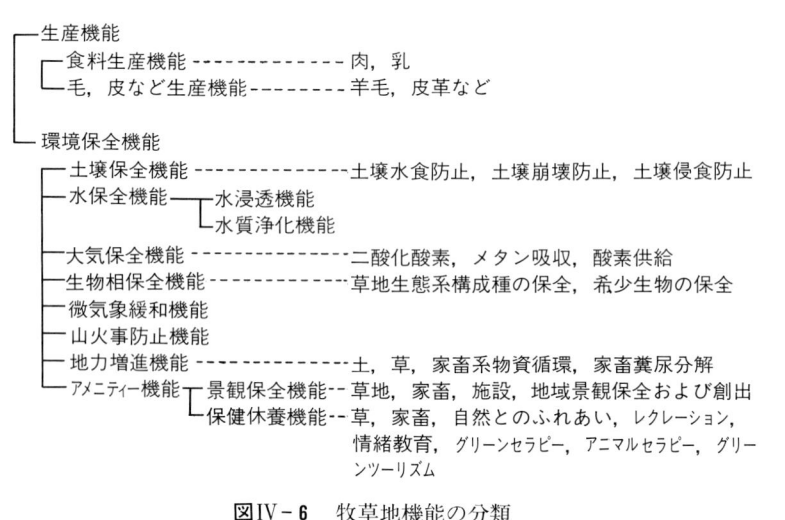

```
┌─ 生産機能
│   ┌─ 食料生産機能 ------------ 肉，乳
│   └─ 毛，皮など生産機能 -------- 羊毛，皮革など
│
└─ 環境保全機能
    ├─ 土壌保全機能 ------------ 土壌水食防止，土壌崩壊防止，土壌侵食防止
    ├─ 水保全機能 ┬─ 水浸透機能
    │            └─ 水質浄化機能
    ├─ 大気保全機能 ------------ 二酸化炭素，メタン吸収，酸素供給
    ├─ 生物相保全機能 ---------- 草地生態系構成種の保全，希少生物の保全
    ├─ 微気象緩和機能
    ├─ 山火事防止機能
    ├─ 地力増進機能 ------------ 土，草，家畜系物資循環，家畜糞尿分解
    └─ アメニティー機能 ┬─ 景観保全機能 -- 草地，家畜，施設，地域景観保全および創出
                       └─ 保健休養機能 -- 草，家畜，自然とのふれあい，レクレーション，
                                        情緒教育，グリーンセラピー，アニマルセラピー，グリー
                                        ンツーリズム
```

図IV-6 牧草地機能の分類

ここでは，生産機能をも視野に入れて，多くの環境保全機能について解説したい．

(1) 生 産 機 能

a．食料生産機能

牧草は太陽エネルギーを利用して，二酸化炭素と水から炭水化物を生産し，家畜はそれを利用して肉，乳およびこれらの加工品であるチーズ，バターなどを

生産し，人類の食料生産を支えている．世界的には，全陸上面積の24%を占める約33.6億 ha の広大な永年牧草地[注]がある．ここでは，ウシ，スイギュウ，ラクダが約10億頭，ウマ，ラバ，ロバが約1億頭，ヒツジ，ヤギが約11億頭が飼われており，全世界の1人当たり摂取エネルギーの15.6%，全タンパク質の34.3%，脂肪の48.7%がまかなわれている（及川棟雄，1991）．

日本においては，永年草地としては陸上面積の1.7%，約64万 ha[注]であるが，公共牧場を中心とした育成牛の生産や繁殖子取り生産など地域の家畜生産の基盤を支えている（図IV-7）．

注）FAO『Production Yearabook』，1994年版による Permanet meadows & pasture の値である．これを通常永年牧草地と訳し，人工あるいは自然の牧草収穫または放牧のために永続的（5年以上）に使用される土地である（農林水産省統計情報部（編）：国際農林水産統計1996年版）．植物学的には草原が用いられるが，これには家畜に利用されない地域が含まれるため，用語に関する詳細は他書（小泉 博ら『草原・生態』，共立出版，2000）を参照のこと．

図IV-7 阿蘇地域の赤牛の冬期放牧

b．毛，皮等生産機能

世界的には，皮革約4,400万t，羊毛約500万tの生産が見積もられ，人類の被服類などに利用されている（及川棟雄，1991）．近年，被服類は化学産業の発

達により，一部は人工繊維にとってかわられているが，家畜の毛，皮類は，太陽エネルギーを活用した持続可能な生産産物であり，環境に優しい生産である．

(2) 環境保全機能

a. 土保全機能

草地は植生密度が高く，土壌表層をよく覆い，また根系の発達も著しいので，土壌を保持する能力が高い．その能力は林地より劣っているが，畑地より優れている．土保全機能をさらに分類すると，土壌水食防止機能，土壌風食防止機能に分類される．土壌水食の因子としては，気象，地形，植生，土壌，草地管理法があげられる．地形的には，傾斜度，斜面長の長さと方向が，植生では植物の種類，生育状態，被覆度があげられる．例えば，オーチャードグラスなどの放牧地では，傾斜角度が13°以上になると牛道(cattle trail, cattle track)が形成され，土壌流出が生じやすくなる．

風食は，強風で土壌が崩壊することであるが，裸地に比べて飛散土を1～4%にまで低下でき，その効果が大きいことが明らかにされている．

b. 水保全機能

水保全機能は，水量の保全と水質の保全に2大別される．

①水浸透機能…草地では雨滴を草冠(canopy)で受け止め，雨水を一時的に貯留し，水の急激な流出を防止するとともに，土壌への水浸透機能により地下水脈への水を供給する役割を果たしている．これは，洪水緩和と水源涵養機能とを合わせ持った機能である．この機能は，地形，気象，土壌，植生で大きく異なるが，草地の水浸透機能は，一般的に林地には劣るものの，畑地より優っている．しかし，ササ草地の場合には林地に匹敵する能力がある．

②水質浄化機能…窒素およびリンが主に問題になる．リン酸は土壌での吸着が強く，表面流去水によるわずかな量が検出される場合もあるが，量的には問題視されない．窒素は，水道の水質基準がNO_3-N濃度で10 ppmであり，地下浸透を考慮した畑地での窒素施肥量限界は25～30 kg/10 aと推定されいる．草

地の場合，植物の窒素吸収量が高く，通常の施肥レベルでは問題ではない．しかし，表面流去水による汚染は，雨量や雨量強度と植生の繁茂状態で大きく異なるし，実際に牧区内の河川の NO_3-N 濃度が基準値に近い場合も多いので，河川などの境界域には十分な緩衝地帯（通常 20 m 程度）を設ける必要がある．草地は高い水質浄化機能を保有しており，この機能を利用して草地へ糞尿 (waste) などを還元している場合も多いが，還元量，時期，方法を含め，地域内の窒素循環について評価を行う必要がある．

c. 大気保全機能

近年，地球環境変化に対する関心が高まってきており，二酸化炭素 (CO_2) だけでなく，亜酸化窒素（一酸化二窒素，N_2O）およびメタン（CH_4）の収支も重要になっている．

1) 二酸化炭素，酸素

牧草は，光合成により CO_2 を吸収して酸素を吐き出し，大気の浄化機能を果たしている．近年，この CO_2 が温室効果ガスとして，地球の気温を上昇させる汚染物質とされ，国際的問題となっている．これは，化石エネルギーの大量消費や熱帯林の安易な伐採に起因しており，その削減が必要とされている．しかし，エネルギーの消費は世界の人々の生活水準の向上とともに増大しており，今後とも CO_2 濃度の上昇は続くものと危惧されている．牧草や草地への影響も予測されている．

影響調査によると，C_3 植物のオーチャードグラスでは，CO_2 上昇時には乾物生産はあがり，適応温度も上昇し，量的生産は，雨量さえ変化しなければ有利に働くようになる．しかし，窒素，カリ，マグネシウムなどの体内成分が不足し，飼料価値は低下することが予測されている．また，C_4 植物のトウモロコシでは，子実の成熟が劣ることが懸念されている．炭素循環の研究では，草地は陸上植生の炭素蓄積量 473 GtC（$G=10^8$ ギガ，Cは炭素）のうち約 19％の 89 GtC を占め，また草地（熱帯サバンナ，温帯・冷温帯ステップ）土壌中には，全炭素蓄積量約 1,500 GtC の約 19％に当たる 279 GtC が存在し，これらの合計量 (368 GtC)

は化石エネルギーから大気へ放出される年間約 5 GtC の約 74 倍に当たる（陽 捷行，1994）．地球環境問題として，草地は炭素の蓄積源（シンク）であるのか放出源（ソース）であるのか検討すると，通常の管理状態では増減はほとんどないことになる．しかし，現在全地球上で進行中の沙漠化は草地面積を縮小することになり，ソースとしての働きをすることになる．草地の適正な管理により，沙漠化の進行を食い止めることが，大気保全機能，地球温暖化防止にとって重要なことである．

2) メタン，亜酸化窒素

メタン，亜酸化窒素は，近年，CO_2 に次いで温室効果ガスとして注目されてきたガスである．その重要な発生源として，CH_4 では反芻家畜および家畜排泄物があげられ，これはまた，オゾン層の破壊物質でもある．N_2O では施肥肥料および家畜排泄物があげられている．CH_4 は地球レベルでの年間全発生量が 535 Tg （テラ $T=10^{12}$）で，反芻家畜の体内発酵に起因するものが 85 Tg，家畜排泄物からが 25 Tg，合計 110 Tg で，全排出量の 21％を占めている．しかし，ここでの家畜排出量の値は全家畜の合計である．草地からの CH_4 発生は湿地状態の草地でない限りほとんどなく，逆に吸収を行うことが明らかになってきた．糞尿を散布すると一時的に CH_4 が放出されるが，生牛糞 32 t/ha/年，スラリー100 t/ha までは，草地が CH_4 のソースとなることはないと推定されている．N_2O は年間発生量が 14.7 TgN で，その大部分は成層圏の光分解で消失するが，その残りは大気圏で 3.9 TgN/年の増加をもたらしている．そのうち半分以上は土壌からの発生で，特に施肥した N 肥料からの放出が大きい．無施肥のイネ科草地から年間 47.4 mgN/m^2 が放出され，これに施肥を行うとその N 含有量の 0.2〜1.0％が放出される．また，生糞では施用 N 含有量の 0.16，液状厩肥では 0.12，堆厩肥では 0.06％の N が放出されると報告されている．これらの低減技術の開発が必要となっている（陽　捷行，1994）．

d．生物相保全機能

草地は地球上で森林に次ぐ面積を占め，重要な生態系を形成し，多くの動植

物に生存の場を提供している．わが国においては，極相は森林になる場合が多いが，野草地および人工草地は主要な生態系をなし，多くの生物を保全している．生物多様性の維持の観点からは人工草地より野草地が優れている．人工草地の場合には既存の植生を極力排除し，導入牧草のみで高い生産をあげようとするため，種数は少なくなり，植生的には単純化する．構成種は造成法によっても異なり，耕起法では10〜20種，不耕起法では30〜80種が出現することが多い．野草地の場合には，1地域で30〜100種が認められるが，全国的には少なくとも72科343種が確認されている．出現種の多い科は，イネ科，キク科，マメ科，バラ科，カヤツリグサ科で，これらの5科で全出現数の約半数を占めている．このように，草地で保全される種は粗放管理下で多く，草花類も増加する．これに伴い飛来するチョウ類や鳥類，生息する小動物類も多くなり，そこでの繁殖も可能になる．草原特有の動植物は多いが，近年の野草地の減少によりその消滅が危惧されている種も多い．例えば，オキナグサ，サギソウ，ヤツシロソウ，ヒロハトラノオ，オグラセンノウ，タマボウシ，ヒゴタイなど，貴重な草花が絶滅の危機にさらされている．これには乱獲などの人為的影響も大

図IV-8　貴重な野草地
阿蘇米塚周囲のススキ・シバ型草地．

として土壌養分の偏った収奪，また，病虫害の繁茂により生育障害を受けるためである．これを防ぐために，中国では秦の時代から，ヨーロッパではギリシャ・ローマ時代から，畑地では輪作が行われきたが，ヨーロッパで1,000年以上続いたとされる"冬穀物－夏穀物－休閑"体系である三圃式農法までは，生産性はきわめて低かった．生産性が大きく増大したのは，"飼料カブ－二条夏オオムギ（アカクローバの立毛播種）－アカクローバ，冬コムギ"体系であるノーフォーク式農法が開発されてからであるとされる．この生産力の増大は，輪作体系の中に導入されたマメ科牧草であるアカクローバによる．すなわち，マメ科牧草の根粒菌による窒素固定により，養分供給とすき込みによる有機物還元，さらに，その根系の発達とミミズなどの繁殖により，土壌の団粒化が促進されるなど，土壌の物理性，化学性が改善されるためである．イネ科牧草も窒素固定はないが，他の機能は果たせる．有機農業が重要視されるようになる21世紀農業にとり，輪作あるいは交互作として，草地を組み込むことが望ましい．

h．アメニティ機能

1）景観保全機能

景観は，生物，色彩，地形的，気象的要因などを複合した視覚的評価であるが，これらをとらえる人の心理的要因でかなり左右される．これまでの調査では，草地は広々とした明るいイメージがあり，森林より高く評価されている．牧場内では，畜舎，サイロの屋根の色や牧柵の種類などが注目されている．草地としては，各地域のススキ草原，シバ草原，ケンタッキーブルーグラスなどの短草型草地の景観的評価は高いが，共通的には明るく，開けた"みどり"の広がりが視覚的に評価されている．みどりに対する人の感性は，色そのものの持つ感性と，それから連想される自然に対する感性を合わせ持っている．ここから，安らぎ，安心感，若々しさ，ういういしさなどの快適性を表現する色となっている．同じ緑にも，四季が明瞭で自然が豊かな日本においては，多様な表現形を持っている．明るい黄緑系の萌葱（もえぎ），若草色，若菜色，若緑などで，若々しい気分や若い気分を表し，もっと明度の落ちたくすんだ色の草色，木賊色（とくさいろ），苔

色，海松色や常緑樹の緑を表す千歳緑，常盤緑，松葉色など，長寿，祝い色を表す．これらはすべて植物から出て，生命や生長と結び付いている．以上の緑色について，色彩学的には，色相，明度，彩度の要素により，さらに客観的な心理的表現により評価できる．草地においても景観の定量的な評価に努める必要があるが，これまでに景観シミュレーション手法を用いた景観の物理的な評価や，地理情報システム利用による景観の歴史的変遷を明らかにする景観評価が行われている．また，心理的側面から工業分野における感性工学などの快適性を評価する計量心理学的手法を用いて，草地景観のイメージ調査が行われている．その結果では，草地景観全体のイメージは，景観のグリーン感，クリーン感，魅力度，イメージの自然度，質感，シンプル感，開放感，暖かみ，流行感，眺めのよさ，健康度，あか抜け度，親しみ度の14因子で構成されていた．それらの因子と景観の総合的な快適性の検討の結果，現在のところ，景観の総合的な快適性を，ある決まった景観特性として定義付けるには困難であるとしている．すなわち，わが国においては，高原性の草地景観が求められる場合が多いが，この場合では，景観のグリーン感，クリーン感が重視されており，それらのイメージが損なわれないようにすべきである．また，シバ型草地のようなわが国の伝統的な牧野景観においては，こうした景観を保持する景観イメージの自然度を重視する管理が必要となる．したがって，重視される景観因子は，自然的，社会的条件で異なってくることが考えられ，それを的確に把握し，景観管理に活かしていくべきである．

2）保健休養機能

物の豊かさから心の豊かさを求める国民の価値観の変化に伴い，農村に緑地や景観などといった美しい自然環境を維持すること，心のふるさとややすらぎを提供すること，レクリエーションの場を提供することが求められるようになり，今日では多くの牧場が，その中心的役割を果たすようになっている．調査によると，公共牧場だけでも年間800万人以上の来訪者があり，来訪者が草地の散策や放牧家畜を見学するだけでなく，草地フィールドでの家族の団らん，牧場祭り，牛肉試食会，バーベキュー，芋煮会，コスモス祭りなどの催しや，そ

124   緑地環境学

の広大な面積を生かした冬季のスキー場やハンググライダー，モトクロスなどのスポーツ競技の場としての利用もされている．これらの中には牧場の生産機能にとって障害になるものもあるが，これらに利用される空間としての草地の

図IV-11　多くの人々が訪れる草地
都井岬の放牧地で撮影．

図IV-12　ワイルドフラワーを導入した草地

あり方も検討される必要がある．草種としては従来の長草型の牧草より短草型の芝草が適すると考えられ（図IV-11），このために芝草地の簡易造成・管理法および景観維持法が必要となる．また，景観を高め，潤いのある草地として，ワイルドフラワーなどの草花を導入した草花草原の創出も必要となる(図IV-12)．さらに，これらの技術と人の評価とに関し，客観性を持たせるために，画像処理による景観シミュレーション技法の導入や感性工学的解析が必要となる．

3．林地の環境保全機能

(1) 植物を育む土壌，土壌を保全する植物

　林地とは樹木の生育している土地のことであり，生育している樹木やタケを立木竹（林木）という．この両者により森林が成り立っている．日本の林地の多くは山地に位置している．つまり，傾斜地に分布していることが特徴である．林木の特徴から，広葉樹林，針葉樹林あるいは落葉樹林，常緑樹林などに分けられる．また，更新(次代の森林をつくることで人工造林と天然更新がある)や保育にほとんど人の手が入らない森林を天然林，人が苗を植えたりして積極的に人の手を加えて育てたものを人工林と分けられる．特に，長い間伐採の形跡がなく，気候，土壌，地形などの環境と植物相との関係が安定した状態(極相)にある森林を原生林，あるいは純粋天然林という．日本の場合，天然林が約1,340万ha，人工林が1,040万haあり，両者を合わせると国土の2/3を占めている．これだけ森林の占める割合が多い要因は，気候条件もあるが，林地の多くが傾斜地にあることが大きく影響している．

　自然界において植物の生育には土壌が不可欠であるが，土壌も植物をはじめとする生物の影響を受けて生成される．土壌の生成因子は母材（地質的因子），気候（降水量，蒸発量を左右する因子），地形（土壌中の水の移動を左右する因子），生物(植生，土壌動物，土壌微生物などの生物的因子)，そして時間の5つである．土壌生成の速度はきわめて緩慢で，数百年から数千年の単位で考える

必要がある．原生林であれば，現在の森林植生が成立するまでの時間は，土壌の生成にかかった時間と同じと考えることができる．

　植物が生育するためには，まず土壌が安定していることが必要である．植生遷移に伴って土壌生成も進行するが，土壌生成が進むことにより草本植生から木本植生へ，低木林から高木林へと植生も遷移していくことが可能となる．また，草本植物から木本植物に遷移していくと根は太く長くなり，土壌が侵食を受けたり土砂崩れを起こしたりすることに対して抵抗力が増大する．図IV-13は，中国内モンゴル自治区の半乾燥地域において格子状に植林している風景を撮影したものである．かつて，この地域は過放牧，過耕作により植生が衰退し，強風により土壌が侵食され（風食），沙漠化が進行していた地域であった．ここに植林し，風を弱めること（防風）により，飛砂を抑制することが可能となった．これにより，500m四方の区画内を耕地や草地として利用できるようになったのである．

図IV-13　中国内モンゴル自治区における植林
500m四方の区画内を耕地や草地として利用している．

　乾燥地とは対照的に多雨地域では，雨滴が地表に衝突する衝撃で土壌が侵食される（水食）．特に，熱帯雨林では短時間に激しい雨が降ることがある．雨が

いくつかの層をなしている林冠を通過して地表に到達すれば，その衝撃はかなり和らげられている．加えて，土壌は地表に堆積した落葉落枝や植物遺体（これらを総称してリターという）で覆われているため，侵食される危険性は小さい．しかし，伐採などによりこの林冠が失われれば，地表に届く日射量が増大し，温度が上昇することによって土壌動物や微生物の活動が活発になり，リターの分解が進み，やがて土壌がむき出しの状態になる．こうなると，雨は直接地表に到達するため，その衝撃により土壌は侵食されやすくなる．土壌が侵食で失われてしまえば，前述したように数千年もかけて生成された時間も失われてしまう．熱帯雨林を伐採すると元には戻らないといわれるゆえんである．

（2）緑資源と環境

　日本では奈良時代から，町づくり，寺院づくりに木材を用いてきた．このため，日本の文化は木の文化であるといわれる（市川建夫・斎藤　功，1985）．奈良時代，平安時代に用いられた木材は，運搬に便利な近在の天然林を伐採したものである．加えて，農地，特に水田の開発や製鉄，製塩のためにも伐採利用された．過度の利用は禿げ山を生む結果となった．特に，花崗岩地帯では禿げ山となることが多かった．これは，花崗岩は風化すると非常に脆く，崩れやすいため，表層土壌のみならず下層土も流出するからである（塚本良則，1998）．加えて，花崗岩には植物の生育にとって重要な塩基含量が少なく，土壌形成が進んでも植物の生長が遅いことも影響していると考えられる．日本の降水量は全国平均で1,750 mm であり，世界平均 970 mm の 1.8 倍に相当する（中野秀章，1989）．降水は一定量が一定間隔で降るのではなく，梅雨期や台風時などにまとまって降り，日本海側では冬期降雪によるものが多い．この多雨が日本の森林を支えているが，その一方で，裸地状態の傾斜地に降った雨は土壌を侵食する．その侵食量は膨大なものになるだけでなく，洪水が頻発することになる．近在の木材資源の枯渇とともに造林が始まり，江戸時代には本格的に行われるようになった．加えて，伐採の規制なども行われた．三大美林に数えられる木曽のヒノキ林（図Ⅳ-14），秋田のスギ林は，いずれも江戸時代に伐採して枯渇

図Ⅳ-14 日本三大美林の1つ,木曽のヒノキ林

した木材資源を増大するためにとられた保護政策によるものである(井原俊一,1997).こうした傾斜地に森林が成立していることで,土壌侵食が抑制され,洪水が起こりにくくなっている(治山,治水).青森県の日本海沿岸には,防風,防飛砂を目的とした植林が,やはり江戸時代から行われてきた(畠山義郎,1998).日本に残る森林の多くで,このような資源利用と環境機能の保全との調和がはかられてきた.

しかし,戦後は環境として位置付けられることが多い天然林においても資源的価値が優先され,伐採利用されてきた.また,一斉造林(一度にまとまった面積を伐採(皆伐)し,苗木の植付けを行う造林)により,全国各地に成長が早く,市場価値の高いスギやヒノキが植林された.人工林の面積は前述のように森林面積の4割を超えている.ところが,高度成長期以降木材以外の建築材の開発や輸入材の利用により,植林当時の需要と異なる状況となり,人工林を育成するために必要な間伐や枝打ちなどの保育作業が実施できない人工林が増え,問題となっている.今日では,森林は木材の生産機能より,むしろ緑地としての環境保全機能(公益的機能)が重要視されるようになっている.木材資源としての性格の強い人工林も環境としての機能を有しており,保育作業が行われないことは木材資源価値を低下させるだけでなく,環境としての価値をも十分に発揮させることができないことになる.ここでは,環境保全機能という森林の環境としての側面を述べるが,木材資源価値の保全と緑地環境保全とは切り離せない面を持つことを常に念頭に入れておく必要がある.

（3）環境保全機能

　森林の持つ環境保全機能は多岐にわたっている（只木良也，1982；1997）が，これらの機能を地上部と地下部に2分割して，図IV-15 に示した．また，ここに示した機能を健全に発揮できるよう維持管理することを目的として，保安林が制定されている（表IV-2）．前述のように，防風林に防飛砂効果があったり，沿岸地域では潮害阻止などの効果を併せ持つ．また，治山，治水という言葉に表れているように，地形崩壊や土壌侵食の防止と洪水防止は表裏一体の関係である．このように，1つの森林について，その環境保全機能は重複していることが

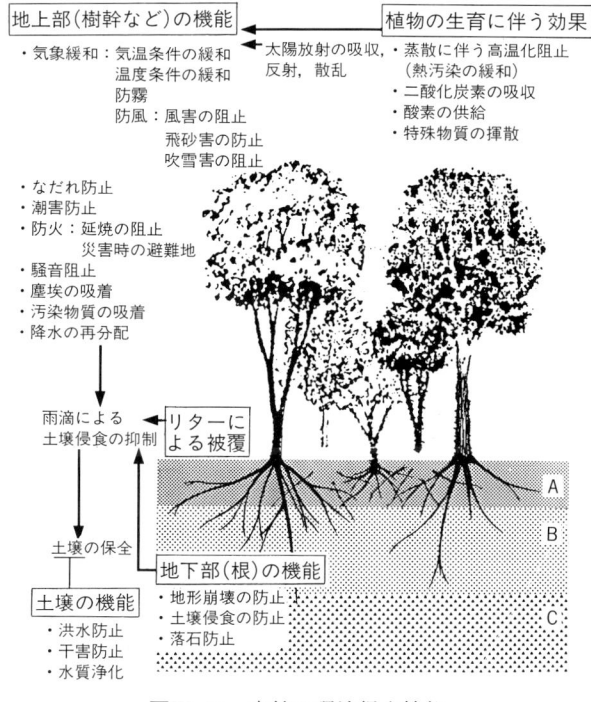

地上部（樹幹など）の機能　　　　植物の生育に伴う効果
・気象緩和：気温条件の緩和　太陽放射の吸収，　蒸散に伴う高温化阻止
　　　　　　温度条件の緩和　反射，散乱　　　　（熱汚染の緩和）
　　　　　　防霧　　　　　　　　　　　　　　　・二酸化炭素の吸収
　　　　　防風：風害の阻止　　　　　　　　　　・酸素の供給
　　　　　　　　飛砂害の防止　　　　　　　　　・特殊物質の揮散
　　　　　　　　吹雪害の阻止
・なだれ防止
・潮害防止
・防火：延焼の阻止
　　　　災害時の避難地
・騒音阻止
・塵埃の吸着
・汚染物質の吸着
・降水の再分配

雨滴による　　リターに
土壌侵食の抑制　よる被覆

土壌の保全
土壌の機能　　地下部（根）の機能
・洪水防止　　・地形崩壊の防止
・干害防止　　・土壌侵食の防止
・水質浄化　　・落石防止

図IV-15　森林の環境保全機能

土壌は，その無機質材料（母材）であるC層，母材に生物的な影響が加わり，動植物遺体から生成された腐植により黒く着色された表層土であるA層，腐植などの影響によりA層から溶脱した物質が集積するB層に分けられる．

表IV-2　保安林の種類とその面積

保安林の種類	目的
水源涵養保安林	流域に降った雨を徐々に河川に流すことにより，安定的に用水を確保する．これにより，洪水や渇水を防止する機能を合わせ持つ．
土砂流出防備保安林	リターや木々の根により雨による表土の侵食，崩壊による土石流などを防ぐ．
土砂崩壊保安林	山地の崩壊を防ぎ，家屋や鉄道，道路を守る．
飛砂防備保安林	砂浜から飛んでくる砂を防ぎ，隣接する農耕地や家屋を守る．
防風保安林	強風による被害から農耕地や家屋を守る．
水害防備保安林	洪水時に氾濫する水の流れを弱め，漂流物による被害を防ぐ．
潮害防備保安林	津波や高潮の被害から家屋を守る．海からの風に含まれる塩分による塩害の影響を弱める．
干害防備保安林	簡易水道など特定の水源を確保し，水が涸れることを防ぐ．
防雪保安林	吹雪から道路，鉄道を守る．
防霧保安林	霧の移動を阻止し，農作物の被害や自動車事故を防ぐ．
雪崩防止保安林	雪崩の発生を防ぐ．発生時には緩衝体として勢いを弱める．
落石防止保安林	落石を途中で止めたり，木の根によって岩石を安定させ，被害や危険を防止する．
防火保安林	燃えにくい樹種を配置し，延焼を防ぐ．
魚付保安林	水面に陰をつくったり，流れ込む水の汚濁を防ぎ，養分の豊かな水を供給することにより水棲生物の生息環境を安定させる．
航行目標保安林	船舶の航行目標となり，安全を確保する．
保健保安林	森林レクリエーション活動の場として生活にゆとりを提供する．空気の浄化，騒音の緩和により生活環境を守る．
風致保安林	名所，旧跡，景勝地を保存する．

(全国林業改良普及協会，1999 より作成)

一般的である．したがって，水源涵養保安林であると同時に，土砂防備保安林や，保健保安林，風致保安林にも指定されている．1本の樹木ではなく群落として成立している森林の場合には，これらの機能が向上，増幅するだけでなく，森林景観としての風致機能や保健休養機能，野生生物の生息域としての機能が加わる．ここでは，水の動態を中心にして，これに関連する機能について説明する．

降雨の一部は樹冠に留まり，蒸発する（降水遮断作用，図IV-16）．樹冠を通過した雨（広義の林内雨）は，その一部が樹幹を伝わり地表に達し（樹幹流），残りは直接地表に達する（狭義の林内雨）という経路をたどる．地表に達した水の一部は地表を流れる(表面流去水)．しかし，この表面流去水量はリター層が発達していれば減少し，リター層からその下の土壌に浸透していく．ここで浸透した水は地表面からの蒸発や植物に吸収され，葉の気孔などから放散され

ること（蒸散作用）により，再び大気中に戻る．蒸発，発散を併せて蒸発散と呼ぶ．これにより，水の一部は消失したことになる．しかし，これによる潜熱（☞Ⅲ章4.「緑地の気象環境評価」）の放熱により，森林における気温の上昇は抑制される．森林は，耕地や草地に比べて深くまで根が発達していること，葉の活動期間が長いことにより，純放射（☞Ⅲ章4.）に占める潜熱への熱配分が多く，気温の過度な上昇抑制効果が高い．

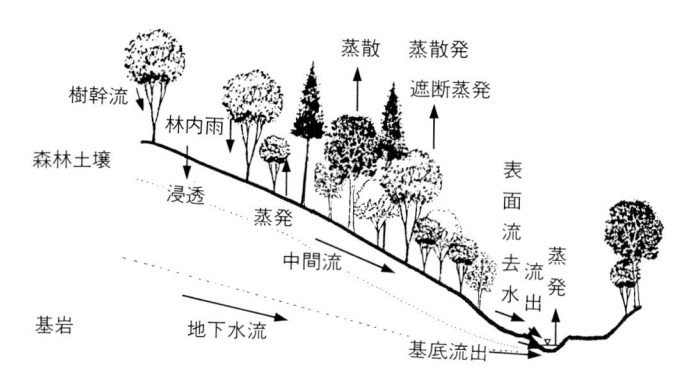

図Ⅳ-16　降水の行方

地表に達した水が土壌に侵入するためには，土壌の非毛管孔隙が重要である．図Ⅳ-17は土壌の根成孔隙の模式図である．これは，植物根が枯死したあとにできる土壌中の連続孔隙で，水の移動に大きく影響している．侵入した水の移動（浸透）には，粗大孔隙が重要であるが，水の流れが遅い毛管孔隙の多い方が涵養機能は高い（有光一登，1987）．浸透した水は森林表層土壌中を移動していく中間流，基岩表面を沿って流れる地下水流となる．水の動きは相対的に表層土層で速く，下層土層で遅い．いずれにしても，表面流去水に比べて遅く，これにより降水直後であっても急激な流出量の増加は抑制される．これをピーク流量の低減といい，洪水の抑制につながる機能である．一方で，無降雨が続いても，次第に地下を流れている水が湧出して，河川水を涵養している．

さて，循環している水に注目すると，水には物質を溶かす性質がある．このため，降水によって物質が供給される（湿性沈着）．樹冠に触れるまでの降水（林

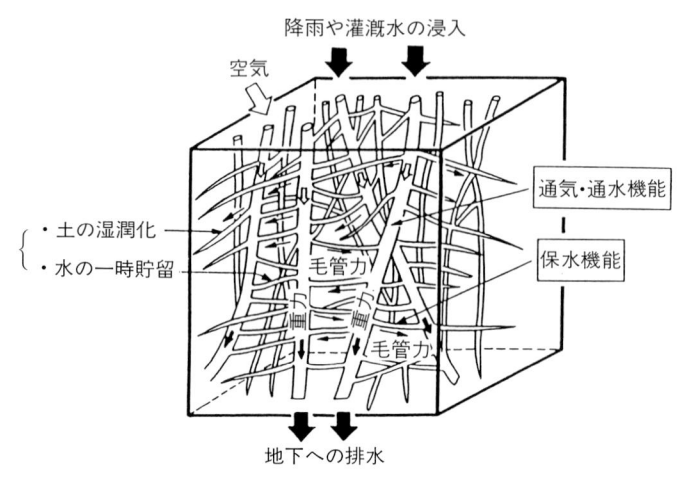

図IV-17　根成孔隙の模式図（佐藤照男，1995）

外雨）の水質と，林内雨の水質とは大きく異なる．これは，無降雨期間中に樹冠が捕捉した大気中の塵埃や汚染物質（乾性沈着）が降水により洗い流されたり，樹冠から物質が溶出したりするためである．樹冠の構造は複雑であるため，樹冠では水，物質の再分配が起こり，地表に達する林内雨は，量的にも質的にも均一ではない．また，土壌中に浸透した水の組成も降水とは異なってくる．表層の土壌水の水質は季節により大きく異なるが，下層にいくほど土壌層の緩衝作用を受け，最下層の土壌水は比較的安定した水質となる．これらの合流水である渓流水では，さらに安定した水質となっている．

(4) 山 か ら 海 へ

前述の森林の諸機能により，質的にも量的にも安定した河川水および地下水は，下流の農業用水，工業用水，そして生活用水として利用され，最終的に海へと流れ込む．河川から流れ込む水には，生物生産に必要な栄養塩類が豊富に含まれているため，プランクトンや海藻類の栄養源となり，その繁殖を助けている．特に，水深の浅い大陸棚では，太陽の光が水中まで届きやすいため，プランクトンや海藻類が繁茂し，よい漁場を形成している(長崎福三，1994)．一

方，近年の森林の乱開発や不十分な管理により森林が荒廃した地域では，河川の汚濁がひどく，その河口付近の海では磯焼けと呼ばれる海の沙漠化現象が問題となっている．磯焼けの原因や森－川－海のシステムの関係については，科学的には研究段階でさまざまな取組みが行われている(田中邦明，1997)．例えば，北海道襟裳岬の東海岸や宮城県の三陸海岸を臨む地域では，魚付林を再生させることで漁獲量が増加している(井原俊一，1997；畠山重篤，1994)．重要なことは，森－川－海のつながりを視野に入れた魚付林の再生が成果をあげていることであり，森林生態系はその環境保全機能により，他の生態系の保全にも寄与していることである．今後は，単に森林生態系だけをみるのではなく，これにつながる生態系や環境を総合的に捉えていく必要がある．流域を1つの単位として捉え，これらが有機的に機能するための方策を立てていくことが重要となる．

(5) 新たな利用計画と森林づくり

流域を中心とした地域環境の保全とは対照的に，地球規模で森林を捉えると，最も大きな機能は気候の緩和である．なかでも，地球温暖化問題における温室効果ガスである二酸化炭素の吸収体としての期待が高い．この機能を活用するためには，持続的な木材生産が重要である．生産された木材が建築材に使われれば，分解による二酸化炭素の放出が抑制されるからである(吉良竜夫，1982)．1992年6月の地球サミットにおいて策定された「気候変動枠組条約」では，森林を温室効果ガスの吸収源，貯蔵庫として位置付けており，1997年の京都議定書に基づき，具体的な実施に向けた協議が続けられている（赤堀聡之，2000)．また，森林の保全や持続可能な経営のための基準，指標づくりについても国際的な協議が始まっている（藤森隆郎，1996)．

わが国では，1998年に「国有林野事業の改革のための特別措置法」とともに，「森林法等の一部を改正する法律」を制定し，特別会計制度の見直し，組織，要員の合理化および累積債務の処理と合わせて，国有林野事業を公益的機能の維持増進を旨とした管理経営に転換することを柱とした改革を推進することとし

ている．青森県においては，森林の 2/3 が国有林である．青森県を含め岩手県，宮城県を管轄している東北森林管理局青森分局では，図IV-18 に示したように水源涵養機能を持つ森林のうち，国土保全林および木材生産林の一部を水土保全林として位置付け，自然維持林，森林空間利用林を合わせて森林と人との共生林，木材生産を主として行う森林を資源の循環利用林としている（東北森林管理局青森分局，1999）．これにより，公益林を全体の約 8 割までに増やしている．さらに，水源地域を中心に，択伐により樹齢の異なる育成複層林施業や，通常の伐採年齢のおおよそ 2 倍の林齢で伐採する長伐期施業を推進することにし

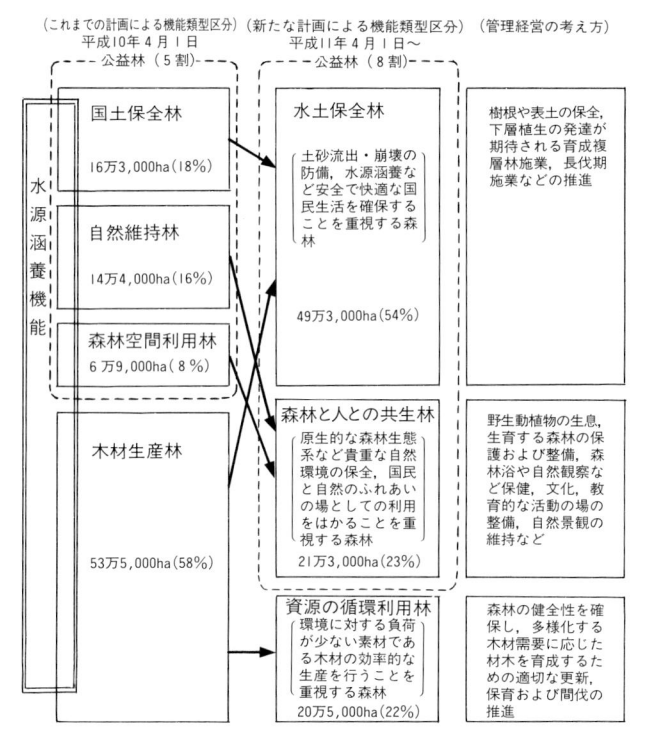

図IV-18 青森分局管内の国有林野の新たな機能類型区分（東北森林管理局青森分局，1995）
水土保全林は"国土保有タイプ"および"水源涵養タイプ"に，また，森林と人との共生林は"自然維持タイプ"および"森林空間利用タイプ"に，それぞれ区分される．

IV. 農山村緑地の環境保全機能   135

ている．青森県でも1996年に策定した「新青森県長期総合プラン」において，①恵みの多い緑豊かなふるさとの森づくり，②地域の特性を活かした林業経営の確立，③県産材のブランド化の確立と木材関連産業の振興を基本目標に掲げ，「森と川と海のかかわりの啓発による県民参加の森づくり」，「公益的機能に配慮した複層林施業」を推進することにしている（青森県林政課，2000）．青森では特にヒバ（学名，ヒノキアスナロ）が有名で，その天然林は日本三大美林の1つである．青森市周辺の民有林でも，ヒバの伐採後に生長の早いスギが植林されてきたが，スギ林下にヒバを植林することで複層林化しようとする取組みが始まっている．ヒバは成長が遅く伐採するまでに最低でも100年以上はかかるが，耐陰性に優れており，複層林施業に適している．スギの伐採後にもヒバを植林し，将来的にはスギ－ヒバの複層林からヒバ－ヒバの複層林へと移行すること

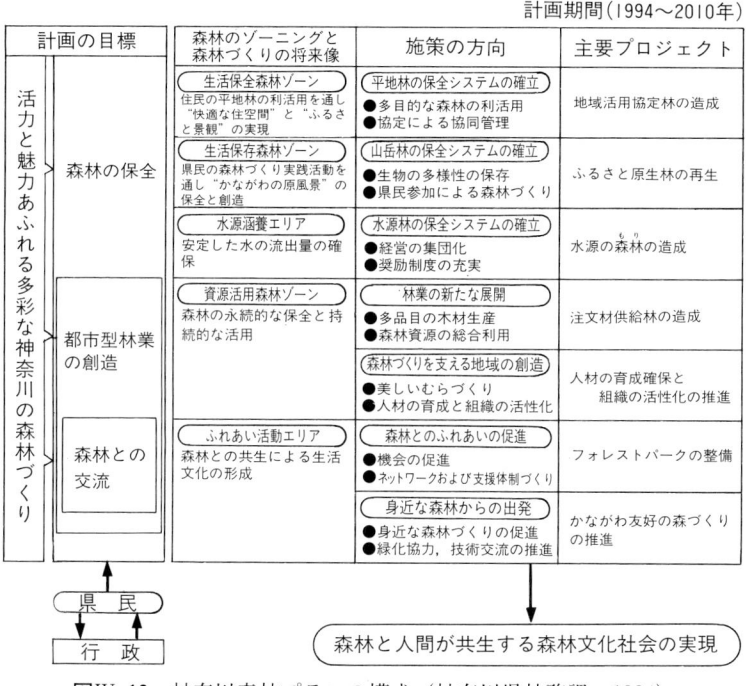

図IV-19　神奈川森林プランの構成（神奈川県林務課，1994）

を目指している．

　都市域では，環境保全機能に対する期待が大きいが，神奈川県では目的別にゾーニングした計画を立てている（神奈川県林務課，1994）．図IV-19および図IV-20は，神奈川県が「自然と人間が共生する森林文化社会」の実現を目標として策定した「かながわ森林づくり計画」の構成とゾーニングの概念図である．標高により日常生活で目にする森林の景観を重視している生活保全林ゾーン，持続可能な木材生産を目指した資源活用森林ゾーン，森林生態系の保存を意図した生態保全ゾーンに分けている．また，相模川や酒匂川の源流域を水源の森林づくりエリアとしている．さらに，県民の森などを中心に森林とのふれあいを促進するためのふれあい活動エリアを設けており，学習の場としての森林およびこれに必要な施設の整備を進めている．この神奈川県の計画は，ここで示した森林の多様な環境保全機能および資源としての森林の利活用をみごとに表している．

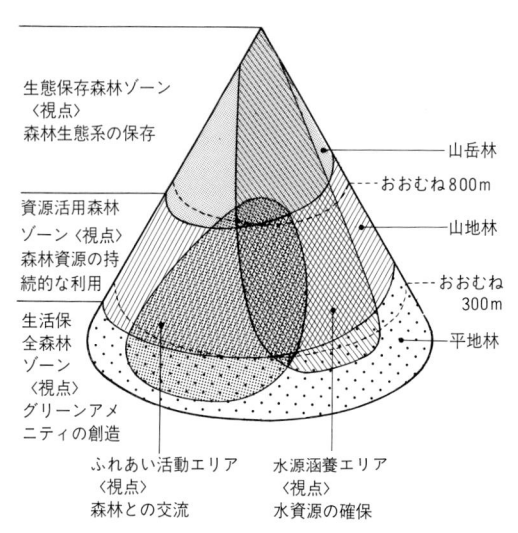

図IV-20　ゾーニングの概念図（神奈川県林務課，1994）

　立地条件によっては，利用せず保護が必要な森林も存在するが，多くの森林では森林資源を適度に利活用することで，環境保全機能を維持していくことが

可能となる．森林として成立するまでに数十年，安定した生態系になるまでには数百年の歳月がかかる．したがって，国際的な取決めや変化する環境の中で，森林を利用するにせよ，その環境保全機能を重視するにせよ，森林生態系の立地条件（気候，地質，地形，土壌などの特徴）を把握し，環境保全機能を損なわないように，利用するための計画を長期的な視野を持って立てていくことが重要である．

V. 生活と緑地

1. 緑地の保健休養機能

(1) レクリエーションと保健休養機能

　わが国では，戦後の混乱期を経て，1950年代より始まる経済成長に伴い，全国的な総合開発が行われ，人口の都市集中化をもたらし，都市人口は過密化した．これにより，都市内部の環境，特に自然環境の悪化は急激に進行した．都市居住者は，このような経済成長が工業化社会とも関連してもたらした高密度管理社会という新しい社会状況の中で，緊張を強いられる．人々には，生存条件に負荷を与えている新しい要因であるストレスを解消する欲求が高まってきた．人々にとって，緑に代表される自然の要素は多くの人工的なストレスの解消手段として重要である．

写真：海の中道公園（写真提供：福山正隆）
多くの人々が草花とふれあい，憩いの場となっている（福岡県）．

また，経済成長に伴う所得水準の向上や余暇時間の増大で積極的に自由時間の意味を捉えることが求められるようになり，レクリエーション（recreation）の需要が増大した．緑地資源には自然学習や芸術の場などの価値のほかに，スポーツや行楽，健康の維持増進などの利用を通じた健全な場として活用することが，今後いっそう求められている．

　このような保健休養機能と密接な関係にあるレクリエーションとは，一般的に，人間が自身で意図した金銭的利益を伴わないものを意味し，通常の労働とは区別されている．したがって，制約感を伴わないときに最も純粋なレクリエーションとなる．各種の競技スポーツや屋内レクリエーションの多くがルールを伴ったグループ活動で，比較的制約的なものであるのに対して，いわゆる自然を相手に行われる散策，ピクニック，キャンプ，魚釣りなどは概して非制約的な色彩が強い．

　近年では，高齢化社会となり，高齢者の健康維持増進の欲求も高まり，これに多様な緑地が対応している．さらに，一般国民の価値観も，自由時間をいかに充実して過ごすかが大切なテーマとなり，自然とのふれあいやゆとりを重視する方向へと変化してきた．都市化社会の実現は，農林的な環境を求める人口を増大させ，それらに対する公益的機能の発揮に対する要求も高まってきた．

　農村，農林業にはレクリエーション的機能，自然情操教育機能，精神安定機能，郷土感醸成機能や季節変化を確認させる機能などがある．これらを総じて，農村，農林業の保健休養機能と称している．近年では，このような保健休養機能をいっそう充実させるため，身近な景観の保全，健康づくりや精神の癒しの場，野外活動の場づくり，さらに農林地の伝統や文化などを活用した都市と農村の交流をはかることが国民の期待となってきている．

（2）都市の緑と緑地

　都市内の緑は日常的に接する緑である．これら緑は，自然本来の緑と比べて質的，量的に当然劣ったものであり，大自然のそれとは大きな格差がある．しかし，このような緑にも自然を感知させる手掛かりとしての価値があり，都市

V. 生活と緑地

人にとっては重要な自然の一部となる．

　当然，緑葉としての生理的機能もあり，都市には欠くことができない要素である．都市の緑地はその確保の目的や手段などから一般に，都市内緑地，都市郊外緑地および都市保健休養緑地に分けられる．都市内緑地は，家屋や商店および工場群などによって荒廃した都市に安らぎを与え，災害時の避難地として利用できるような，都市内での生活環境改善を主たる目的としたものである．都市郊外緑地は，都市の拡大に伴う農林地の破壊されつつある都市外郭，またはその恐れのある地域に居住環境を良好にする目的で設けられる．都市保健休養緑地は，都市より日帰りできる範囲で，市民がレクリエーションに利用することを主目的とした緑地である（図V-1）．緑や水（湿地）と密接に関係するビオトープも学校ビオトープのような小規模に分断されたものが考えられがちであるが，都市内緑地全般に及ぶもの，さらには緑の回廊(corridor)のような都市から郊外および農村部を含む総合的な生態系ネットワークづくりに及ぶ大規模なものまで考えられる．

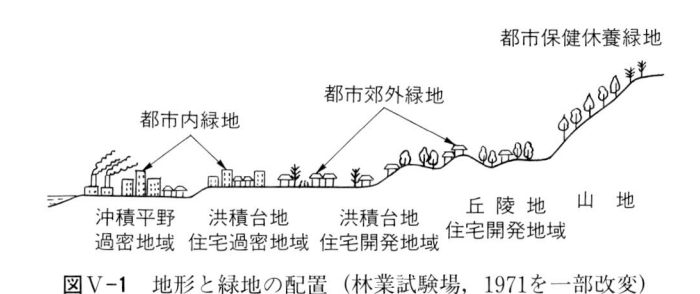

図V-1　地形と緑地の配置（林業試験場，1971を一部改変）

（3）都市内緑地と都市郊外緑地の保健休養機能

　都市内緑地は，理想的にはその土地に在来の樹種を主とした複層型の樹林を主体に考えられている．これらをコアに芝地のオープンスペースや池などを配置，いわゆる公園的，庭園的な景観が一般であろう．このような緑地環境に対応して，散策や軽いスポーツなどを中心にソフトなレクリエーションなどが展開される場所となる．

都市郊外緑地には，都市化途上の郊外に都市周辺グリーンベルトと新しい住居環境整備とともに大規模な緑地を造成して，農林地域と都市部を結ぶグリーンネットワークのコア的位置付けをもたらす事例が多くなっている．これは，無制限な都市拡大の抑制的効果も持っている．この地域は，農地や里山などを主とした半自然的景観が特徴で，これを活用する緑地設定が求められる．都市郊外には，住宅地開発途上の区域に耕地，果樹園などの都市農地として存在する事例も多い．近年では，このような農業生産的側面と自然環境保全などの非農業生産的側面から捉えられる都市農地が，生産緑地として注目されている．保健休養機能も当然認められるが，農地をそのままの状態で多様なレクリエーション利用に供することは一般に困難である．これは，ヨーロッパの牧草地などと異なる点である．また，イギリスなどで常識化しているアクセス権が認められていないため，私有地に立ち入ることも不可能である．したがって，日本では観光農園や市民農園（クラインガルテン，kleingarten）に限って，このような機能が認められることになる．市民農園は日本の農業・農村問題を解決する手掛かりとして，地域活性化の手段として位置付けられている．また，後述するが，都市と農村の交流の点でも重要で，都市住民のレクリエーション活動や高齢者にとっての生きがいなどと結び付き，保健休養機能の一環としての役割が大きい．わが国も本格的な余暇型社会に入りつつあるとき，旧西ドイツのような"農の豊かさ"が重要視される時代が期待されている．市民農園は大都市では公園的な施設として整備される傾向が強く，地方都市や農村部では都市と農村の交流（ふるさと体験・滞在）の一環として，その位置付けが検討されている．

（4）都市保健休養緑地

　都市から比較的アクセスしやすく，その自然性はより遠い地域のいわゆる自然公園とは格差があるものの，都市公園や都市郊外緑地より優れた自然環境を保つものが都市保健休養緑地である．ここでは，自然らしさや自然美などが要求される．すなわち，地形の変化，水，草地，森林などの複合の景観である．ま

た，稜線からの眺望などの開放的な美しさと，渓流や林内散策のような閉鎖的な美しさをかね備えた地域が望ましいとされている．保健休養緑地は，その地域の環境に応じた自然美を保ち，農村部の人々をはじめ都市部の人々などを含めて，厚生の場となるものであるから，原野や農地も重要な場合もあるが，わが国では森林がその主体となるものと考えられる．

大都市の周辺には，安定状態に達した極相林はほとんど残っていない．保健休養機能は，その地域の極相に近い安定したものを目標とすべきであろう．

a．森林の持つ保健休養機能

わが国文化の発達を代表する場所とされてきた照葉樹林帯は，ヨーロッパの代表である落葉樹林帯と異なり，少々陰うつな雰囲気を持つとされる．

そのため，森林や山というものは古くから恐ろしいもの，あるいは神聖なものとして信仰などの対象として認識されてきた．ヨーロッパの森林が木材を採る場所としての意味以外に，その中に古くから家畜を放牧したり，野生生物を狩猟したりするレクリエーション的場所として重要視されてきたのとは大きな違いがある．したがって，ヨーロッパの人々は森で遊ぶ楽しさを古くから知り，そのためのルールやマナーを身につけてきた伝統があり，保健休養の場として森林を高く評価している．

近年，わが国でも伝統的な信仰や心身鍛錬の行としての登山とは異なり，時代を反映して自然とふれあう面を重視したレクリエーション，あるいは森林浴や高齢者の健康保持的な山登りに変化してきており，これに温泉やグルメなども関係してブーム化している．

レクリエーション林内における樹木の行動別配置は，表Ⅴ-1のようになる．

b．草地の保健休養機能

第二次世界大戦前までの草地（牧野）は，牛馬生産のための野草地が中心であり，また耕種農業の肥料源としての重要性が高かった．

近年では，多くの日本人にとっては身近な場所としての草地や牧場の存在は

表V-1 レクリエーション林内の森林配置

個所	行動要素	要求される森林(樹木)の機能	具体的な森林(樹木)の配置
通路	ウゴク	烈日,寒風,風雨から利用者を保護する.利用者を外界から遮断する.土砂落石の防止.	通路の両側に十分な幅の樹木帯を設置する.常緑樹がよい.
自然探勝路	ウゴク ミル マナブ	森林樹木そのものが探勝目的となる.また,目的物の背景としての森林が望まれる.	道の両側の池,沼,川,草原などにマッチした樹木群を配し,単木または群落での展示効果をねらう.
縦走路*	ウゴク ミル	主要景観を確保するために良好な眺望を保つ.	原則として眺望確保上森林を置かないが,修景上疎林を置くことは許される.
プレイランド	アソブ	小面積の芝生グランドまたは疎林地を外界から隔絶し,保護する効果が森林に求められる.	周囲に保護樹帯をめぐらすこと.
眺望点	ミル	眺望確保上,森林不要が原則である.	原則として森林不要,記念樹やシンボル樹は可.
休息点	ヤスム	休息者を保護する木陰が必要である.	虫がついたり悪臭ある樹木は不適である.風雨しのぎの木立を置く.
掲示展示点	トマル ミル	掲示板や展示物を引き立たせる効果を要求するときと,逆に目立たせなくさせる効果を求めるときとがある.	掲示展示物と求められる効果によって,明るい林(カンバ,カラマツなど)や暗い林(常緑樹)を選択する.
便所 ゴミ処理場	トマル	通行の利用者の視界から隠す効果が求められる.	目隠し林の設置.

*登山で尾根づたいに歩き,多くの山頂を踏んでいく路.　　　　　　　　　　(柳　次郎,1972)

少ないものと思われるが,北海道地方は明治以降の開発で欧米の農業に目を向け酪農が発達した経緯があり,さらに戦後の酪農振興策や農業基本法による畜産の選択的拡大により,牧野を改良したり,新たに森林の伐採などを中心に人工草地や大規模な公共草地がいっそう拡大した.農林水産省(1993)の資料によると,レクリエーションとして牧場を訪ねる人は年間全国で約800万人ほどあるが,大きいものでは10万人を越えるような牧場も数カ所ある.これらの大牧場は観光地化が進んで観光ルートに載っているような牧場であり,レストラン,駐車場,展望台などの施設も整っている.また,来訪者が1,000〜10万人規模の牧場は,周辺に宿泊施設やスポーツ施設などを備えて,地域における保

健休養の基地的な役割を果たしている所が多い．牧場の持つ魅力については，"牧場は広々として緑がある"という風景に次いで，家畜や牧草地に対する関心が高くなっている．一般に，都市住民が夏期に都会の暑さを逃れて，交通の便が比較的よく，また周辺に著名な景勝地や観光地がある冷涼な気候地帯の牧場を訪れる傾向が強いとされている（図V-2）．

図V-2　北海道士幌町の森と草地

(5) 農村の保健休養機能と都市との交流

　都会人が耕地（水田や畑地）を含めて農村（農業によって生活している者が大部分の地域）を保健休養の場として考えるとき，一般に農村の視的な景観，古里の味，耕地で栽培されている作物や果物の収穫，酪農家その他各種農家などでの農業的体験を含めて，自分の肌で触れたり，実際に体験したいという要求が強く働いていることは，今や常識化したこととなった．農村部には前述した森林や草地も含まれることから，これらを含めた保健休養機能の役割を活用した農村と都市の交流が展開されている．かつて，欧米などで国民経済の成熟化と労働者の労働時間の短縮化とに対応して同様な変化が起きたこととも関連し，近年，わが国でも都市と農村の共生を求める傾向が顕著となってきた．いわゆる，"ふれあい"とも関連する側面である．

a．市民農園（クラインガルテン）

わが国の市民農園（kleingarten）は，身近なところで土いじりをしたり，緑とふれあいたいという都市住民の要求に対応して，1960年代頃から各地にみられるようになり，人々の年々増大するニーズに対応して，「特定農地貸付法」が1989年6月に成立し，市町村や農協が事業主体となって，一般住民に貸付けが可能となった．さらに，1990年6月に「市民農園整備促進法」が成立し，良質な市民農園の整備を促進する法制度が整えられた．都市においては，人口の過密化，緑の減少，庭のない世帯の増大が進み，他方で余暇時間が増え，"物の豊かさ"よりも"うるおい"や"生きがい"といった，いわゆる"心の豊かさ"を重視する価値観やライフスタイルを志向する傾向となり，それと対応して市民農園や貸農園へのニーズが高まり，各地でいっそう拡大する情況がみられるようになった．ヨーロッパの多くの国々では，古い歴史を持つ多様な形態の市民農園が開設され，まさに保健休養機能や情操・環境教育の格好な役割を担っている．わが国では，住宅地の近くに存在する近接型や，日帰り可能な地域に存在する日帰り型と，日帰り困難な地域に存在する滞在型とに分類される場合が多い．

図V-3　市民農園（「市民農園をはじめよう」より）

また，小中学生や幼児らを対象にした学童農園を設計，情操や環境教育の一助としている事例もある（図V-3）．

b．グリーンツーリズム

余暇の拡大と野外レクリエーションの普及により，国民の野外レクリエーションが，いわゆる都市的なリゾート型から農村型のグリーンツーリズムへと変化してきた．リゾート型野外レクリエーションは，短期滞在，高料金，施設集約利用型余暇，ビジネス的接客を特徴としているのに対して，滞在型グリーンツーリズムは，長期滞在，低料金，自然活用型余暇，交流ふれあい型接客を特徴としている．

発生地の1つであるイギリスでは，1980年代からカントリーウォーク，ドライブ，ピクニック，観光農園，農村公園などの農村型野外レクリエーションが普及している．欧米と日本における，受入れ側の農村および利用者側の都市住民側の各種条件の違いなどから，日本では行政における支援を基礎に，農業・農村側の受入れ体制の整備などを中心に進められ，農林水産省では1993年に「農村でゆとりある休暇を」推進事業が始まり，日本でのグリーンツーリズムに対する国の取組みも始まった．さらに，1994年に「農山漁村滞在型余暇活動の

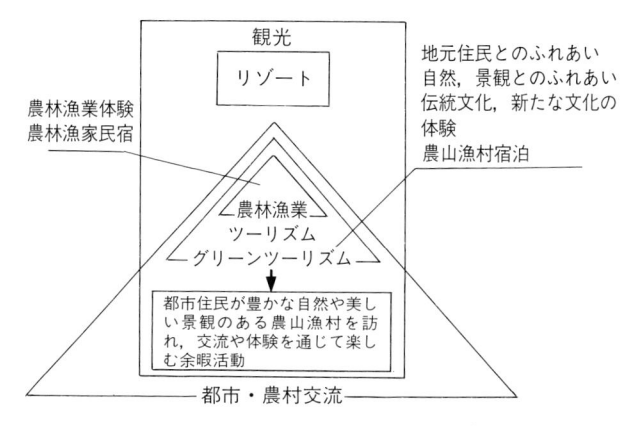

図V-4　グリーンツーリズムと観光，交流（宮崎　猛，1997）

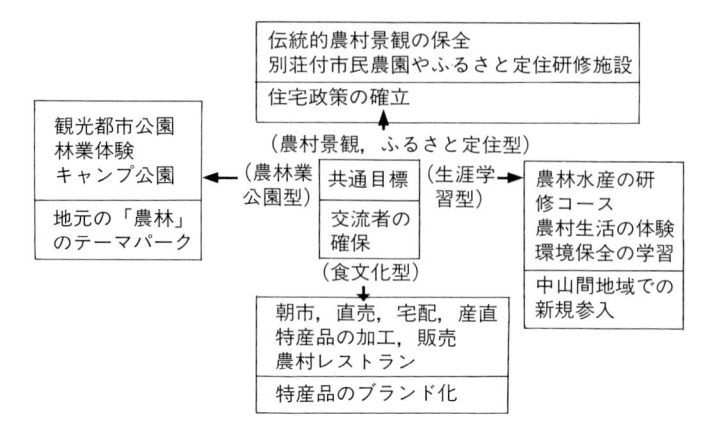

図V-5　グリーンツーリズムのタイプ（宮崎　猛，1997）

図V-6　大草原の小さな家
北海道鹿追町のファームレストラン．

ための基盤整備の促進に関する法律」，いわゆる「グリーンツーリズム法」が制定され，1995年から施行された．この法律の柱は，①農山漁村滞在余暇活動促進のための基本方針や計画の作成，②農山漁村滞在余暇活動のために都市住民が利用する施設整備の推進，③農林漁業体験民宿業の整備である．

近年では，グリーンツーリズムを目標にした"ツーリズム大学"が設立されるなど，その推進が各地で試みられている．グリーンツーリズムは都市農村交流と観光の両面を合わせ持ち，図V-4のような関係で示される．

また，そのタイプとしては図V-5のようになる．

2．緑地の教育機能

農林地の持つ多面的機能については，Ⅳ章で総括的に述べられているが，永田恵十郎（1989）によると，農林地には①食料生産機能，②地域経済活性化機能，③自然国土保全機能，④人格形成および教育機能，⑤保健休養機能の5つの機能があり，①，②は経済機能で，③，④，⑤は公益的機能である．今，"農林地"を広義の緑地に置きかえても，ほぼこれに準ずる機能が考えられる．それぞれについては他の章や節で詳述されているので，この節では④の人格形成および教育機能に焦点を当ててみたい．

(1) 森林の教育機能

教育の意味するところは幅が広い．例えば，樹木の名前を記したプレートからでも学ぶものはあるし，そこに森や草原という自然が存在するだけで，何の施設や道具がなくとも，このこと自体が教育機能を持つと考えることができる．森をみて美しいと思う人がいるとすれば，これは情操教育の一環となる．これを，絵に描いたり音楽によって表現することもあるだろう．自然を愛する豊かな心を持つことができる．またある人は，森を環境学や生態学の教育の現場とみるであろう．自分よりもずっと長い年月を生きてきた森を前にして，いろいろな興味を持つに違いない．どんな樹木によってこの森が構成されているのか，自然林なのか人工林なのか．いつ頃から，どうやって，この森が形成されたのか．この森のバイオマスは現在どのくらいあるのだろうか．森林全体として生長過程にあるのだろうか，それとも衰退しているのか．森林に射し込む光は，上層林，中層林，そして林床の植物にどのように利用されているのか．林床には

どんな植物が分布しているのか．そして，今後この森はどのように変化していくのかといったような疑問が次々と湧いてくるに違いない．これらの仕組みを知ることは教育そのものである．しかし，これらの解答が必ずしも書物に記載されていないこともある．そうなると，教材としての森林が，教育の範囲を超えて研究の対象になってしまう．このように，自然生態系では常に未知の領域がつきまとい，教育も1歩踏み出すと研究となり，両者の境界は明確に区分できず，渾然一体となっているという特徴がある．

a．森林教育と研究

小見山 章は『森の記憶』という著書の中で，岐阜県飛騨地方の荘川村六厩(むまい)の落葉広葉樹林における20年近い調査研究にまつわる森林史を著している．その中で，この森がどのような歴史のもとに形成されて今の美しい森になったか，将来かわることはないのか，表面には出てこない自然界と人間界のバランスは実際にはどう働いているのか，そして，人と森の関係はどうあるべきかという点について問い続けている．

図V-7は小見山らが1983年と1996年に調べた，1haの試験林の樹冠投影図である．樹冠投影図というのは，森の樹1本1本の樹冠（枝の及ぶ範囲）を地上に投影した図であるが，この図は上からみて作ったものではない．実際にこれを作るには，何人もの人が下草をかき分けて樹の下に立ち，枝先をみながら株元までの距離を測り記載していくという重労働を伴う作業の結果，描かれる図である．1983年時点ではレーザ型測距器はまだ一般的でなかったから，いちいち巻き尺で測ったのであろう．その結果，一度だけの測定や2〜3年の観察ではみえなかった13年間の森の生長が，樹冠面積やギャップ（樹と樹の隙間）の変化として見事に現れている．著者も述べているように，じかに自分の目と手足で調べた森の姿から，第1人称で前記の種々の疑問に対する答えを引き出すことができる．これは，森林生態学の研究である以前に，この森を題材に卒業論文や修士論文をまとめた30人を超す学生や大学院生にとって，緑地環境教育の生きた教材となっている．日常的に人工物に取り巻かれて生活している者に

とっては，広大な自然環境に飛び込み作業を行うことは，本来の目的である研究遂行以外に，自らの五感を通した感性が磨かれ，その教育的効果は大きいといえよう．

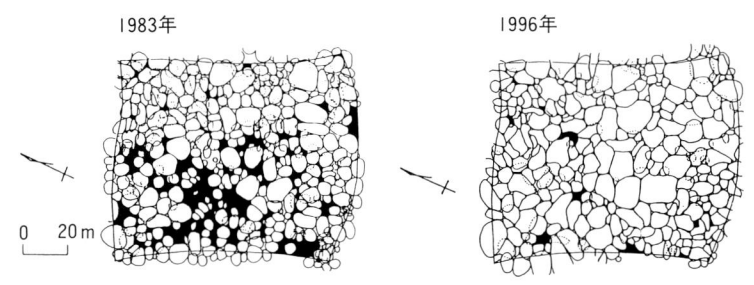

図V-7　岐阜県荘川村六厩調査地における13年間の林冠変化を示す樹冠投影図（小見山　章，2000）

図中の黒い部分がギャップと呼ばれる樹冠の空隙．

b．環 境 教 育

森林緑地を，自然教育，環境教育の場として活用している例はきわめて多い．例えば，現地の地形や土壌を生かして，そのような条件を好んで生育する植物を集めて展示する生態植物園や，国公立の森林や林業に関する試験場などがそれぞれに設置している見本林やテーマ林，あるいは高速道路のサービスエリアの脇に作られた森林浴遊歩道などにも，保健休養と教育へのアプローチや工夫が感じられる．また近年，旅行を単なる物見遊山ではなく，エコツアー，グリーンツーリズムなどと称して，自然とのふれあいや共生を主テーマとし，体験学習の場，あるいは地球環境問題を考える場と位置付けられている点は興味深い．

図V-8は，中国内モンゴルに建てられた草原エコツアーへの勧誘の看板である．航空路線の開設と大型バスが通れる道路網の整備によって，夏には日本からも多くの観光客が大草原に降り立ち，パオに泊まりモンゴル茶を飲みにやってくるようになった．遮る物のない草原で風と光を浴び，ヒツジやウシの群れと遊ぶ旅である．イギリスのグリーンツアリズムについては太田　顕が牧場の

新機能と関連させ（日本草地学会，2001），コスタリカについては井上民二（1998）が紹介している．

図V-8　中国内モンゴル草原における草原エコツアーの看板

　図V-9はイコノスという超高分解能衛星が，2000年8月11日に捉えた多摩動物公園付近の画像である．多摩動物公園は1958年のこどもの日に開園した．その頃，この辺りは雑木林に覆われた丘陵地帯であったが，今では画像にみられるように，すっかり住宅地に囲まれてしまった．移植や伐採をほとんどしていないという園内の樹林が，わずかに昔の面影を留めている．イコノス衛星の空間分解能は1mなので，園内の施設や建物がはっきりとわかる．拡大すると路上の自動車も識別できるが，動物については識別困難であった．真夏のため木陰に隠れているのかもしれない．

　近年，動物園の役割がかわり，世界各地の動物の展示や小動物とのふれあい以外に，世界の動物園と連携した希少動物種の繁殖なども期待されている．同時に，園内の自然環境を利用して野生動物の生態観察（例えばネズミやタヌキ）も重要な行事となっている．ここ多摩動物公園でも，画像中の①にみられるように昆虫館が設けられ，入園者が温室内で珍しいチョウの飛び交うさまを間近

V. 生活と緑地   153

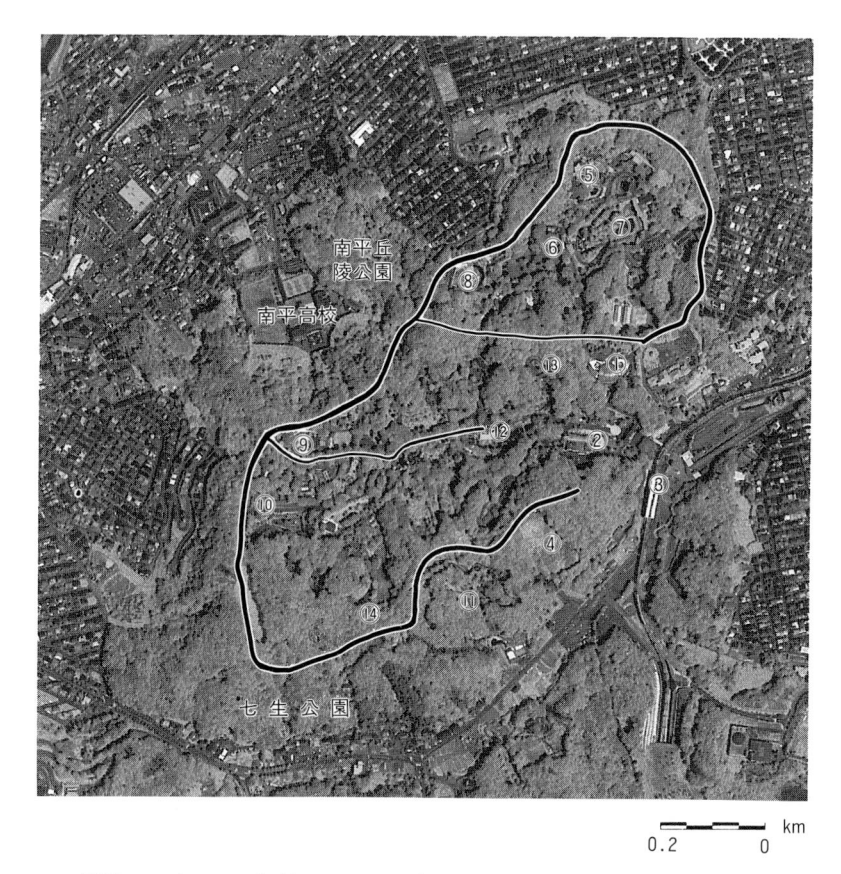

図 V-9 イコノス衛星からみた東京・多摩動物公園 (2000年8月11日撮影)
①昆虫園, ②ウォッチングセンター, ③モノレール駅, ④ユーカリ畑, ⑤アフリカゾウ放飼場, ⑥サバンナ(キリン, シマウマの放飼場), ⑦ライオン園, ⑧チンパンジー放飼場, ⑨コアラ館, ⑩オランウータン放飼場, ⑪七生公園昆虫の森, ⑫マレーバク舎, ⑬サル山, ⑭炭焼用カマド.

に観察できる．また，⑪や⑭では，イベントとして里山生態系の仕組みを考えたり，ノネズミの行動を観察できるように工夫されている．しかし，このような施設の中の模擬生態系と真の生態系とは大きく異なる．したがって，このような施設を利用して，子供たちは本物の自然への接し方を学ぶと考えるべきで

あろう．

(2) 草地および草原の教育機能

　緑地および草地の持つ教育機能としては，情操教育，環境教育，農業教育などの側面がある．情操教育は，緑地および草地や生き物とふれあう体験活動を通じて，生きる力を育む心の教育として位置付けられる．環境教育としては，緑地および草地の持つ生物多様性を通じて，環境保全や遺伝資源保全の重要性などを学ぶことができる．また，緑地および草地の多くは牧場であるので，牧場の活動を通じた農業教育となる．すなわち，智，情，意，身，技，体を育てる総合・実践教育の場が，緑地および草地である．ゲノム研究などの分析型の科学と異なり，自分の目で観察，記述して原理を洞察するフィールドサイエンスの場としても重要である．緑地および草地では，無理に教える，無理に学ぶということなく，遊びの中で教育効果があがり，教師である自然は画一的でなく多様であり，正直でうそをつかず，特に動物の反応は結果がすぐに目でみえるので，動機付け，反省およびフィードバック，創造力の醸成に最適である．

a．公共牧場の新たな役割

　牧場は草を生産し，家畜を飼養する場であると同時に，保健休養機能や教育機能に対しても，近年は期待されるようになった．特に，公共牧場は従来から家畜の預託育成や飼料生産を通じ，地域への優良家畜の供給，畜産農家の労働力軽減，飼料費の低減など，本来の畜産物生産機能を発現させることにより地域の畜産振興をはかってきた．これに加え，公共牧場には広大な草地があり，開放的な緑空間の中に"動"としての家畜放牧が展開され，その機能は地域都市住民側からすれば，広大性，開放性，牧歌性を有した，ゆとり，安らぎの空間，自然とのふれあい空間であり，昨今のグリーンツーリズムなどを通じた保健休養や情操教育の場として位置付けることができる（日本草地畜産協会，2000）．

　須山哲男（1992）は，公共牧場が持つ人格形成・教育機能を，訪れた人が自然や家畜とのふれあいや，体験学習や農業研修を通じて情操を高めたり，畜産

に対する理解を深めたりすることとしている．すなわち，体験しつつ学ぶ中で体得する機能である．このように，この機能は保健休養機能とも類似した性格を持っているので，広義には保健休養機能の一部と考えてもよいかもしれないとしている．

IV章2.「牧草地の環境保全機能」の図IV-6では，公共牧場の機能を新たな概念のもとに分類し，この中で教育機能は，"草地のアメニティ機能"の"保健休養機能"の中に組み込まれているが，地域活性化機能も期待されている．公共牧場の"教育機能"によって，供給側（農家，牧場）と需要側（都市・地域住民，消費者）は何を期待しているか，図V-10はそれを示している．金岡正樹（2000）はこれを解析し，次のように述べている．需要側は都市・地域住民の意識の変化と農業の教育力に対する期待を背景としている．すなわち，消費者の意識は"物質的な豊かさ"から"心の豊かさ"を重視したものへと移行している．そして，都市生活に欠けがちな自然や生き物とのふれあいを農業や農村に求めている．農業体験は子供たちの豊かな心を育むとともに，"生きる力"の育成にも役立つと考えられている．

──供給側──		──需要側──
（農業，公共牧場側）	←体験学習→	（都市・地域住民，消費者側）
・都市部住民との相互理解の深化	生涯学習	・こころの豊かさを重視した生活
〈国内農業の理解と支援〉	（農業の多面的機能"教育力"の顕在化）	〈ゆとり，やすらぎの場〉
・経済的効果への期待		・"生きる力"の育成
〈生産物直売，食堂による収益拡大〉		〈体験活動の場を確保〉

図V-10　体験学習を通した需給サイドの背景（日本草地畜産協会，2000）

他方，供給側の農業サイドでは，消費者との相互理解の深化，経済的効果に対する期待を背景としている．すなわち，農業体験学習を通じて，子供のときから農業への関心が醸成される．それにより，職業観の育成，農業に対する理解が増すとともに，国内農業に対する支援が望まれている．そして，体験学習

をはじめとした都市農村交流活動の促進により，農産物の需要拡大，雇用機会の創出による経済的効果への期待がうかがえる．

b．教育ファーム，まきばの学校

　将来に向けた牧場の新機能整備の方向として，都市や地域の住民が牧場内に長期滞在をする中で"癒し"や"教育"を享受するものがある．これは，滞在する期間中に農業体験などを通じて新鮮な驚きを覚え，農業への理解を深めるうえで役立つ．また，牧場景観への感動や家畜とのふれあいを通じて，来訪者の情操教育を促進する"牧場の学校"的機能の活用が期待できる．酪農先進地であるヨーロッパでは，牧場の特徴を生かした"教育ファーム"が公的な支援を受けて各地で展開されている．教育ファームでは，牧場での搾乳体験や乳製品などの加工などにより，家族間のコミュニケーションが増加し，生命や食物に対する愛情が育まれ，情操教育に役立つと考えられる．日本でも，幼稚園や小学校の遠足や課外授業の場として公共牧場の利用数は増大している．以下に，日本草地畜産協会がまとめた管理運営マニュアルに掲載された事例を2例紹介する．

　くずまき高原牧場のある葛巻町は，岩手県東北部の北上山系の林野率が85%を占める山村である．豊かな自然には恵まれているものの，史蹟，スキー場，温泉といった集客力の高い観光資源はなく，最寄りの盛岡市まで車で約1時間を要す．しかし，同町は100年以上前からの酪農の町で，今でも人口(9,000人)を超える乳牛(1万頭)が飼養されている．本来の業務についてはここでは省略するとして，新機能部門では食と命の尊さを訴える"教育ファーム"を標榜している．実際には，景観鑑賞などの憩いの場の提供，ふれあい動物展示，研修および体験学習などが用意され，これに付随して食堂や宿泊施設，キャンプ場，コテージなどの経営が行われている．年間の来訪者の利用者数は12万人に達するが，日帰り客が多い．ゴールデンウィークから夏休みまでがピークとなる．農畜産業の担い手育成のための長期研修者などを除くと，短期宿泊者は専門知識の習得(主に学生)，体験観光(主に女性や都会派)，修学旅行や子供会活動(児

童や生徒など）に区分できる．日帰り研修の場合には，学校での総合的な学習時間，子供会，公民館，PTA活動の一環としての体験学習の場を提供している．体験学習の内容としては，シイタケ栽培，ウシ，ニワトリ，アヒル，ヒツジの世話，乳搾り，アイスクリーム作りなどのメニューがあり，年齢や体力に応じた選択ができる．金岡によれば，体験学習による普及啓発活動を牧場運営に位置付け，牧場経営の付加価値部門（畜産物の加工，販売など）と連携を持たせることで特徴を出しているという．

もう一例，都市近郊地域における"まきばの学校"の事例として，神戸市立六甲山牧場の例があがっている(鈴木久栄，2000)．ここは定期バスも走り，地の利にも恵まれ，瀬戸内海国立公園に含まれる観光・リゾートスポットでもある．歴史は古く，1950年にスイスの山岳酪農をモデルにして，畜産振興と観光的色彩を持つ高原牧場として開設された．その後，1975年の市条例により，「人間と動物と自然のふれあいの場を作ることにより，市民の教養とレクリエーションに資する」ことになった．岩手県の例と異なり，ここでは大家畜の放牧育成は行っていないので，牧場員の主な作業は家畜の給餌，畜舎の清掃，動物の保健管理およびふれあい動物の展示などであり，そのほかに搾乳やヒツジの毛刈り作業などがある．教育ファームの内容自体は，くずまき高原牧場と同様，憩いの場の提供，ふれあい動物の展示，給餌と搾乳，食品加工などの体験学習の機会が与えられる．牧場入場者数は平成初期には年間70～80万人を誇ってい

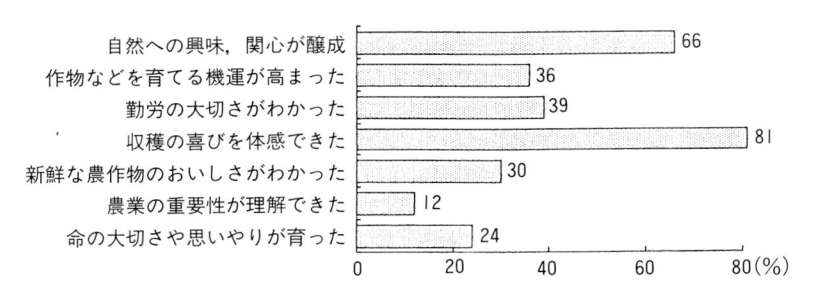

図V-11 農業体験学習の効果(小学生の反応)，体験学習実施校1304校からの回答(複数)（農林水産省「小・中学校における農業体験学習の取り組みに関するアンケート調査」，1997)

たが，1995年の阪神・淡路大震災以来激減し，最近は40万人台に落ち込んでいる．それでも，入場料，駐車料金や観光事業によるイベントやレストラン，売店の収入が多いため，牧場全体の経営収支では採算がとれているという．

図V-11は，教育ファームでの農業体験学習に対する小学生の反応をアンケートで調査した結果を示している（農林水産省，1997）．棒グラフが示すように，収穫の喜びの体験や，自然への興味，関心の醸成に高い効果が期待できる．

c．動物の教育機能

草地に動物がいる場合は，景観としても，教育効果としても草地のみの場合より効果が大きい．戸田和彦ら（1994）の報告によれば，ビデオ映像を用いた牧場景観のうち，印象が深かった対象を調査したところ，ウシをあげた人が42％と最も多かった．放牧牛が写っている画像をみた人は，視覚野が存在する後頭部のβ波の出現割合が高くなることから，視覚的処理が活発になる（大谷忠ら）．また，動物とのふれあいを通じて，触れて聞いて味わって発見する五感を総動員した学習ができる．また，緑地および草地においては，動物の死に立ち会う場面も多く，動物たちは自分の尊い命を犠牲にして死とは何かを人に考えさせてくれる．

緑地および草地の動物としては，野生動物と家畜がいる．野生動物としては，ネズミ，ノウサギ，シカ，イノシシ，サル，クマなどの哺乳類やコヨシキリ，シマアオジ，ホウアカ，ノビタキのような草地性鳥類などがいる．北海道の自然・半自然草地の鳥類の密度は約500〜600つがい/100 ha，本州のススキ草地の鳥類は約60〜140つがい/100 haのデータがある（農林水産省畜産局，1997）．また，地上にも地下にも多数の昆虫類や微生物が生息している．野生動物は永く後世に伝えていくべき国民の共有財産であるというワイルドライフマネジメント（野生動物に関する保護管理）の概念を育てることは，現代人として必須の教育となっている．ワイルドライフマネジメントは，科学的な根拠を基に生息地の開発や狩猟など，野生生物の生息に影響を与える人間自身の行為を民主的に管理し，適正な管理をもって保護や共存の実現をはかる一連の作業と定義さ

れる．

　牧場において，ウシ，ウマ，ヤギ，ヒツジ，ウサギとふれあい，搾乳などを体験することは教育効果が大きい．ヨーロッパでは教育ファーム事業が盛んである．フランスには"農業という産業を学ぶ社会教育の場"として位置付けられたファームが1,000カ所以上あり，利用児童数は年間600万人に達している．イギリスでは，"動物とのふれあいを通した情操教育の場"として位置付けられ，約800カ所が教育ファームとして指定されている．畜産について理解してもらうための講義，あるいは体験しながら食の大切さ，命の尊さなどを牧場からのメッセージとして伝えることや，身体障害者が自然を相手に自立した生活ができるような施設と受入れ態勢の整備，労働の厳しさ，生産の喜び，家畜に対する愛情を学び，牧場の美しい緑の空間と自然にふれ親しみ，情操を高めることがうたわれている．わが国においても，1998年に酪農教育ファーム推進委員会が発足し，酪農教育ファームを目指す地域交流牧場連絡会が150牧場以上の参加を得て活動しており，2000年度には30数校の学童に対する体験学習が実施された．また，指導カリキュラムや酪農教育ファーム認証制度を検討中である．

図V-12　八ケ岳教育ファームにおけるイベント風景（岡村ヤスシ氏　撮影）
子供たちの歓声が聞こえてくるようだ．

図V-12は，八ヶ岳での教育ファームにおけるスナップ写真である．

ウマとのふれあいは教育効果が高い．公共牧場の広大な草地や環境では，乗用馬によるホーストレッキングが適している．公共牧場でウマが導入されている牧場は年々増加し，約30％を越えている．北海道鶴居村では，1996年に北海道和種（道産子）による体験ホーストレッキング牧場が村立で開設され，利用者数は順調な伸びを示している．また，乗馬療法はアニマルセラピー（animal assisted seraphy，動物介在療法）の1つである．特に，ウマは表情豊かで愛くるしく，人の心を読み取る能力があり，ウマとのコミュニケーションを通じてメンタル効果や運動機能回復・強化効果があり，しつけや通常の教育ではできない教育効果を生む．動物たちは愛情に満ちた動作を通じて，私たちに世話をする喜びや生活への活気を与えてくれ，クオリティーオブライフの向上に貢献する．

（3）都市環境の改善と教育機能

緑地の教育機能を評価するうえで，森林や農村に加え，都市域に向けられる関心は年々高まっている．このような中で，これからの学校施設のあり方について，学校週5日制時代の公立学校施設に関する調査研究協力者会議報告（1999）は，「近年の地球規模の環境問題に対応するために自然エネルギーの有効活用や省エネ・省資源対策など，環境への負荷の低減に対する教育や実践が求められている．またコミュニティの拠点として，地域の人々の活動拠点となるようなスペースを確保するとともに，生涯学習の養成に対応できる施設として整備する」と指摘している．

そこで，この項ではグランドカバープランツ（地被植物）を使った都市環境の改善を教育機能の面から考えてみる（日本芝草学会，2000）．

a．屋上緑化の効用

日本各地の都市化の進行は人工排熱を増加させ，緑地面積の減少と舗装面の拡大とも相まって，ヒートアイランド現象を引き起こしている．ヒートアイラ

ンド現象は今や大都市特有の問題ではなく，地方都市でも同様の現象が生じている．ヒートアイランド現象の観測事例は，観測条件や場所，方法，時期などによって大きく異なるが，2～4℃程度の上昇が多い．最小では0.5℃（長崎市，旭川市の降雪日），最大8℃（東京都の都心と八王子市）であった．

　柴田敏彦（2000）は都市のヒートアイランド化に対する屋上緑化の効果について，次のようにまとめている．試算によれば，樹高4mの樹木は5～6本で大人1人が1年に排出する二酸化炭素を吸収し，木1本で自動車432km走行分のNO_xを吸収する．もし，東京23区内の全陸屋根面積の86%を緑化した場合，最高気温が0.2～1.4℃低下する（夏の最高気温時に1℃上昇すると，日本全体の電力使用量は400万kW増大する）．屋上緑化の効用は気温だけでなく，大気浄化や保水機能増大，生物の生育環境の確保などもある．（財）東京都公園協会は，学校，病院，企業などが屋上緑化を行う場合，工事費の1/2を600万円を上限として助成している．大阪市や仙台市でも似たような制度を設けて，緑化を推進している．都市における植物による環境緩和作用は，屋上緑化だけではない．建物の壁面緑化によっても同等の効果が得られ，都市環境の緩衝効果が期待されている．

b．校庭の芝生化

　今の子供たちはパソコンゲームの普及や塾通いなどで，戸外で遊ぶ機会が減っている．文部科学省は，子供達の豊かな心を育む観点から，校舎の木材活用や校庭の緑化などを行うことによって，コンクリートに囲まれた殺伐とした雰囲気を改善し，暖かみと潤いのある環境づくりを目指している（後藤　勝，2000）．これによって，自然の中で遊ぶ機会が少なくなっている子供に対し，自然に直接接するチャンスを与えることができ，さらに周辺地域の環境保全や景観構成などにも影響を与える効果があることから，子供や学校を取り巻く人々の意識を高めるうえで重要な役割を果たすと考えられる．このような背景から文部科学省は経済産業省との協力のもと，環境配慮型学校施設(エコスクール)の整備推進をはかっている．太陽光発電設備や雨水の利用などとともに，屋外

運動場の芝生化もこの一環と捉えられている．

　学校の屋外運動場の芝生化は，景観上や環境負荷低減などの効果に加え，子供の環境教育の生きた教材として活用できるという利点がある．学校施設は放課後や休日などにおいて，PTAのみならず，地域の人々などのスポーツ活動や交流などの場としても利用されるので，学校や地域社会における活動の活発化を促す効果もある．芝生化による具体的な教育上の効果としては，教育・体育活動，環境・体験教育の教材としての活用などがあり，環境保全上の効果としては砂塵飛散の防止，土砂流失やぬかるみの防止，微気候調節の効果などが予想される．実際に，神戸市では"21世紀・復興記念事業"の一環として，"小学校の校庭を緑いっぱいの芝生に"という活動が2000年から始まった(遠藤隆幸，2000)．この事業は，個人や企業のボランティアなどからなる市民グループによって運営されている．芝生の校庭植栽の基本コンセプトは，耐踏圧，耐暑性，繁殖力などに注目したうえ，維持管理が容易で除草などに農薬を使用しないことを原則としている．芝生の校庭が子供の遊び場という役割だけでなく，地域コミュニティの中心になることを望んでいる．芝生を植えたり，使ったり，世話をしながら地域の大人と子供の間に知恵や楽しさや支え合いなどが互いにフィードバックしあうことを将来の姿として期待している．

3．生物多様性とビオトープ

　緑地の持つ重要な機能の1つとして，生物多様性の保全が注目されている．この機能を具体的に発揮させる活動として，ビオトープ(biotope)づくりが全国各地で進められている．ビオトープの特徴として，生態系の理解や，人と自然のかかわりあいへの洞察力の育成に加え，ビオトープづくりを通じて地域社会の形成などの波及効果も期待されている．そこで，この項では，生物の多様性保全という環境教育を軸に，最近各地で展開されている"学校ビオトープ"や"田んぼの学校"について考えてみたい．

　生物の多様性は，必ずしも原生の自然によって維持されているわけではない．

われわれの身の回りの農山漁村には，生物の多様性を支えている多くの人工の自然が存在する．例えば，休耕田，里山，ため池などである．そこに棲む生物を知り，保全を考え，そのために活動すること自体が教育である．

地球環境の問題にしても，ある日突然現れるのではなく，地域におけるさまざまな物質循環の過不足や自然環境の破壊に端を発している場合が多い．生物多様性の保全も，人と自然のかかわりあいを問い直す課題として考えたい．

(1) 地球環境問題と生物多様性

環境庁の調べによると，日本では野生の生き物のうち，哺乳類は203種のうち72種，鳥類は704種のうち121種，爬虫類は97種のうち19種が絶滅の危機に瀕している．また，植物7,087種のうち1,872種が絶滅危惧種 (endangered species) に指定され，29種はすでに絶滅したとされている．地球上全体でみると，毎年4万種もの生き物が消滅しているという報告もある（環境庁, 1999）．このほか，温暖化やオゾン層破壊，酸性雨，沙漠化，森林破壊などといった地球規模環境の悪化は，人類がこれまで地球に与えてきた負荷やつけが，今そっくり戻ってきている状況を示しており，これからの人間の生き方さえも問われる時代になっている．

地球環境問題を深く問い詰めていくと，それは地球における土地利用や物質循環の滞りや過剰，あるいは個人のエネルギー消費のあり方などに帰結する．しかし，こういった問題は知育偏重の詰込み教育では解決する能力を持つ子供は育たない．

なぜ，多くの生き物が生きていける環境が人間にとっても必要なのか．そこから自らの答えを見出し，どうすればそれが自らの手で実現できるかを考えるうえで，学校ビオトープという方法が有効である．すでに，アメリカ・フロリダ州やドイツでは，政府や州レベルで生き物空間を保全し，また失われた環境を修復する事業に取り組んでいる．

土地を確保するということについて，行政は大きな力を持っているが，その空間を作り，維持し，使用するうえでは，住民や学校が主体性を持つべきであ

ろう．

　日本における学校ビオトープへの取組みは，1980 年代後半からの民間の環境 NGO（非政府組織）である（財）埼玉県生態系保護協会が発端となり，この活動を受けて，90 年代に地方自治体や官庁に大きく広まった．一方，減反政策の強化に伴い全国的に休耕田が増えている．これを利用した休耕田ビオトープ"田んぼの学校"も，都市と農村を結ぶエコミュージアムとして機能を発揮することが期待されている．

（2）学校ビオトープ

　学校ビオトープとは，①子供たちが生物多様性を含めた自然の仕組みの重要性を理解し，②日常の生活の中で地域が抱える問題を発見し，解決に向けて自ら行動することを可能にする教材である．③ビオトープの設計からつくり育てる作業まで，地域住民と学校がかかわる機会を提供することから，地域と学校をつなぐといったことも期待できる．学校ビオトープの特徴を日本生態系協会（2000）のまとめに沿って，もう少し詳しく述べてみたい．

　学校ビオトープの最も優れた点は，①子供たちが工夫を凝らすことで，自然生態系の営みをある程度再現できる点である．子供たちは毎日これを体験できる．このことが，環境問題を自ら解決できる人材を育てるうえで大きな意味を持つ．②学校ビオトープは，"人間はどのように自然とかかわるべきか"という大命題と直接的にかかわることなので，教科を縦断した総合的な判断力や実行力を培うことになる（図Ⅴ-13）．また，自然の変化を通して感性を磨き，観察力や創造力を養うことになる．③学校ビオトープは大規模な自然の仕組みを知るモデル教材となる．さらに，学校ビオトープを持続的に維持させることによって，地球の共有財産である自然を存続させたり，未来の地域環境を設計する力を養うことができる．④今，地域社会と学校との乖離が大きいことにより，陰湿ないじめや多くの非行問題が生じている．学校ビオトープは設計段階から環境 NGO や地域住民の協力を得て進められるため，地域コミュニティ問題に多くの影響を与える．さらに，地域住民の環境問題に対する意識の高まりも期待

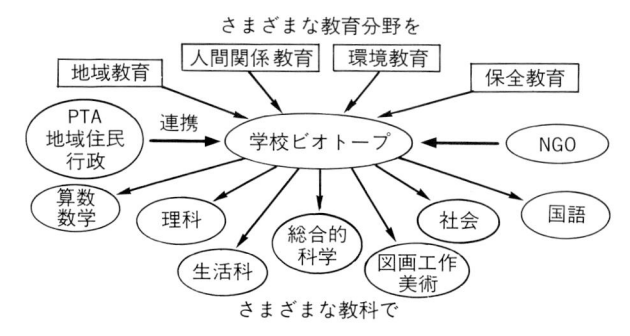

図V-13　学校ビオトープにかかわるさまざまな教科（財団法人　日本生態系協会，2000）

できる．

(3) 休耕田ビオトープを用いた環境教育

　1970年代に始まった米の生産調整，すなわち減反政策の実施に伴い，2000年には水田の約1/3が休耕田となっている．これと同時に，耕作放棄地も増加の一途を辿り，1980年代中葉に9万ha程度だったものが，土地持ち非農家分を加えると1995年には実質24万haに達した．これらの多くが，耕作条件の悪い中山間地に集中している．特に，大型機械が入らない湿田は放棄されるケースが多かった．その結果，メダカやタガメなど，かつての湿田ではごく当たり前に生息していた生き物が，今や絶滅の恐れがある生物に指定されている（守山弘，2000）．このほか，耕作放棄や休耕に伴い，水田が本来備えている水資源涵養や土砂流失防止などを含む環境保全機能の低下が懸念されている（大黒俊哉，2000）．

　このような休耕田，放棄水田が環境に対して悪影響を及ぼすというマイナス面だけでなく，貴重な動植物の生育地として機能しているという報告も，最近目立つようになった．角野康郎（1998）によれば，福井県の中池見湿地では絶滅危惧類のイトトリゲモをはじめ，ミズニラ，デンジソウ，サンショウモ，ヒメビシなど，環境庁『レッドリスト』記載種の生育が確認されている．中池見

湿地は，現行水田と休耕田，ヨシ原，用水路などがモザイク状に入り組んでいるため，失われつつある水生・湿性植物の避難場所（レフュージア）になっているという(大黒俊哉，2000)．このような休耕田の機能を積極的に引き出して，休耕田ビオトープをつくる気運も全国的に広まっている．高知県中村市や埼玉県寄居町にあるトンボの公園は，市民によるビオトープづくりの先駆けとして知られているが，これらはもともと休耕田を利用して造成されたものである．

休耕田や放棄水田の生物多様性は，ただ放置しておけば維持されるというものではない．大黒（2000）は減反による休耕地面積の拡大という実態と，それに伴う水田生態系における生産機能や環境保全機能の低下，さらには生物多様性の貧化などを回避するために，ローテーション管理方式を提案している．一言でいえば，休耕田のローテーションである（図V-14）．この方式は，稀少植物（scare plants）が自生する休耕田でも，あえて固定化せず，一定の間隔で水田に戻すことにより生産機能を回復させる．一定期間ののちに再び休耕田に戻すことにより，水田土壌中にあった稀少植物（例えばタコノアシ）の種子が発芽，生長し，タコノアシ自生地に復元するというものである．初期の休耕田を好む植物は，長年の休耕によってススキなどの大型植物に遷移が進行した場所

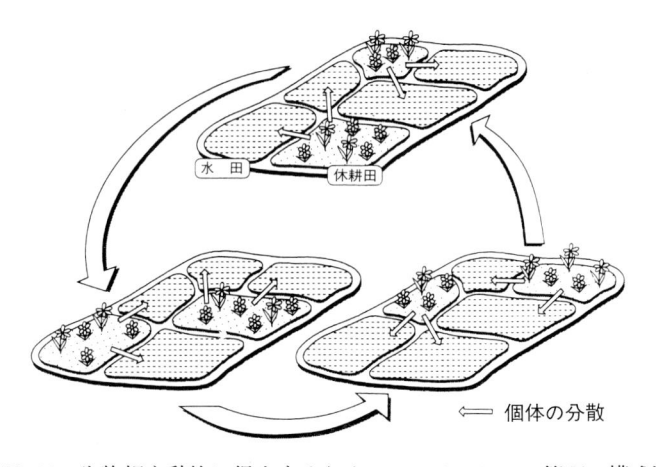

図V-14　生物相を動的に保全するためのローテーション管理の模式図
（大黒俊哉，2000）

には住めないので，このようなローテーションが有効となる．こうした管理を行えば，常に地区内のどこかに稀少植物のハビタット (habitat) が出現するとともに，休耕田の管理もなされ，さらに水田耕作も継続される．ただし，単一の圃場で水田耕作を続けた場合に比べて，労力，費用ともにより大きな負担がかかることが予想される．こうした費用を誰が負担していくのか．この問題はとりもなおさず，農村における生物多様性保全の意義をどのように考えるかという問いかけにほかならないと大黒は述べている (2000)．

1998 年に国土庁は"地域活性化推進費"を提案し，予算化が認められた．その中で農水省構造改善局は，"教育的機能を高める農業農村整備研究会"（通称田んぼの学校）を設置した．

守山らが都市と農村を結ぶエコミュージアム活動の一環として行っている"田んぼの学校"について，活動報告 (2000) に基づいて以下に紹介する．

(4) 田んぼの学校づくり

"田んぼの学校"は，東京都葛飾区と茨城県谷和原村を結んで開催されている．谷和原村の"学校"は古瀬という場所にある．小貝川の旧河道で江戸時代に本流から切り離され，その後，中央部を残して埋め立てられて水田となったが，水位調節が難しいために 1970 年代以降は放棄されてしまった．その後，古瀬の土手には部分的にはエノキ-ムクノキ林が発達し，土手の水際にはアカメヤナギやハンノキが生えている場所もあるが，土手全体がメダケやアズマネザサの密な薮で覆われていた．

1998 年から古瀬の土手のササ薮を刈り払い，ヤマザクラやクヌギを植栽した．さらに 1999 年 4 月には，この川で昔ながらの魚取りなどの遊びができるようにしようと，重機を使って河道を掘削し，長さ 1 km にわたって古瀬を復元した．その結果，水田には小貝川から，多くのコイやフナが産卵に入ってきた．ゴイサギも近くの樹林に棲みつき，そこに繁殖コロニーを形成した．また，かつては東関東の低地に広く普及していた古いもち米の品種であるタロベエモチを復活させた．長桿種のため，倒伏しやすく，機械化が進んでからは敬遠されて

いた品種である．この頃を契機に，住民は"古瀬の自然と文化を守る会"を結成して，地域での活動のほか，葛飾区の"学校"に出かけて農業指導もするようになった．

一方，葛飾区側では曳船川親水公園に造成した水田にタロベエモチの苗を持ち込み，葛飾区の子供たちに田植えを体験させた．10月にはイネ刈りとハザ掛けを行い，11月に収穫祭を行った．その際，谷和原村から脱穀機やトウミなどの古い農具を持ち込んで実演した．収穫祭には谷和原村古瀬で収穫したもち米60 kgも加えて餅つきを行ったが，これには400人もの参加者があったと報告している．この活動の目的の第1は，谷和原村に1965年（昭和40年）代まで残されていた自然環境と文化を古瀬に復元し，エコミュージアムとして後世に伝えることである．そして，第2の目的は東京都葛飾区と連携し，1955年（昭和30年）代の葛西地方の農村の姿を都市住民に体験学習してもらうことである．これは，古瀬と葛西地方が自然地理の上からも，文化地理の上からも連続した土地上にあるために実現できることである．

"田んぼの学校"では表V-2に示すようなカリキュラムを作り，年間スケジュールをたて，"学校"を進めることにした．まだ調査が終わっていないことが多いので，毎月の行事のあとにリーフレットを作り，これを束ねて教科書を作る予定である．

守山らは，"田んぼの学校"をエコミュージアムづくりの活動の一環と捉えている．田んぼの学校を通して人と生物が末永く共存できる方向を学んでいくと，その学習の場はエコミュージアムになっていくはずである．その理由として，①伝統的生物相の復元は，その生育環境としての農村環境の復元を伴い，②技術体系の復元は技術を成立させている環境の復元をも伴い，③集落を成立させている人々の関係（地域社会）の復元にもつながるからである．

表Ⅴ-2　田んぼの学校の年間カリキュラム案

4月	苗代（保温折衷苗代）[1]	
	イネの一生，苗代の準備，種籾の準備，種播きなどの学習	
5月	田植え時期の田んぼで生活する生き物[2]	
	育苗箱で作った中苗を植える田植えの学習	
	水路の魚，田んぼのシギ・チドリ類，土手や田んぼの植物などの観察	
6月	田植え[1]	
	保温折衷苗代で作った成苗を植える伝統的な田植えの学習	
7月	初夏の田んぼで生活する生き物（昼と夜の違い）[2]	
	ゴイサギ，田んぼや水路の生き物，樹液（クヌギ）に集まる昆虫などの観察	
	ビニールハウスで星空をみながら寝る体験，蚊帳を吊って寝る体験	
8月	イネの穂の観察とかかし作り[1]	
	イネの花の構造の学習	
9月	イネ刈りと小貝川の灯籠流し[2]	
	谷和原村の伝統的文化行事の学習，古瀬の田んぼのイネ刈り	
	イネ刈り[1]	
	鋸鎌を使ったイネ刈りと，のろしによるハザ掛けの学習	
10月	クミッケと芋煮会[2]	
	水路の魚の伝統的漁法の学習，秋の野鳥や植物などの学習	
11月	収穫祭[1]	
	伝統的農具を使っての脱穀，籾摺，風選，精米，餅つきなどの学習	
12月	わら細工，しめ縄作り[1]	
	わら細工，しめ縄作りの学習	
1月	集落の森や林[2]	
	集落の森（屋敷林）と林（古瀬の土手の林）の樹木，冬の野鳥の観察	

[1]は葛飾区郷土と天文の博物館とその前の田んぼ，[2]は谷和原村古瀬での学習を表す．また，学習は原則月1回（半日〜1日）で，9月は2回，7月は宿泊学習（1泊2日）とした．（守山　弘，2000）

4．緑地の防災機能

(1) 緑地の防災機能の考え方

　緑地の防災機能は，人間生活に害をもたらすような非生物的環境要因（外力要因）に対して，緑地がその環境を緩和，緩衝する機能である．この環境緩和の機能は，生物集団としての緑地の健全な生命活動に基づく機能である．この機能は生物集団としての緑地，つまり緑地生態系の環境にかかわる作用，①環境作用，および②環境形成作用によって，生態系が成立することが基本である．環境作用とは，非生物的環境が生物に働きかける作用で，環境形成作用とは，そ

の緑地によって緑地内部あるいは周辺部，背後地の環境が緩和される作用，つまり環境をかえる作用である．

また，落石防止，防火，大気浄化機能のように，緑地が非生物的環境要因(外力要因)によって，損傷や障害あるいは破壊を受けることで，災害を与える外力を緩和するものまで含めて防災機能とすることは，緑地保全という意味では問題がある．そこで，防災緑地として機能させるに当たっては，あくまでも一時的，局所的な機能として，修復，回復による維持・保全管理を前提とする必要がある．緑地における最も基本的な防災機能は水土保全機能である．この機能の基盤は土壌層にあり，これを保全し，物質循環系を維持しているのが緑地である．この水土保全機能に基づく林地の環境保全機能については，Ⅳ章で述べられているので，水土保全機能以外の直接生活にかかわる防災機能について述べる．最も重要なことは，個々の防災機能が独立にあるわけではなく，緑地として複合的で総合的な機能であり，1つの機能が低いから，あるいは制限的であるからという理由で，緑地を単一の代替防災構造物に置きかえるということは，慎重でなければならない．また，完全な森林生態系（自然物質循環系）が維持されている緑地（森林）では，総合的な防災機能も維持されている．しかし，特定の防災機能を目的として人工的に造成される樹林緑地（例えば，公園緑地，道路緑地など）は，人間の手で維持管理を行わねばならない．

(2) 大気環境保全機能

a．気象緩和機能

緑地植物は，光合成に伴う蒸散作用によって，90％以上の太陽エネルギーを水の気化熱（潜熱）に変換し，気温の上昇を防いでいる．そのため，緑地のない都市域では，地表面への日射による貯熱と人工廃熱の貯熱によってヒートアイランド（熱の島）が出現する．図Ⅴ-15に，都市化による緑地などの空間の面積率の減少と都市内外の最大気温差の関係を示す．これによると，緑地，畑地，水面空間の面積率が20％以下に減少すると，都市内外の気温較差が急激に増大する．特に，都市化による緑地の減少は，気象条件を著しく悪化させる．緑地

の規模が大きければ，周辺に及ぼす範囲は広がるが，緑地幅が400 m以上になると影響範囲の増加はそれほど大きくならない．そこで，大規模な緑地を多数配置することは望ましいに違いないが，緑地面積を自由に確保できない状況では，中小規模の緑地を効果的に配置する方が気象緩和には有効である．気温と湿度によって人間の気象環境を表す不快指数があるが，観測によると緑地によって不快指数の緩和効果が認められている．

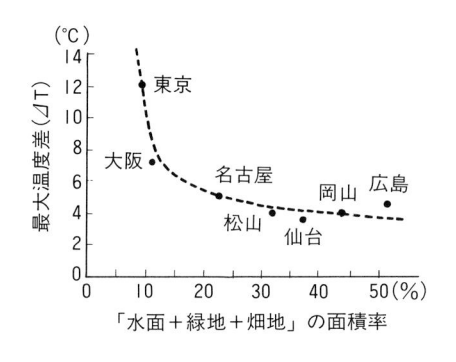

図V-15 都市内外の最大気温差とランドサット画像解析による土地利用面積率（水面＋緑地＋畑地）との関係（福岡義隆，1983より）

b．大気浄化機能

　大気汚染は，化石燃料を起源とする硫黄酸化物，窒素酸化物，炭化水素，あるいは工場からの粉塵などの汚染物質（1次汚染物質）が大気中に増加することである．これらは，2次汚染として，光化学反応によるオキシダント，あるいは降雨に含まれて酸性雨（pH 5.6以下）となる．樹木は，枝葉，樹幹の表面に汚染物質を付着させ，気孔からガス状の汚染物質を吸収すること（これらを沈着という場合がある）によって大気浄化を行う．しかし，汚染物質は，樹木にとっても有害であり，しばしば生育被害（衰退，年輪変化など）を起こし，汚染環境指標として評価されることがある．

　図V-16に，東京都心部（明治神宮，有栖川公園）と郊外（平林寺）の樹林地におけるケヤキの被害度と林内距離との関係を示す．ケヤキは大気汚染に弱く，被害は大気汚染によるものであり，都心部では，林縁から80 mまでが被害を受けており，その被害の程度は，規模の小さい有栖川公園（林帯幅100 m）が大き

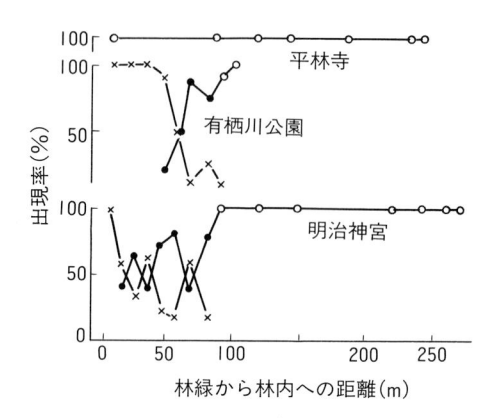

図V-16　ケヤキの被害度と林内距離の関係
×：被害度3～5，○：被害度1～2，●：被害度2．

いことがわかる．

　大気浄化機能を維持するには，汚染物質に対する耐性と吸着性の大きい樹種で構成し，林縁帯の幅として30 m～80 m程度が必要とされる．

(3) 風速減少・緩和機能

　風の流れが樹林緑地帯につき当たると，樹林帯が障害物となって，流れが乱され風速が弱められる．植物体の抵抗による減速効果は，枝葉，樹幹などによる抗力係数と遮蔽係数と風速の2乗とに比例して減速する（☞ III章4.「緑地の気象環境評価」）．このような樹林緑地帯の風速の減少・緩和機能を効果的に利用して，風害，塩害，ふぶき，飛砂による災害を防止している．

a. 防風機能

　林帯の風に対する遮蔽の程度（密閉度）によって，防風の効果は大きく異なる．図V-17は，各種の密閉度を持つ林帯の防風効果を，地上1.4 mの風速の変化として示したものである．密閉度の増加とともに風速の低下も大きくなるが，その影響範囲は短くなる．これらの結果から最適な密閉度は60％前後で，その影響範囲は，風上で樹林帯高の5倍，風下で15～20倍程度とされている．

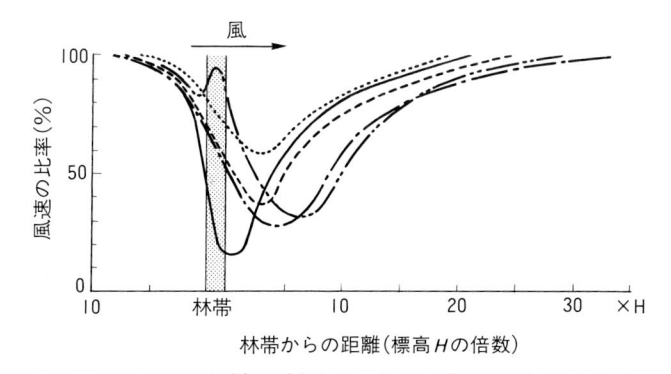

図V-17 各種の通風度（密閉度）を持つ林帯の防風作用（樫山徳治，1967）

—・— 通風度中庸の林，——— 過密な林，——— 疎な林，—‥— 上層が密で下層が疎な林，……… 落葉した林．

海岸防風林（seaside windbreak forest）では，風速の減少緩和の機能とともに枝葉，樹幹による塩分捕捉による塩害の防止・軽減機能として重要である．塩分粒子は，防風林帯で捕捉され，一定の捕捉効果範囲の後方では，自然落下などによる減少の過程をたどる．林帯幅70m程度で塩分捕捉率90％以上となっている．海岸では，風の前面からマント植生，ソデ植生，林縁木，森林と前面に風衝帯を形成して成林している．このような十分に発達した風衝林形を開発行為などで乱すと，全体の林形が乱され被害や衰退が起こる場合がある．また，住居を樹木で取り囲んだ"屋敷林"として，暴風雨や強い季節風などから住居環境を保全する防風林も造成されている．

b．防雪機能（ふぶき防止機能）

"ふぶき（blowing snow）"は，降ってくる雪や強い風で地表に積もった雪が舞い上がって移動する現象で，視程障害や吹き溜まりによる施設，住居の埋没をする．そのため，施設の周辺の防雪林で風速を減少させ，林の周辺に吹溜りを形成させ，後方への雪の移動，および後方での"ふぶき"の発生を防止する．防止効果は，林帯幅は10～40mで，樹林緑地の更新を考慮してその2倍が必要で，樹高の10倍程度の影響範囲があるとされている．

c. 飛砂防止機能

飛砂 (blowing sand) は，砂の移動堆積によって居住施設，交通施設，田畑，河口部などが埋没する災害がある．飛砂防備林には，①砂面の粗度を大きくして限界摩擦速度[注]以下の風速にすることにより，飛砂発生を防止する，②林帯前面部で侵入した砂を堆積させて，後方への移動を防止する，③砂表面を林床植生，落葉などで被覆して，砂地を固定する機能などがある．林帯と風速減少の観測例を図V-18に示すが，前面林縁部での風速の急激な減少がみられる．

注）風が砂面に吹くとき，砂面にはせん断応力 (τ_0) が風向きと反対方向に働き，逆に風は，

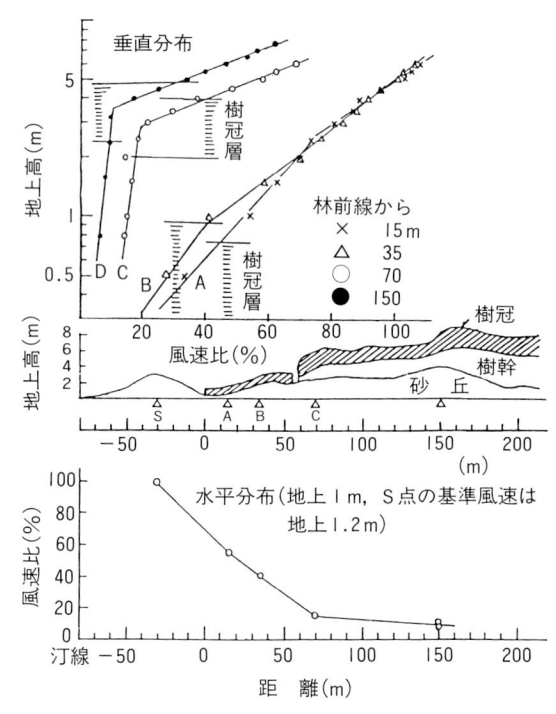

図V-18 茨城県東海村の飛砂防備林内の風速 (松岡広雄ら，1987より作成)

砂面に対してτ_0の力を風向きの方向に及ぼす．$\sqrt{\tau_0/\rho}$（ρ：空気の密度）を摩擦速度と定義し，砂粒子が動き始めるときの摩擦速度を限界摩擦速度という．

（4）大気水分捕捉機能（防霧機能）

霧は地表面に接して浮遊している微細な水滴（20～50 μm 以下）で，視程が 1 km 未満の状態とされている．この視程障害によって，海上，陸上，航空などの交通障害，農作物の日照不足，低温による生育障害を起こす．これらの霧に対する防霧林の機能は，①霧粒の自然落下空間帯としての降霧効果，②気温，葉温によって霧が蒸発する温度効果，③枝葉に付着して捕捉される効果，④空気の乱流によって温度効果と捕捉効果を促進させる乱流効果がある．

また，林帯後方では樹高の 10～20 倍の影響が認められ，林帯幅は 10～20 m で，林帯間隔は樹高の 10 倍程度が適当とされている．林帯幅に対して霧の消散は，指数関数的に減少し，ある一定値に近づくので，長い林帯による効果は，それほど大きくならない．

（5）森林の防護柵的機能

樹林緑地の地上部は枝葉と樹幹からなるが，これらの地上部を支える根系が地下部にある．この根系によって支えられた地上部は，単木で杭の役割を果たし，集団的には柵の機能を発揮する．この樹木（立木）の杭的あるいは柵的機能によって，落石，雪崩，土石流，津波，洪水などの衝撃力や流体力(外力)に抵抗して，そのエネルギーを減殺あるいは緩和する．このエネルギーの減殺，緩和効果は，外力の性質（運動エネルギー，作用点，時間変化など）と樹木の抵抗力の特性（材質強度，根系強度など）の関係で大きく異なる．樹幹の防護柵的機能は，外力の運動特性と樹木の生物的抵抗特性に対応して評価する必要がある．

a．防潮機能

防潮林（tide-water control fence）の高波に対する機能と効果は，①高波の

流体力を樹幹の摩擦抵抗で減少させ，速度とエネルギーを低下させる，②跳波による破壊を軽減防止する，③漂流物をせき止め，侵入を防止する，④砂丘の破壊や移動を防止し，高波の越波を防止あるいは軽減するなどである．

防潮林への津波 (tsunami) の侵入の調査事例を図V-19に示す．前砂丘を破壊し，幼齢林を倒壊させているが，150 m 程度の林帯で建物被害が防止されている．また，林帯では，高波で運搬されてくる漂流物の移動阻止機能が大きい．多くの調査事例から，防潮機能は林帯幅30〜40 m 程度で効果があるが，大津波を考えれば70 m 程度が必要とされる．

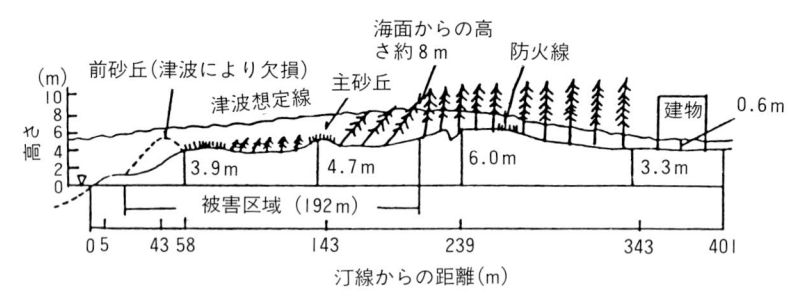

図V-19 能代市大開防湖林における日本海中部地震のときの津波の侵入（月舘　健，1984より作成）

b．水害防備機能

水害防備林 (flood damage prevention forest) は，洪水災害を防止，軽減させる機能を持ち，①ろ過・ふるい分け作用および減勢作用，②侵食と決壊防止作用，③流路を固定する作用の3つの作用がある．

これらの水害防備林の機能，効果の例を図V-20に示す．洪水時に濁流が侵入し，浸水の深さは3mに及び林内に土砂などを沈積したが，水当たりの強い一部分にわずかな倒竹をみている．図V-20には，樹林帯の水制作用によって，上流から下流に向かって石礫から粘土，河岸林縁から土堤防に向かって，石礫から粘土と順次，大礫径から小さい径へ堆積していることが示されている．現在では，谷底平野の小規模農地利用地，大河川の高水敷での農地利用地で水害防

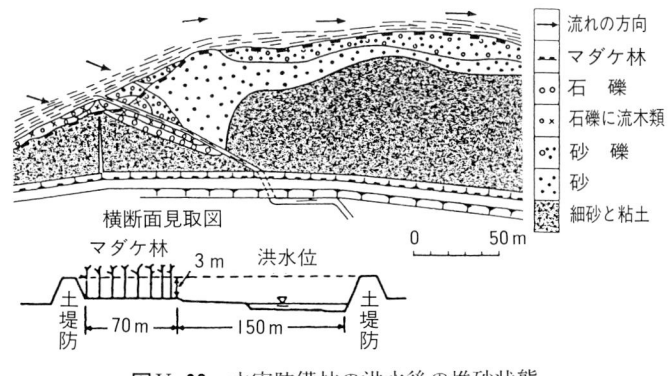

図V-20 水害防備林の洪水後の堆砂状態

備林が残っている．

また，最近では，自然植生水路の見直しなどから，洪水の植生水路上での横断方向での流速，水深の変化などの流れの挙動について，水平せん断流として実験的，数値解析的研究が進められている．

c．土石流抑止機能

扇状地，山間地渓流の樹林帯は，河岸や河川敷の横侵食や縦侵食を防止し，渓流から流出しようとする土石を止め，土石流の発生を抑止したり，土石流の方向転換や土石流の巨岩を止めて，渓流の荒廃を防止する．土石流氾濫域の樹木集団（土石流緩衝林，buffer forest of debris flow）は，土石流のエネルギーを減殺し，流木を林縁木でせき止める．また，林縁部から遠ざかるにつれて，林内の堆積砂礫径は急激に小さくなる．林内 10 m 程度で急激に礫径が減少する．

例えば，富士山の大沢扇状地および栃木県渡良瀬川上流の大畑沢では，土石流緩衝林を"緑の砂防ゾーン（sabo-zone of green belt）"として整備している．

d．なだれ防止機能

森林のなだれ防止機能には，なだれの発生を防止する機能と流下するなだれ

の防御とエネルギーの減殺機能がある．なだれ発生は，境界面における積雪重量の斜面方向の分力（せん断力）がせん断抵抗力より大きくなった場合に発生する．このせん断抵抗力には，樹幹の杭作用が大きな働きをする．なだれの境界層が地面の場合は全層なだれで，積雪層内であれば表層なだれとなる．また，森林は吹き溜まりを防止して，積雪の不均等な重量によって起こるなだれの発生を防止する．大面積での発生の予防対策を低コストで行うには，なだれ防止林（avalanche prevention forest）の造成が最も有効である．

e．落石防止機能

落石の形態には，地質とその構造や風化の程度の差異によって，抜け落ち型（転石型）と剥離型（浮き石型）に分類される．落石は，地形，地質を素因として，降雨，凍結融解，積雪，強風，地震などの誘因によって，岩石の支持力が失われて発生する．運動形態は，すべり，回転，飛跳の運動の単独，あるいは複合した形態をとる．

樹林の落石防止機能には，発生の防止機能と落石運動の抑止機能がある．樹林による落石発生の防止は，落石の誘因に対する防御機能と考えられ，樹幹，根系による岩石基部の侵食の防止，根系による表土層の緊縛，気象緩和による凍結融解の緩和，強風の緩和，積雪移動に伴う岩石移動の防止などによるものである．

落石抑止機能は，樹林地斜面土層でのすべりや回転運動に対する摩擦抵抗，飛跳落下運動の衝撃力の吸収などで落石運動のエネルギーが減殺されることによる．さらに，直接的には，落石の立木への衝突による衝撃吸収がある．

（6）樹冠部の障壁的機能

樹冠部の障壁的機能（防火保安林，防音林）とは，火災，騒音などの外力を樹冠部で遮断して，林帯後方への外力の伝達を防ぐ作用である．遮断には，樹木の物理性，化学性，生理的特性が関与している．

Ⅴ. 生活と緑地

a. 防　火　機　能

防火保安林（fire prevention forest）の防火機能は，火災の延焼，拡大を防ぐ働きである．林野火災では，森林や樹木は可燃物として取り扱われるが，これは森林の乾燥が進み，樹木の含水率が低下した場合である．日本の林野火災は，春先の乾燥期に集中して多発する．通常は，森林，樹木とも多量の水分を保持しており，防火機能がある．

樹林緑地の防火機能は，①水分による昇温防止の作用，②輻射熱の遮断作用，熱気流の上方への拡散作用，③飛び火の捕捉消火作用などによるものである．

昇温防止作用は樹木の耐火性と考えられ，輻射熱の遮断や飛び火捕捉などは延焼遮断の防火性と考えられる．樹木の耐火性は，火災による加熱が枝葉，幹からの水分蒸発熱に使用され，温度上昇が抑えられることで生じる．耐火力について，加熱炉での葉の発火試験をもとに，樹種別にランクが与えられている．

延焼防止は，耐火力を持った樹木が輻射熱を遮熱し，後方の温度上昇を抑制し，飛び火などでの延焼伝達を防止する機能である．樹冠の前後で熱遮断が大きく，樹冠直後では，後方気温とほぼ同程度となる遮蔽効果がある．

b. 防　音　機　能

防音林（noise protection forest）の防音機能は，音が林帯を通過するときに減衰する機能で，吸収，反射，屈折，回折，地表面反射・擦過吸収の機構による．吸収は，枝葉が多孔質材料と同じ役割を果たし，音のエネルギーを摩擦などの抵抗損失として吸収する．反射は，音を枝葉によって乱反射（散乱）する．林帯での減衰効果は，音の自然減衰量との差，つまり，強制減衰量（以下単に減衰量という）として評価される．

樹種によって減衰量は異なる．広葉樹は減衰量が大きく，高周波域での減衰量が大きいことがわかる．表Ⅴ-3に音の波長と葉の形態との関係を示す．表Ⅴ-3に示すように，周波数に対応する葉の幅があり，高周波域では幅の狭い針葉樹の反射効果は顕著でないとされている．騒音は林帯の幅に比例して減衰する

表 V-3 音の波長と樹葉の形態との関係

周波数（Hz）	波長（cm）	対応する樹種数	葉長ではなく葉幅
1,000 Hz 以下	34 cm 以上	ほとんどなし	：ヤツデ，草本類ではフキ，ハスなど
～2,000	17.2～	非常に少ない	：ホオノキ，プラタナス
～4,000	8.6～	少ない	：タイサンボク，ユリノキ，コブシ，トチノキ
～8,000	4.3～	多い	：トウネズミモチ，ツバキ，サンゴジュ，サクラ，ケヤキ
8,000 Hz 以上	4.3 以下	非常に多い	：ヤサキ，ネズミモチ，サザンカ，ツツジ

ので，適正な林帯幅は，その減衰量の関係式から求めることができる．

　風による葉擦れの音を騒音のマスキング（masking；快適音を騒音にかぶせること）に利用するには，高周波域で，騒音レベルの低いところで可能である．

　樹林緑地の防災機能として，災害を及ぼす外力の特性と樹林緑地の抵抗力との関係で，その機能の効果とその特性を述べた．外力としては，大気（運動量と大気の質），水分，土砂石礫，熱，騒音など，人間を取り巻くすべての環境要因であり，それに対する環境の緩和，保全など樹林緑地は多くの外力に適応し，抵抗しながら生命活動を行い，環境を形成していることを十分認識することが大切である．また，もともと人間は森林緑地環境で生活してきたので，森林緑地が人間にとって本来的に良好な環境であるということを理解しておく必要がある．

VI. 緑地環境の創出と保全

1. 牧草地の造成と管理

(1) 草食家畜の飼草－牧草－

　草本類植物のうち，ウシ，ウマ，ヒツジなど草食家畜の餌になる草を飼草 (forage, herbage) と呼ぶ．古くから牧畜を農業の柱としてきた欧米では，飼草は野草 (native plant) の中で家畜が食べることのできる草として重視されてきた．そして，数ある野草の中から飼草価値の高い草を選抜，淘汰，育種してできたのが牧草 (grass, pasture plant) である．したがって，欧米では野草，牧草の区別よりも家畜の餌になる飼草なのか，そうでない草＝雑草 (weed) なのかが問題とされる．

　耕種農業のわが国では，田や畑に侵入する野草はすべて雑草と呼び邪魔者扱

写真：ニュージーランドの蹄耕法による放牧地（写真提供：小林裕志）

いしてきた歴史があり，野草と雑草の区別は不明瞭である．また，わが国での牧草は，家畜の飼草として導入された外来草がほとんどであるため，在来種である野草との区別は明確である．

(2) 牧草の特徴

牧畜の長い伝統の中で野草から選抜，育種されて成立した牧草には，共通の特徴がある．

①多年生であること…放牧や刈取りを繰り返す牧草地では，導入草種が1年生では栽培がたいへんなので，一度播種されたら永年的に生育が持続する多年生のものが多い．

②再生力が強いこと…放牧中の家畜は，草を食いちぎり，踏み付け，糞尿を垂れ流すなどの生物圧 (biotic stress) を草に与える．これらの生物圧に抵抗して再生できる牧草は，次のような要件を備えている．

・再生組織である生長点（再生原基）や分げつ原基が，地表すれすれの低い位置にある．

・茎基部や地下部が発達し，再生のための貯蔵養分を貯えている．

・地下茎，ほふく茎が発達している種が多い．

③生産量が多くて飼料価値も高いこと…家畜の餌として嗜好性が高く，栄養価も高い茎葉部がたくさん生産される．

a．温度，日長に対する反応

温度，日長に対応する反応については，III章1.「草本緑地植物の種類と生態」に詳しく述べたが，牧草は温度や日長に対する反応の違いによって，寒地型牧草と暖地型牧草に大別される．わが国の気候では圧倒的に寒地型が導入されているが，寒地型牧草は0℃以上で発芽を始め，5℃でも生長できるけれども25℃を越えると生育停止（夏枯れ現象）を起こす．さらに，寒地型イネ科牧草の多くは春期に出穂するが，これは光周性が長日性のため，長日条件の春季に節間伸長して出穂するからである．寒地型イネ科牧草のこの時期の生理的反応をス

プリングフラッシュ（spring flush）と呼んでいる．一方，暖地型牧草は，10℃にならないと発芽生長はしないが35℃でも生長が衰えない温度反応，夏から秋にかけて出穂するといった日長反応をみせる短日性ないし中性である．わが国で一般的に栽培されている寒地・暖地型牧草を表III-3および4に示した．

b．イネ科牧草，マメ科牧草

　イネ科牧草とマメ科牧草では草体成分が異なり，イネ科はケイ酸含量が高くカルシウム含量は低くて炭水化物に富むが，マメ科はこの反対でミネラル含量が高くタンパク質成分に富んでいる．このように成分の異なるイネ科，マメ科の牧草を一緒に食べることで，家畜の栄養バランスが保たれる．また，ほとんどの牧草は多年生で種子も小さいので，発芽時に種子貯蔵養分を使いきってしまうため，播種後のような初期には1年生作物より肥料に依存する度合いが強い．しかし，成植物になると根の吸肥力は強くなり，1年生作物では吸収しにくい土壌中の養分をも吸収することができる．

　そして，施肥反応もイネ科とマメ科では異なる．マメ科は根に共生する根粒菌によって空中窒素を吸収固定するから，窒素質肥料はほとんど与えなくとも生育可能である．このようなイネ科，マメ科の違いは，窒素，リン酸，カリウムの3要素のみならず，中量要素や微量要素の肥料でも現れてくるので，効率的な肥培管理ができる．

　このように，家畜，土壌肥料いずれの面からみても，牧草地の場合はイネ科，マメ科を混播することの利点が多い．

（3）牧草地造成の原則

　牧草地の造成法は次の項目で述べるような多種多様な技術があるけれども，いずれの方法を適用する場合にも配慮しなければならない原則がある．

　牧草の種子は普通作物の種子よりかなり小さい．それゆえ，根を出したあとは他の作物よりも種子に頼る面が少なく，土壌中の水分や養分を素早く吸収しないと幼植物の生育が保てない．そこで，牧草の根が速く伸びるように，幼根

を取り巻く土壌環境（播種床）を次の点に留意して整える．

①石灰やリン酸などの土壌改良資材を十分に与える…わが国の牧草地造成は，火山灰土壌で行われる場面が多い．火山灰土壌は酸性でリン酸吸収力も大きいので，牧草種子にとっては不良な土壌である．そこで，播種床造成に際しては土壌分析から算定した量の石灰やリン酸などを土壌改良剤として，肥料とは別に投入しなければならない．

②牧草種子を土壌にしっかり密着させる…十分に湿った播種床に種子が密着していないと，幼根の生育が保証されない．したがって，土壌が湿っているときに播種することはもちろんであるが，覆土鎮圧作業も不可欠である．覆土鎮圧は種子を土壌に密着させるだけでなく，土壌中の大きな間隙をつぶして乾燥を防ぐ効果もある．

③イネ科牧草，マメ科牧草の種子を数種類混ぜて播く…牧草を混播すると，それぞれの生育ステージが異なるので，気象災害や病虫害などの危険にさらされるのを分散できる．また，牧草利用が始まると，異なる草種を一緒に供給できるから，家畜栄養の面でバランスがとれた飼料となる．

(4) 牧草地造成の技術1－耕起法－

わが国における牧草地造成の推移は図VI-1にみるように，1960年に牧草畑として統計をとりはじめてから1980年代初頭までの20年間に急増し，80万ha（日本の農用地面積の約15％）に達したが，それ以降はほとんど増加していない．したがって，わが国における牧草地造成の技術は，ほとんどこの時期に確立されたとみてよい．

当時の牧草地造成の対象地は山林原野が多かったので，傾斜や土壌などの自然条件不利地でいかに効率よく造成するかの技術開発が盛んに行われた．

牧草地の基盤を造成する方法は，山成工，改良山成工，階段工がある．

a．山 成 工

山成工は現況の地形をかえずに基盤を造る工法であり，工事による移動土量

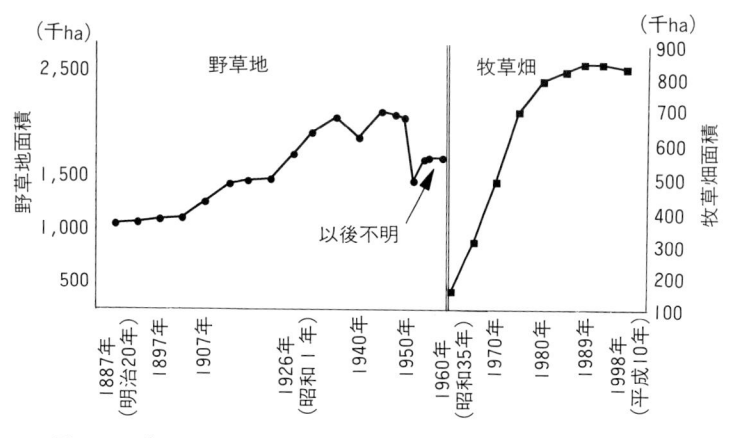

図VI-1 草地面積の推移（農林水産省「作物統計'98」より作成）

が少ないので経済的な工法である．工事順序は原植生や石礫などの障害物を除去（レーキドーザなどの土木機械を使用）したあとに，地表の凹凸を整地（不陸均し，ブルドーザ）して播種床を準備する．牧草地基盤の造成法は，ほとんど山成工を適用している．

b．改良山成工

改良山成工は現況地形の急傾斜や褶曲を土木的に修正し，牧草地を管理するトラクタなどの作業機械が安全に効率よく動き回れる基盤を造る．この工法は切盛り土量が多くなるので，土壌侵食防止などの防災工を伴うことも少なくない．

c．階　段　工

階段工は，現況地形が急傾斜のところに採草地を造成する場合に適用される．ブルドーザなどの大型土木機械を用いて，急傾斜面を階段状に改造して牧草地を確保する工法である．造成した階段が侵食，崩壊しないような防災工も必要となる．膨大な工事費のわりには牧草地面積が少ないこともあり，この工法の採用に当たっては，慎重な検討が必要である．

以上のような工法で基盤ができあがると，続いて播種床の造成となる．基盤造成が前述したような土木的工法で行われた場合の播種床は，[耕起砕土→土壌改良資材投入→施肥，播種→覆土，鎮圧整地]の一連の作業工程も大型機械を駆使して効率よく造成される．ここでの留意点は前項で述べた"牧草地造成の原則"を外さないことである．

(5) 牧草地造成の技術2－不耕起法－

わが国では，耕起法で牧草地を造成するのが主流であったが，欧米畜産国では普通の畑として扱われていた採草地(meadow)を除けば，土壌を耕すことなく牧草種子を導入する技術で放牧地(pasture)を造成していた．それらの技術は表VI-1のように大別できるが，いずれの方法でも，原植生と牧草植生の転換をうまく行い，導入した牧草生産を持続させることが肝要である．

表VI-1　不耕起法による草地造成

蹄耕法	刈払い→火入れ→重放牧*→土改材散布→施肥，播種→踏圧放牧**→管理放牧***
火入れ直播法	刈払い→火入れ→土改材散布→施肥，播種 (＿＿＿＿の工程に航空機利用あり)

*重放牧（クリーニング）：3〜7日くらいで野草が食いつくされるほど強く放牧する．
**踏圧放牧（ストッキング）：蹄で牧草種子を土壌に密着させるために放牧するが，家畜の健康や牧草幼植物保護のため2〜3日くらいで引き上げる．
***管理放牧（コントロール）：牧草の発芽後に野草の再生を抑制する目的で放牧する．野草と牧草の状況を判断しながら放牧強度をコントロールする難しさがある．

a．蹄　耕　法

蹄耕法（hoof cultivation）の技術の原型はニュージーランドやヨーロッパの山間地である．

図VI-2はニュージーランドの典型的な山間地の景観であるが，ほとんどが蹄耕法で造成された牧草地である．蹄耕法のポイントは，原植生の抑圧にヒツジやウシなどの家畜を使うことである．いわば，家畜が造成機械として使われているのであるが，草の生態と家畜の生態の双方に詳しい専門家（牧畜民）の判断力によるところが大きい．図VI-3はヒツジの踏圧放牧（stocking）の様子で

ある。原植生である野草を食いつくしたヒツジが餌を求めて動き回る結果，航空機から播種された牧草種子は土壌中に押し込められるのであるが，この過程での作業者の草，土壌，家畜に関する判断力が牧草地造成の鍵となる。

図VI-2 ニュージーランド山間地の典型的牧草地景観

図VI-3 ヒツジの踏圧放牧による牧草種子の土壌密着

b. 火入れ直播法

サバンナ (savanna), パンパス (pampas) などの乾燥地, 半乾燥地の草原で

図VI-4　コロンビア国のサバンナにおける火入れ直後の景観

図VI-5　コロンビア国サバンナでの火入れ直播法で造成した牧草地

火入れをすると，草は地面が灰で真っ白くなるほど完全燃焼し，土壌養分として還元される．この段階で航空機から施肥，播種を行い，牧草種子の発芽定着を待ってから放牧を開始する方法である．図Ⅵ-4および図Ⅵ-5は，南米コロンビアのサバンナにおける火入れ直後と放牧開始後の様子である．

c．機械化体系による不耕起法

わが国の牧草地造成は山間地の森林原野を対象地とすることが多く，ここでの土木工事を伴う造成工法は，周辺の自然環境との調和が懸念されるようになってきた．この対応として，表Ⅵ-1をモデルとした不耕起法が適用されることもあったが，家畜を造成用機械とすることへの条件不備，モンスーン気候での野草，土壌条件における強い在来種の繁茂などによってうまくいかないことが多かった．

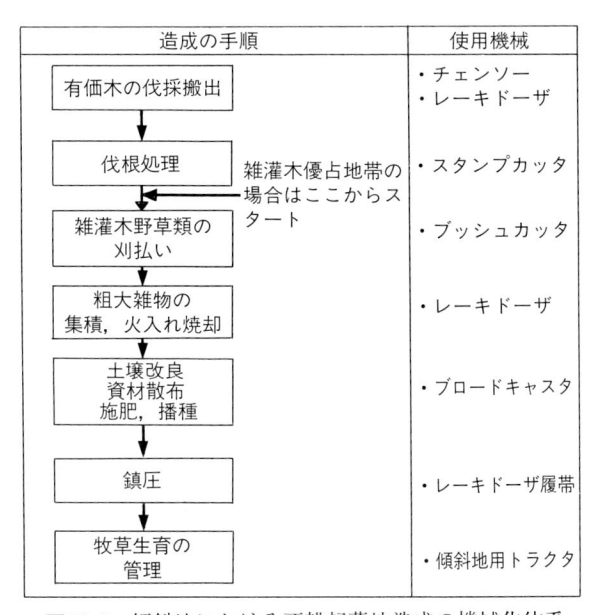

造成の手順	使用機械
有価木の伐採搬出	・チェンソー ・レーキドーザ
伐根処理（雑灌木優占地帯の場合はここからスタート）	・スタンプカッタ
雑灌木野草類の刈払い	・ブッシュカッタ
粗大雑物の集積，火入れ焼却	・レーキドーザ
土壌改良資材散布 施肥，播種	・ブロードキャスタ
鎮圧	・レーキドーザ履帯
牧草生育の管理	・傾斜地用トラクタ

図Ⅵ-6　傾斜地における不耕起草地造成の機械化体系

図VI-7 機械力による日本型不耕起造成法
上:広葉樹林地におけるスタンプカッタによる根株処理,中:ブッシュカッタ施工後の播種床(原植物の破砕片が全面を覆っている),下:牧草播種後3カ月の段階での生育状況.

しかし，1980年代に入ると，わが国の先進的な機械力を使った独自の不耕起法が体系化された．図VI-6が機械化体系であるが，高木樹林地に残る根株の除去にはスタンプカッタ，雑灌木地の即地破砕にはブッシュカッタ，現地形の斜面で施肥播種できる傾斜地用トラクタなどを順次組み合わせている．この工法の開発によって，わが国で不耕起法がうまくいかない理由とされていた，原植生の抑制が難しいこと，傾斜地の牧草肥培管理が難しいことなどが解決できた．

図VI-7は広葉樹林地で行った実際の施工例である．ブッシュカッタで破砕された原植生がそのまま牧草の播種床となり，数カ月後には牧草が生育している様子がよくわかる．

これからのわが国の農用地開発・整備が環境保全型で行われることから，この機械化体系による不耕起造成法の意義は大きい．

(6) 牧草採草地の管理

牧草地は普通の畑作地と異なり，一度播種造成すると数年～数十年もの期間，耕起しないで維持するのが一般的である．そのため，牧草地は施肥法や利用法によって，草種構成や植生密度が大きくかわる．

a．採草地の施肥管理

造成の段階と牧草が確立したあとからの維持段階では，施肥管理法が基本的に異なる．造成段階については既述したので，ここでは維持段階について述べる．

一般に，イネ科牧草に対しては窒素とカリ，マメ科牧草に対してはリン酸とカリの肥効が高く，これらの3要素投与が増えると牧草の生育は旺盛になって生産量は増大する．しかし，3要素を過剰に投与すると生育停滞や減少をもたらし，牧草の品質にも悪影響をもたらす．例えば，家畜の硝酸中毒症やグラステタニー症などは，牧草の窒素やカリの過剰吸収が原因といわれる．また，多収穫をねらって過剰施肥を続けたり，養分バランスを欠いた施肥を続けると，混播牧草の個体間競争が激しくなって草種構成や植生密度が急激に悪化し，その

牧草地の生産性を下げてしまう．

また，牧草地への家畜糞尿還元もこれからの環境保全型農業の展開には重要である．家畜の糞尿を有機質肥料に加工調整して土壌に還元することは，土－草－家畜の生態系における物質循環理論に基づく持続的な施肥管理法である．

b．採草地の利用管理

北海道から沖縄まで立地条件の大きく異なるわが国では，採草利用の方法は多様であるから，ここでは基本的なことについてだけ述べる．

①刈取り適期…牧草は，若いほど栄養価は高いが収量は少なく，古くなるほど収量は高いが消化率や栄養価は低い．それゆえ，牧草の刈取りは，その草地の収量と栄養価の両者が，ともに高い時期に行うのが原則である．

②刈取り高さ…牧草を低い位置で刈り取ると，貯蔵養分の多い株の基部がなくなるので再生が害される．草種や地域によっても異なるが，一般には10 cm程度が適切な刈取り高さとされている．

(7) 放 牧 地 の 管 理

作物を栽培している畑地の上で家畜が歩き回るという土地利用法は，放牧草地だけの特異なことである．したがって，放牧草地の生産性は，単に牧草の収量だけで判断するのではなく，放牧中の家畜の増体重や泌乳量などが評価される．一般に，図Ⅵ-8に示すように，家畜生産性と土地生産性の双方が合致する放牧強度 (grazing capacity) を適性放牧といい，この適性放牧時の牧草生産量を最大にすることが放牧地管理の原則である．

放牧中の家畜は，①食いちぎり（採食），②踏付け（休息，移動），③糞尿の垂れ流し（排泄）などの3つの生物圧を牧草地に与えるために，牧畜を伝統とする欧米畜産国では，過放牧 (over grazing) の害をしきりに強調している．しかし，モンスーン気候のわが国では，半乾燥地の欧米とは比較にならないほど牧草の生長量が大きいので，過放牧の害はほとんどない．むしろ，牧草生長に見合うだけの放牧強度がないために牧草が伸びすぎ，草種構成や植生密度など

VI. 緑地環境の創出と保全

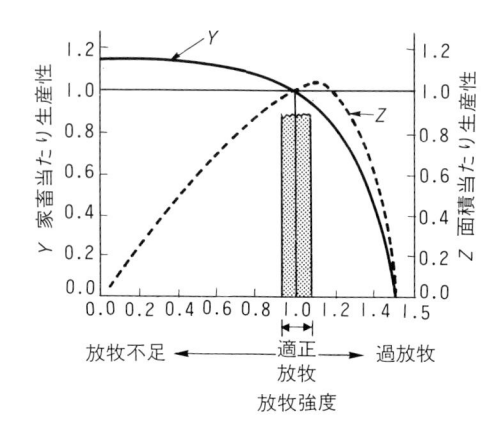

図VI-8 放牧強度と家畜生産
(林 兼六, 1978)
適正放牧の放牧密度あるいは生産を1.0とした指数で表す．

に悪影響をきたすことの方が多い．わが国の気候条件のもとでは，採食，休息，移動などの生物圧は牧草の特性を引き出すように作用し，排泄された糞尿は適切な発酵処理をすることで化学肥料の代替効果が認められている．したがって，わが国での放牧地の維持管理は土－草－家畜の生態系持続の物質循環論に従い，放牧強度を高めることが重要である．

2. 樹林地の造成と管理

(1) 樹林の目標林相と造成，管理

　大きな庭園や公園の周縁部，森林公園の一画，緩衝緑地帯(buffer greenbelt)など，比較的大面積の樹林が必要とされる場面では，個々の樹木まで管理が行き届く小庭園の植栽とは異なり，群として安定した樹林をつくることが重要である．樹林はさまざまな機能を果たしているが，一般には樹林の自然性が高く生態的に安定したものほど，多くの機能をより高度に発揮する．

　樹林の造成では，植栽工事の竣工が樹林の完成ということはなく，適切な管理により一定の時間をかけて目標とする林相に誘導し，目標林相に達したあとはそれを持続するための維持管理を続けることになる．目標林相はその樹林の

場所や目的によって個別に想定されるものであり，樹林の造成方法や管理方法はそれに応じて適切に選ばれなければならない．

樹林に期待される機能とそれに対応する林相との関係を整理すると表VI-2のようになる．

表VI-2 樹林に期待される機能とそれに対応する林相

樹林の機能	望ましい林相
気象緩和，大気浄化など広域的な環境保全機能	その土地の環境条件に合う生態的に安定した高木林 個々の樹木より樹林全体が生態的に健全であることが重要
水源涵養，洪水防止，土砂災害防止など，流域規模での水土保全機能	安定した高木林で多層構造が望ましい 林冠*が閉鎖せず草本層の植被率が高い方が表土の侵食がない 土壌動物相が豊かで水が浸透しやすい土壌を保つことが重要
防風，防潮，防雪など，隣接地への災害防止機能	密生した高木林で多層構造が望ましい 目的に応じ，潮風，積雪など特殊な環境への耐性が要求される
動植物の生育生息地としての生態系保全機能	高次の捕食者の生息には一定規模の自然性の高い高木林が必要 生物多様性を高めるには人為的植生や林縁的環境なども必要
遠景中景として景観を楽しむ景観形成機能	高木層が多種からなり，多様で季節変化のある樹林が好まれる 花，紅葉など特殊な観賞価値が要求される場合がある
林内活動や林内景観を楽しむ保健休養機能	林内の見通しのよい，明るい中高木の疎林が望ましい 花，実，紅葉，樹皮など特殊な観賞価値が要求される場合がある

*森林で樹冠(crown)が互いに接して連続しているとき，樹冠層の全体を指して林冠(canopy)という．

(2) 苗木植栽による樹林造成

樹木のない更地に樹林を造成する方法として，苗木植栽は最も一般的な方法である(図VI-9)．植栽工事では，樹種，苗の大きさ，植栽密度などを決定しなければならないが，樹種や目標林相における密度は主に樹林の目的から決められ，苗の大きさや植栽密度は目標林相に達するまでに要する時間との関係で検討されるのが普通である．

a．樹種の選択

まず，樹林造成の目的にかなうものでなければならない．例えば，花や紅葉の観賞のためには観賞の対象となる樹種を，林内のレクリエーション利用のた

VI. 緑地環境の創出と保全

図VI-9 現地で採取した種子から育てたポット苗の植栽
周囲にはウッドチップを敷設.

めには萌芽更新（regeneration by sprout）[注1]が可能で明るい疎林を形成できる樹種を，また環境保全林として長期間安定した樹林をつくる場合には潜在自然植生（potential natural vegetation）[注2]を構成する樹種を用いるなどといった選択がなされる．

注1）樹木を伐採したあと，根株から発生する萌芽を生長させて後継樹を育てること．
注2）現存植生に対して加えられている人為的行為を一切やめたときに，その土地に成立すると推定される自然植生．

次に，植栽地の環境条件に合うものでなければならない．特に，温度，降水，強風などの気候条件と，土壌の乾湿は重要な要素となる．土壌の物理性や化学性は局所的な改良が可能であるが，大面積の樹林造成においては土壌条件への適合も軽視できない．いずれの条件に対しても，環境への適応力の大きい樹種を選ぶことは有効である．

さらに，施工性のよいものでなければならない．移植の適期が長いもの，根鉢を小さくできて運搬しやすいもの，活着がよく養生期間が短くて済むものなど，移植工事が容易な樹種を選ぶことが経済的にも有利である．

また，市場性があって容易に入手できることが必要な場合がある．規格の揃った樹木を多量に植栽する公共工事などでは，材料が入手できるか否かが大きな選択条件になることがある．市場にない樹種を用いるためには事前に育苗しておくことが必要であり，特に自然性の高い樹林が要求される場合には，現地付近で採取した種子から育苗することが望ましい．

b．目標林相までに要する時間と植栽方式

　はじめから目標林相に近い状態にする場合を完成型植栽，5～10年程度で目標林相に近い状態を目指す場合を半完成型植栽，10～20年後に目標林相になることを期待する場合を将来完成型植栽と呼び，完成までの期間に対応した植栽方式をとる．完成型では必要な規格に達した大型苗または完成品を植栽するが，半完成型では高木の中型苗をやや密に植栽して必要に応じて間伐 (thinning) していく．また，将来完成型では，高木の小型苗を密に植栽して計画的に間伐しながら育成する．

　表VI-3に，目標林相までに要する時間と植栽方式の考え方の一例を示す．苗の大きさや植栽密度は，目標林相を達成しようとする時期および植栽工事の予

表VI-3　目標林相までに要する時間に着目した植栽型区分と植栽方式の一例

植栽型区分	苗木の性状*	植栽密度と配植
完成品による 完成型植栽	高木の完成品 低木の大型苗 低木の小型苗	4～5本/100 m²，ランダムに配置する 6本/100 m²，できればランダムに配置する 50本/100 m²，数個の群状とし，群はランダムに配置する
大型苗による 完成型植栽	高木の大型苗 低木の中型苗 低木の小型苗	8本/100 m²，機械的配置なら約3.5 m間隔，できればランダムに 6本/100 m²，機械的配置なら約4 m間隔，できればランダムに 40本/100 m²，数個の群状とし，群はランダムに配置する
中型苗による 半完成型植栽	高木の中型苗 低木の中型苗 低木の小型苗	20本/100 m²，機械的配置で約2.2 m間隔，後に一部移植か間伐 6本/100 m²，機械的配置なら約4 m間隔，できればランダムに 30本/100 m²，数個の群状とし，群はランダムに配置する
小型苗による 将来完成型植栽	高木の小型苗 低木の小型苗	35本/100 m²，機械的配置で約1.7 m間隔，後に一部移植か間伐 林相の推移をみて，必要な時期に30本/100 m²程度植栽する

*高木，低木は，樹種本来の性質としてどの程度の高さまで生長するかという観点からの呼び方で，5 m以上になるものを高木ということが多い．苗木の大きさは，一般に大型苗 (3 m以上)，中型苗 (0.8 m以上)，小型苗 (0.3 m以上) といった区分が用いられる．

算を勘案して決定されるのが普通であるが，樹林の完成までに必要な下刈り(brush cutting)，間伐などの管理の手間は植栽方式によって大きく異なるので，植栽に要する費用だけでなく管理費についても合わせて検討する必要がある．

c．自然的な樹林を造るための配植

　低木の小型苗を密植するときや，高木の苗を高密度に植栽して間伐していく場合を除けば，樹林造成のための植栽では自然的な配植が望ましい．

　平面的な配置についていえば，まず不等辺三角形を組み合わせたランダムな配置にすることが基本であり，隣接する3本が直線に並ばないこと，正三角形や二等辺三角形を作らないことなどが要点となる．また，樹種の組合せと量的配分には地形条件に応じた変化を付け，複数の樹種の混交率が全面に均等な比率にならないよう工夫することも大切である．

　樹林を造成する場所の近くに残存する樹林があれば，その植生とのなじみのよい植栽とすることが地域全体の景観の自然性を高めることになる．施設周辺など人為的な植生が許される場所から自然性の高い場所に向かって，修景的な緑化樹から自然林構成種へといった序列，草地的な環境から疎林を経て密生林へといった序列を想定することは，自然保全の面からも利用性の面からも効果が高い手法である．

（3）根株移植による樹林造成

　樹林地で土地開発が行われると，貴重な資源である樹木と森林表土が失われ，同時に造成地やのり面などに緑化を必要とする新たな裸地が発生する．このような場合，新たに生じた緑化空間を，開発地に現存する樹木と表土を活用して樹林化することは，森林資源を廃棄物としない点や短期間で自然性の高い樹林を形成する点などから，きわめて有効である．そのための工法の1つとして，根株移植工法がある．

　根株移植工法とは，開発のために伐採処理される樹木を地際で切って，その

根株を移植して移植先で萌芽させる工法である（図VI-10）．根株移植工法の特長および施工上の制約を整理すると，表VI-4のようになる．

根株からの萌芽は小型苗を植栽するより生長がよいことが多いが，高木林を形成するまでには一定の時間を要し，予算面から成木の移植ができない場合の代替的な工法ということができる．しかし，根株移植の最大の特色は，萌芽力の強い樹種であれば高度な造園技術を必要とせずに，土木工事の中で比較的安価に樹木の移植ができる点にあり，盛土のり面など造成時に高木を植栽することができない場面で自生種を活用した根株移植が取り入れられることは，環境保全型の土木工事として大いに評価できる（図VI-11, 12）．

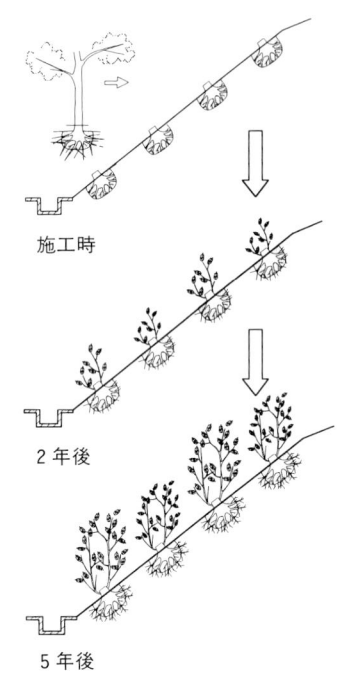

施工時
2年後
5年後

図VI-10　根株移植の模式図

表VI-4　根株移植工法の特長と施工上の制約

特　長
既存の樹木を活用できる
若い苗木よりも生長がよく，短期間で樹林を形成できる
初期生長が早いため，草本類との競合期間を短縮できる
土木的技術の範囲で施工することができ，経済的である
根株と一緒に土壌動物や埋土種子を移植することで，自然性の高い樹林になる
制　約
ポット苗の植栽などに比べると移植の適期が短い
萌芽性のない樹種には適用できない
通常の移植では活着が容易でも，根株では活着の困難な樹種がある
幹周30～60 cm程度が適切で，大径木は萌芽しにくい
土地造成工事とのスケジュール調整が必要である

VI. 緑地環境の創出と保全　　　　199

図VI-11　バックホウで根株を掘り吊り上げて移動

図VI-12　根株移植で萌芽したアラカシ

（4）重機移植工法による樹林造成

　大規模な土地造成工事の中で，開発地に現存する樹木を立木のまま移植するためには，土地造成の進展に合わせて土木工事に見合ったスピードで移植工事

を行うこと，自然樹形の高木，大径木を根回しせずに移植することなどが必要であり，これらの要求を満たすには，専用重機を用いた工法が適している．

　重機移植工法とは，専用のアタッチメントを装着した重機を用いて，樹木の掘取り，運搬，植付けまでを一連の作業として行う移植工法をいう．樹木の掘取り方には，左右から挟み込みながら掘り取るタイプと，前方へすくい上げる

表VI-5　重機移植工法の特長と施工上の制約

特　長
- 従来の工法では移植不可能だった大径木を再利用できる
- 強剪定を必要とせず，自然に近い樹形を保つことができる
- 移植適期を少々はずれても移植できる
- 根回しや根巻きの必要がなく，人手と時間を節減できる
- 根鉢が大きいので，多くの土壌動物や埋土種子を一体として移植できる

制　約
- 重機の走行は低速度であるため，近距離への移植に限られる
- 大型重機が走行できる運搬路が必要である
- 樹木を立てたまま運搬するため，上空に架線などがあると施工できない
- 土地造成工事とのスケジュール調整が必要である

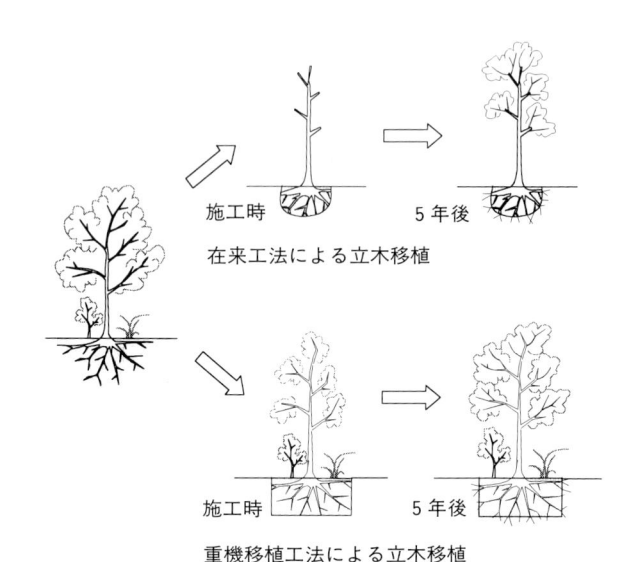

図VI-13　在来工法による移植と重機移植工法の模式図

タイプがある．運搬は近距離を自走するのが一般的であるが，トラックに積みかえて運搬できるよう根鉢部分を簡単にコンテナ化できる工法もある．

重機移植工法の特長および施工上の制約を整理すると，表VI-5のようになる．重機移植工法では在来工法と比べて根鉢を大きくとることが容易であり，このことが強剪定不要，移植適期が長い，埋土種子や稚樹を同時に移植できるといった特長をもたらしている（図VI-13）．

重機移植工法の事例として，3つの工法について掘取り形式および作業能力を表VI-6に整理した．

A工法は大型重機のアームの先に対向するフォーク状のバケットを取り付け，横溝などの予掘りをせずに根鉢を抱え込む形で掘り取る工法で，樹木の幹周り300 cm程度まで移植可能である（図VI-14）．

B工法はバックホウなど大型重機のアームの先に対向するバケットを取り付け，バケットが根鉢の回りに入るよう左右に幅1 m程度の溝を掘ったのち，根鉢を包み込む形で掘り取る工法で，A工法と同様に樹木の幹周り300 cm程度まで移植できる（図VI-15）．

C工法は，根切りを兼ねて左右に幅10 cm程度の溝を掘ったのち，下部にスライドできるフォークを取り付けたバケットで樹木と一緒に土壌をすくい上げ

表VI-6 　重機移植工法の例と掘取り形式および作業能力

掘取り形式	型式と対象木の幹周		根鉢の大きさ 深さ/面積	作業可能な傾斜角* 掘取り場所/植付け場所
A工法 フォーク状のバケットで左右から抱え込んで掘り取る	A-1： A-2：	〜80 cm程度 80〜300 cm程度	1.4 m/4 m² 1.8 m/7 m²	〜15°程度/〜10°程度 〜25°程度/〜15°程度
B工法 対象木の左右に広い溝を掘り，バケットで左右から包み込んで掘り取る	B-1： B-2： B-3：	〜60 cm程度 60〜120 cm程度 120〜300 cm程度	0.7 m/1 m² 1.2 m/4 m² 1.5 m/7 m²	〜15°程度/〜10°程度 〜25°程度/〜15°程度
C工法 対象木の左右に狭い溝を掘り，スライド式のフォークですくい上げて掘り取る	C-1： C-2： C-3：	〜20 cm程度 〜50 cm程度 〜60 cm程度	0.4 m/1 m² 0.5 m/2 m² 0.6 m/2.3 m²	〜25°程度/〜20°程度 （〜25°程度）

*現地調査による推測値．

図VI-14 フォークタイプによる大径木移植

図VI-15 バケットタイプ（TPM工法）による大径木移植

る工法で，土層の物理的な構造を保った状態で林床植生の面的な移植ができるが，大径木の移植には適さない．掘り取った土壌を木製の枠に入れてユニットにすることができ，この場合は25°程度の斜面への移植も可能である（図VI

図VI-16 スライド式フォーク（エコユニット工法）による森林表土移植

-16).

　A工法とB工法は大径木を移植できる点が大きな特色であるが，これらの工法で造成された樹林では根鉢土以外は現場土か客土となるのが普通で，その場合は既存樹林の表土の移植は造成樹林面積の1〜2割程度に留まることが多い．C工法では根系の深いものや大径木の移植は困難であるが，森林土壌をすくい取って層序をかえずに移植先に敷き詰めていくことができる点に特色がある．

　土地造成の現場で重機移植工法を用いて樹林を造成することの自然保全上の意義は，樹木だけでなく土壌微生物，土壌動物，埋土種子，稚樹などを一体として移植できる点にある．既存林の表土を全面に移植すれば，造成樹林で土壌動物相が貧弱になることや，既存林に存在しなかった帰化植物が出現することを防ぎやすくなるので，A・B工法を用いて移植した大径木の根鉢と根鉢の間を，C工法を用いて小径木を含む森林土壌で埋めていくことができれば理想的である．

　自然樹形を保ったまま大径木を移植する重機移植工法は，土地造成に伴う樹木移植だけでなく，文化財的な価値を持つ大径木や貴重種を安全に移植する手段としても有効であり，また，層序をかえずに土壌を移植する技術は，例えば湿地の草本群落の移植などにも応用できる．

(5) 造成樹林の管理

　緑地における樹林管理は，樹木の剪定，整枝，施肥，灌水といった樹木1本1本を大切にする造園的手法による樹木管理の集合とは異なる．また，用材生産の効率を高めるために培われてきた林業的な森林管理技術とも全く同じではない．樹林管理の目的は，樹木群集の生態的な挙動を理解したうえで，樹林に期待される目的，機能をより大きく，またより長期に発揮できるように，植生をコントロールしていくことにある．

　樹林管理の技術は，その樹林の目的や目標とする林相によって異なるが，樹林を自然性が高く生態的に安定した状態に導くための管理と，個別の目的のために一定の林相を維持するための管理とに大別することができる．

自然性の高い安定した樹林をつくる場合は，土地の気候条件に最も適した林相，最終的にはその土地の極相[注1]に近付けることを目標にすればよい．生態遷移[注2]を進める方向に樹林を誘導するのだから，基本的には放置することで目的は達成されるのであるが，適切な管理を行うことで途中相の期間を短縮し，目標林相を早期に達成できる場合がある．

　注1）その地域の環境条件で長期間安定な状態を保つ植物群集．
　注2）ある一定の場所に存在する群集が，時間の経過に従って変化しながら比較的安定な極相へ向かっていくこと．

　これとは逆に，途中相に当たる一定の林相を維持する場合は，自然の生態遷

表VI-7　主な樹林管理作業と管理目標ごとの留意点

除伐，間伐		
	共通事項	枯れた木，病虫害を受けた木，樹形の悪い木を除く 密生しすぎて被圧された木を除く 交通の障害や利用者に危害を及ぼす恐れのある木を除く
	自然性の高い安定した樹林をつくる場合	林相が安定するほど除間伐の必要性が低くなる 作業後数年で閉鎖状態を回復する程度の除間伐とする 極相構成種と競合する先駆種を適切な時期に除く
	一定の林相を維持する必要のある場合	一定の期間をおいて除間伐を継続する必要がある 花，実，紅葉など，樹林に期待されているものを残す 必要とする林内の明るさを確保できる程度の除間伐とする
枝打ち		
	共通事項	放置すると危険であったり，美観を損ねる枯れ枝を切る 交通の障害や利用者に危害を及ぼす恐れのある枝を切る 樹木の生長が鈍くなる秋から早春の間の厳冬期以外に行う
	自然性の高い安定した樹林をつくる場合	造成初期は極相構成種の生育を妨げる先駆種が対象 林相安定後は危険性のある枯れ枝のほかは原則的に不要
	一定の林相を維持する必要のある場合	林内の見通しをよくするために生枝を切ることがある 林内の明るさを保つために生枝を切ることがある
下刈り		
	共通事項	造成初期に日光や養分で植栽木と競合する草本を刈る 除きたい草本の開花結実の前に刈る 春季の生長後の貯蔵養分を使い果たした時期が効果的
	自然性の高い安定した樹林をつくる場合	造成初期に実生の発生を促す下刈りを行うことがある 林相安定後は防火や美観に必要な林縁のほかは原則的に不要
	一定の林相を維持する必要のある場合	草丈維持や草花保全のために下刈りを行うことがある 目標林相に到達後も遷移を抑えるために定期的に行う

移をある段階で止めることになるので，遷移を抑制する外圧としての人為的な管理が不可欠である．ここでの基本的な技術は，高木層を伐り透かして林内の光環境をコントロールすること，不要な植物を除いて必要な植物を優勢にする除伐や下刈りを行うことである．

代表的な管理作業項目について，共通的な事項および樹林管理の目標によって異なる留意点を表VI-7に整理した．樹林の形態や生態は植物の生長に従って年々変化するものであるから，樹林管理も樹林の生育段階に対応したものでなければならない．表VI-8は，苗木植栽によって造成した樹林を例として，植栽後の期間に応じた樹林管理の要点をまとめたものである．

表VI-8　植栽後の期間と樹林管理の要点

植栽後の期間*	樹林管理の要点
植栽後1〜5年	活着不良時の補植
	植栽木を被圧から守り，日照を確保するための下刈り
植栽後5〜10年	生長促進をはかる施肥
	植栽木を覆う，つる植物の除去や目的に反する侵入樹木の除去
植栽後10〜20年	樹林の目的に反する侵入樹木の除伐やつる植物の除去
	密度調整および林床の光環境調整のための間伐や枝打ち
植栽後20年以降	密度調整および林床の光環境調整のための間伐
	必要に応じて遷移抑制のための下刈りや林相維持のための枝打ち

*樹林の発達状況に応じて管理目標が異なることを示すもので，年数は概念的な目安である．

ただし，これらは一般的な整理であって，具体的な樹林の管理手法は，その土地の環境条件や個々の樹林の目的によって，個別に処方されるべきものである．

3．スポーツグラウンドの造成と管理

(1) スポーツグラウンドの現況

総理府が行った「体力・スポーツに関する世論調査」(1997年，20歳以上を対象)のデータから計算すると，1年間運動やスポーツをしなかった人が28%，

週1回未満が37%，週1回以上は35%である．保健体育審議会から文部大臣への「スポーツ振興基本計画の在り方について」の答申（2000年）では，ヨーロッパの先進諸国では週1回以上のスポーツ実施率は50%以上を越えていることを指摘し，政策目標として次の2項を提示している．

①国民の誰もが，それぞれの体力や年齢，技術，興味や目的に応じて，いつでも，どこでも，いつまでもスポーツに親しむことができる生涯スポーツ社会を実現する．

②その目標として，できるかぎり早期に，成人の週1回以上のスポーツ実施率が2人に1人となることを目指す．

これらの政策目標達成のための基盤的施策の1つとして，スポーツ施設の充実をあげている．1999年現在の公共グラウンドなどの数を文部科学省の社会教育調査による体育・スポーツ施設数の中から抜粋すると表VI-9のような数である．また，国土交通省はサッカー場の配置について，表VI-10のような考え方を示している．誰もがスポーツに親しめる環境を整えるために，量的にも質的にもいっそうの充実が望まれている．

しかしながら，スポーツ施設の建設は都市部では交通渋滞や騒音の問題，郊外では地形や植生の改変を多少なりとも伴うことは必須であり，場合によっては迷惑施設ともなりかねない．利用者の利便性と周辺への影響の両面から検討したうえでの建設地選定，周囲への緩衝緑地の配置などの配慮が重要である．また，グラウンド面からの砂塵や排水についても周囲に悪影響を及ぼさないようにしなければならない．

表VI-9　公共グラウンドなどの数（1999年現在）

	計	都道府県	市(区)	町	村	組合
陸上競技場	934	127	436	307	59	5
野球場，ソフトボール場	6,055	322	3,482	1,911	315	25
球技場	944	130	546	231	37	0
多目的運動広場	6,488	227	2,540	3,039	670	12

「平成11年度社会教育調査報告書」（文部科学省，2001）から抜粋．

VI. 緑地環境の創出と保全

表VI-10 サッカー場の規模、配置とフィールドに関する指針

サッカー協会の レベル区分	L1	L1	L2	L3	L4	
国土交通省の種別	S	A1	A2	B1	B2	C
対象となる試合など	ワールドカップ開幕戦、準決勝戦、決勝戦など	ワールドカップの第1、第2ステージ、国際親善試合、天皇杯決勝など	天皇杯、全国大会決勝戦、地方ブロック大会決勝戦など	全国大会、地方ブロック大会、都道府県レベルの大会など	市町村レベルの大会など	市民の一般利用
収容人員の目安	6万人以上	3万～6万人	1万5,000～3万人	1万5,000人未満	5,000人未満	—
配置の考え方	広域公園、または数市町村の利用が可能な総合公園、運動公園に設置		主として広域公園、または数市町村の利用が可能な総合公園、運動公園に設置	主として総合公園、運動公園、または地区公園に設置	主として地区公園または近隣公園に設置（総合公園、運動公園もありうる）	—
フィールド寸法	全国に5カ所程度	Sを含めて地方ブロックごとに1～数カ所配置	S、A1を含めて都道府県ごとにおおむね1カ所となるよう配置	S、A1、A2を含めて地方生活圏に1カ所程度となるよう配置	市町に1カ所程度、町村は必要に応じて1カ所	必要に応じて適宜配置。市町村に数カ所
	ピッチ*は105×68 m、フィールド（芝面）は必要、ただし、陸上兼用の場合は1.5m以上		フィールドは、ピッチの外側に5m以上	ピッチは左に同じ、フィールドはピッチの外側に危険でないような周辺部をとる	ピッチ、フィールド面とも、競技規則および大会規定により適宜決定する	
			有効な給排水設備を設ける			
フィールド面	平坦で常緑の天然芝であること			平坦で天然芝であること、常緑であることが望ましい	天然芝、必要に応じて人工芝と組み合わせる	

*ピッチとは、ゴールラインとタッチラインで囲まれた内部。
「日本サッカー協会スタジアム基準」（日本サッカー協会）および「都市公園におけるサッカー場の施設水準と対応する施設内容」（建設省（現国土交通省））から抜粋して要約。

（2）グラウンド面の材質

　スポーツグラウンドは，土，天然芝，人工芝に区分できる．天然の芝生を用いる利点としては，防塵，けがの防止，温度の低減，目に優しいなどがあり，欠点としては利用頻度が限られることなどがある．また，天然芝の方が全体的には管理の手数がかかるが，試合の合間の整地などは芝生では不要となる．人工芝については，擦過傷が起きやすく，ボールの動きも天然芝とは異なることなどの問題がある．野球場や庭球場では人工芝が普及しているが，サッカーのワールドカップやJリーグの試合場としては認められていない．人工芝も年々改良が進められており，ゆくゆくは機能的に天然芝と変わりない品質のものが作られると思われる．しかし，天然の素材としての芝生の価値はかえ難いものであり，可能な限り天然芝の利用をはかりたい．野球場でも東京ドームの出現時は人工芝の人気があったが，近年は天然芝が見直され，わが国でも1999年に鶴岡，2000年には神戸に，内野も天然芝の野球場が相次いで造られた．前述の保健体育審議会の答申でも，学校体育施設の充実の項目の中で「児童生徒が緑豊かなグラウンドで楽しく安全にスポーツに親しめる環境を創り出すため，学校の実態等に応じて屋外運動場の芝生化を促進する.」と記されている．

（3）スタジアムの計画とグラウンドの計画

　最近建設される競技場では，屋根が大型化し，グラウンド面の日照不足，通風，湿度などが問題となっている．筆者の参画したグラウンドの計画では，いずれの場合も観客席部分の工事がすでに着工されたあとにグラウンドの計画委員会が招集された．良好な芝生を維持するためには日照，通風の確保が重要であり，そのことを考慮して観客席部分の構造を設計するべきであるが，現状においては副次的な施設である観客席の設計が優先され，中心施設であるはずのグラウンドの造成管理については，芝生に対する悪条件を前提とした計画が強いられているのは憂慮すべきことである．ワールドカップ級のスタジアムでは，スタジアムの建設費に対してグラウンド面の造成費用は1％にも満たない．ス

タジアムの屋根の一部を削ってその予算を芝生の造成管理にまわせば，グラウンドの芝生の質をもっと向上させることができよう．

(4) スポーツグラウンド造成管理の総合的な計画

　スポーツグラウンド造成管理の基本的事項として，基盤（床土）構造，芝草の種類，芝生管理がある．個々の要点は後述するが，これらは別々に決定するのではなく，相互の関係をみながら総合的に計画を進める必要がある．また，計画を立てる際には，気候条件と用途（競技のレベル，使用頻度など）に応じた設計を行う必要がある．これらの関係を簡単に示すと図VI-17のようになる．

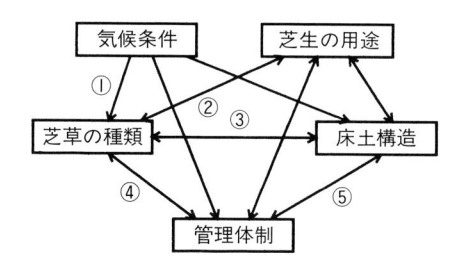

図VI-17 スポーツグラウンドの造成管理計画における諸条件間の相互関係
相互関係の例…①寒冷地では寒地型，暖地では暖地型が適する．②踏圧の激しい所には，ほふく茎の発達した芝草が適する．③寒地型の芝草では，特に砂主体構造の必要性が高い．④寒地型の芝草は，温暖地では集約的な管理が必要．⑤砂主体構造の場合には，高頻度の灌水や施肥が必要．

　芝生の造成管理に関する技術は年々進歩し，時代とともにグラウンドの状態が変化してきた．近年の大きな変化としては，砂を主体とした床土造成と寒地型芝草の導入がある．以下に解説する．

(5) 基盤（床土）構造

a. 土壌の粒径組成

　近年建設される大規模な競技場の基盤は，砂を主体とした構造が主流である．一般の土壌に比べて保水性，保肥性は劣るが，透水性，通気性に優るという特

徴がある．一般の土壌は頻繁に踏まれると固結して透水・通気性が悪化し，このような場合には後述のエアレーションなどの作業を行っても全面的な回復は困難である．それに対し，砂主体の欠陥である保水・保肥性の問題は，管理に手間のかけられる競技場では灌水と施肥で補うことができる．このような理由で，初めはゴルフ場のグリーンで砂主体の構造が普及し，競技場でも採用されることが多くなってきた．

砂を主体とした場合でも，その粒の大きさによって土壌の物理性が変化する．平均粒径が大きく，また粒径の均一性が高いほど固結しにくい．しかし，限度を超えると剪断抵抗が低下し，強く踏み込まれたときに凹凸が生じやすくなる．適切な粒径組成については，各所の研究機関などからさまざまな基準が提示されている．相対的にみると，アメリカのシステムは透水性を重視しているのに対し，ドイツやイギリスのシステムは剪断抵抗を重視して粒径をやや細かくしているといった違いがみられる．所在地の降水条件や芝生の用途に応じて調整する必要がある．

b．断面構造と排水システム

砂主体の構造では透水性が良好なために乾燥が問題となり，土壌水分を保つ仕組みを考える必要が生じてくる．1959年にアメリカのパデュー大学で開発されたパーウィック方式（Purr-Wick system）は，底面にプラスチックシートを敷いて遮水する方式である．翌1960年にアメリカ合衆国ゴルフ連盟（USGA）が発表したUSGA方式（USGA green section method）は，上層と中層，中層と下層の粒径を不連続に変化させることにより水分張力によって水を保つ仕組みである．いずれの方法もその後たびたび改良が加えられた．一方，カリフォルニア大学（California method）方式やドイツ工業規格（DIN）などでは，根圏土壌と基盤土壌との間を水が自然に上下できるように粒径を考えている．現在では，これらの方式にさまざまな工夫が積み重ねられて無数の工法が発表されており，その全貌は把握しきれないが，水の動きについての基本構造からは図VI-18のように，自由浸透型，張力保水型，底面遮水型（いずれも仮称）のよ

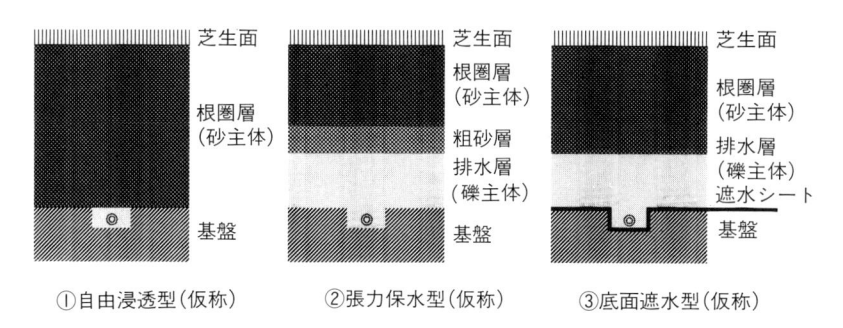

VI. 緑地環境の創出と保全　　　211

図VI-18　床土構造の3類型

①自由浸透型(仮称)：芝生面／根圏層(砂主体)／基盤

②張力保水型(仮称)：芝生面／根圏層(砂主体)／粗砂層／排水層(礫主体)／基盤

③底面遮水型(仮称)：芝生面／根圏層(砂主体)／排水層(礫主体)／遮水シート／基盤

この図は各類型の基本的構造を簡略に示したもので，細部の構造は多数ある工法ごとに異なる．

うな3類型に区分することができる．

c．灌水設備

競技場では，固定スプリンクラー，移動式スプリンクラー，地中灌水などの方法によって灌水が行われる．

日本の競技場では，ピッチ (pitch；ゴールラインとタッチラインで囲まれた部分) 内には固定式のスプリンクラーヘッドを設置しないことが固定観念となってきた．ほとんどの競技場ではピッチの外に5～6基のスプリンクラーヘッドを設置し，撒きむらの部分はホースを伸ばして移動式スプリンクラーで手撒き散水を行っている．しかしながら，小型のスプリンクラーヘッドをピッチ内にも設置すれば灌水量が平均化し，手撒きによる手間を大幅に省くことができる．海外においてはよくみられることであり，競技への影響も問題となっていない．また，地中灌水は前述の底面遮水型の基盤などで併設されることのある方法で，穴の開いた給水パイプを地中に敷設するものである．

d．地中冷暖房システム

寒地型の芝草でも厳冬期には生育状態が悪化する．そこで，低温による障害の抑制，融雪，土壌凍結による透水性の低下の抑制などの目的から，北欧において地中暖房が発達した．日本でも研究が進められ，試験的な施工を経て，本

格的な競技場としては横浜国際競技場に初めて地中暖房が設置された．

　地中暖房の方法は3つに大別できる．1つは電熱線を用いた方法であるが，維持費が高いことなどから現在はあまり利用されていない．2つめは循環水をパイプに通し，ヒートポンプで熱交換を行う方式である．循環水は，比熱を高めるためにエチレングリコールなどの物質を混ぜている．横浜国際競技場などはこの方式であり，現在のところ最も一般的な方法である．3つめは，地中の給水パイプに穴を開けて温水を土壌中に浸透させ，それより深い位置に埋設した排水パイプに戻す方式である．透水性が非常によい土壌構造との併用が条件である．パイプの中だけを循環させる方式に比べ，土壌乾燥を防ぎ，地温の均一性が高いという利点がある．

　また，夏季の地温を下げて病害の発生を抑制するための地中冷房についても研究が進められている．水を循環させる方式では温水を冷水にかえることにより，パイプ部分は暖房と冷房の併用が可能である．

(6) 芝草の種類

　芝生に用いる植物についての規定はないが，以下のような条件に合う植物を探すとほぼイネ科に限られ，その中でも種類が限定されてくる．

　①踏まれても枯れにくく，また傷んでも回復が早いこと
　②草丈があまり高くならず，生長点が低くて刈込みにも耐えること
　③踏まれても汁などが出にくいこと
　④とげや毒などを持たないこと
　⑤ボールが滑らかに転がること（葉が細かく，茎，花，実などがボールの動きに影響しないこと）

　芝生に使用される植物は芝草と呼ばれる．芝草に関してはⅢ章1.「草本緑地植物の種類と生態」で概説されているが，スポーツグラウンドで使用するには，踏圧に強いことが重要な条件となる．主要な芝草を表Ⅵ-11に示す．これらは，温度に対する適応性から暖地型と寒地型とに大別できる．暖地型芝草はC_4植物で温暖地に適し，ほふく茎のよく発達する種が多い．低温になると休眠して地

表VI-11 スポーツターフによく用いられる芝草

暖地型		
ノシバ（シバ）*	*Zoysia japonica*	ほふく茎発達
コウライシバ（コウシュンシバ）*	*Zoysia matrella*	ほふく茎発達
バーミューダグラス（ギョウギシバ）	*Cynodon dactylon*	ほふく茎発達
ティフウェー（ティフトン419）：バーミューダグラスとアフリカンバーミューダグラスの交雑によって作られた品種の1つであるが，スポーツターフでよく利用されている．		
寒地型		
ケンタッキーブルーグラス（ナガハグサ）	*Poa pratensis*	地下ほふく茎があるが伸長は遅い
トールフェスク（オニウシノケグサ）	*Festuca arundinacea*	ときに短いほふく茎を生じる
ペレニアルライグラス（ホソムギ）	*Lolium perenne*	ほふく茎なし
クリーピングベントグラス（ハイコヌカグサ）	*Agrostis stolonifera*	地上ほふく茎発達

*Zoysia 属には和名に混乱があり，下記のように通称と和名が異なっている．特にコウライシバという名称は別の種を指すことがあるので注意を要する．本書では，造園・芝生関係者の一般的な呼称を使用した．

　　学　名：*Z. japonica*　　　*Z. matrella*　　　*Z. tenuifolia*
　　和　名：シ　バ　　　　　コウシュンシバ　　コウライシバ
　　通　称：ノシバ　　　　　コウライシバ　　　ビロードシバ

上部が枯れる．寒地型芝草はC$_3$植物で寒冷地に適し，ほふく茎を持たない種が多く，持つものでも伸長は旺盛でない．高温期には病気に罹りやすく管理に手間を要する．種類の選択には，気候条件を配慮することも重要である．芝草選択の観点からは，日本を次のような3つの地域に分けることができる．

a．寒冷地（北海道・東北地方）

寒冷地では寒地型芝草を夏季も通して維持することが比較的容易であり，また暖地型で最も耐寒性の強いノシバの自生北限は北海道南部までである．そこで，スポーツグラウンドでも寒地型芝草のケンタッキーブルーグラス，トールフェスク，ペレニアルライグラスなどが主となり，ゴルフ場のグリーンなどではベントグラスも用いられる．

b．温暖地（九州南部・沖縄）

暖地では，暖地型芝草を冬季も含めて常緑に維持することができる．ノシバ，

コウライシバ，バーミューダグラスなどが用いられる．

c．移行地帯（本州，四国，九州主要部）

暖地と寒地の間にある移行地帯と呼ばれる地域では，暖地型芝草は冬季に休眠し，地上部は枯死して褐色になる．一方，寒地型芝草は夏季に罹病しやすくなり維持が難しい．このような条件下では，次の3つの選択枝が考えられる．第1はノシバ，コウライシバなどの暖地型を用い，冬季に褐色となるのは自然のことと受けとめる方法である．第2は寒地型芝草を用いて常緑に保つ方法である．ケンタッキーブルーグラス，トールフェスク，ペレニアルライグラスの3種を混播しているところが多い．夏季の維持には高度な管理技術が必要である．第3は暖地型芝草の上から寒地型芝草の種子を毎年秋に播種することによって冬季の緑を保ち，晩春に再び寒地型から暖地型に戻す方法で，冬季オーバーシーディングと呼ばれる．バーミューダグラスとペレニアルライグラスの組合せにしているところが多い．

従前は暖地型だけのところが多かったが，サッカーJリーグの発足時に常緑芝のホームグラウンドを持つことが加盟チームの要件となったことなどから，寒地型のみ，あるいは冬季オーバーシーディングのところが急速に増えた．

(7) 育 成 管 理

スポーツグラウンドの主要な管理項目の概要を以下に記す．実際に作業が行われる年間回数の参考として，国立競技場の事例を表VI-12に示す．国立競技場は，ティフトン419の上にペレニアルライグラスを冬季オーバーシーディングする方式である．気候，土壌などの条件や使用芝草の種類，グラウンドの使用頻度や競技の内容などによって，管理作業の方法や頻度も異なる．

a．灌　　水

灌水は，基盤構造の項に記したような灌水設備によって行う．砂主体の床土構造の場合は特に頻繁な灌水が必要であり，夏場はほとんど毎日行う．夏の日

VI. 緑地環境の創出と保全

表VI-12　国立霞ヶ丘競技場の年間管理（平成8年度）

	4月	5月	6月	7月	8月	9月	10月	11月	12月	1月	2月	3月	合計
芝生状況	夏芝養成期			夏芝成長最盛期			夏芝成熟期		夏芝休眠期				
芝生養生期間	夏季養生期間						保温シート養生期間						
WOS*	トランジション（草種切替え）					播種	冬芝養成期		冬芝成熟期				
刈込み	10	11	9	9	8	10	9	9	5	6	3	4	93
施肥(化成肥料)				1	2		1	2					6
施肥(有機肥料)	1												1
施肥(液体肥料)		1					1	1	2	1	2	2	10
着色剤散布							1	1	3	3	2		10
散水 (回数)	4	5	5	10	14	6	8	3	2	6	2	6	71
散水 (t)	138	229	348	754	957	324	307	90	97	184	84	219	3,731
全面目土掛け		1		1	1	2							5
ブラシ掛け	1	1											2
エアレーション	1	1											2
シャッタリング	1		1										2
殺菌剤散布				1									1
殺虫剤散布			1		1								2

*WOS（ウィンターオーバーシーディング）：夏芝（暖地型芝草）と冬芝（寒地型芝草）を季節により切りかえる管理作業．
日本体育・学校健康センター，平成10年度「芝生の概要と維持管理について」報告書より作成．

中の灌水はお湯のようになり害があるので避ける．また，夕刻の灌水は夜間に病害の発生を誘発する要因ともなるので，早朝に撒くのが望ましい．頻度の高い少量ずつの灌水は根の伸長を抑制する．回数を減らして十分な灌水を行う方がよい．

夏の日中に霧状の散水を行うことで葉温を下げる方法があり，シリンジング(syringing)と呼ばれる．空中湿度の低い地域では有効であるが，湿度の高い日本ではほとんど行われていない．

b. 刈込み

刈込みは草高を適切に保ち，芝生面を平滑にするために一定の高さに刈り揃える作業である．スポーツグラウンドの草高についての規定はないが，通常20～30 mm程度である．高く伸びた状態から急に低く刈ると葉がなくなる．したがって，刈高が低いほど，刈込み頻度を高くする必要がある．

芝刈機の走行方向をかえると茎葉の傾く方向がかわり，遠くからみると色合いが異なってみえる．このことを利用し，図VI-19のように芝生面に縞や碁盤目

図VI-19　ストライプ模様で試合を待つ芝

図VI-20　ラインに沿って肥料の散布

などの模様を付けることもできる．

c．施　　　　肥

　窒素，リン酸，カリウムの3要素が入った化成肥料を施用することが多い．必要に応じてカルシウム，マグネシウム，鉄，ケイ素など微量要素も含めた施肥を行う．肥料は過剰に与えると芝草に害となるので，適量に留意する．管理の手数が十分にかけられる場合には，芝草の生長をみながら，少量ずつ高頻度で行うことが望ましいが，頻度が少ない場合には緩効性の肥料を用いる．肥料散布には図VI-20のような器具を用いる．

d. 土　壌　通　気

　土壌通気は，固結した土壌に穴を開けて通気性を回復させる作業である．エアレーションともいう．回転刃で切込みを入れる(スライシング，slicing)，金属棒で穴を開ける(スパイキング，spiking)，中空の円筒で土を抜き取る(コアリング，coring，図VI-21)，金属板を土中に差し込んで振動させる(シャッタリング，shattering) などの方法がある．

図VI-21　円筒で土を抜き取るコアリング

e. 目　　　　　土

　目土 (topdressing) は，芝生の上から薄く土を掛ける作業である．芝生面の凹凸を均し，ほふく茎や根の生長を促すために行う．厚く撒くと葉が埋もれて傷むので，多くても5 mm 程度までにする．芝草が生長すると，上から撒いた目土もやがて床土にかわる．そこで，目土の材料は床土に近い材質のものを用いる．砂を用いる場合には目砂ともいわれるが，これも含めて目土である．

f. 追　　播

　従来の追播（オーバーシーディング）は，芝生の裸地化したところに播種する作業である．ほふく茎の発達する芝草では，一部が裸地化しても周囲からのほふく茎の伸長による回復が望めるが，ほふく茎を持たない草種では追播が必要となる．また，芝生を常緑に保つ目的で暖地型芝草の芝生の上から寒地型芝草の種子を播くという方法が普及し，これは冬季オーバーシーディングと呼ばれる．冬季に緑を保つ目的であるが，播種を行うのは秋である．

g. その他の管理

　その他の管理作業としては以下のようなものがあり，必要に応じて実施される．
　①転圧…ローラーを転がして芝生面の凹凸を均す．
　②シート掛け…冬季の低温から芝生を守るためシートを掛けて保温する．
　③ブラッシング…目土を均したり，刈込みによって横に寝た葉を起こすために行う．
　④踏圧保護資材…ゴムチップなどの資材を散布し，踏圧による損傷を軽減する．
　⑤着色剤…冬季に葉の色調をよくするために使用されることがある．

(8) 保 護 管 理

a. 防除の対象

　芝草と雑草の区別は，芝生の使用目的によって異なる．省管理で植生で覆われていることだけを目指す場合には，広範な草種を芝草として受け入れることができる．ボールの転がりなどに高度な均一性を求める場合には，目的種以外のものは雑草となる．
　芝草の病害は多種あるが，放置すると急速に広まって大面積が枯死に至るものもあれば，一時期は見栄えなどに問題が生じても，季節が移れば自然に回復

するものもある．

虫害にも，ケラのようにわずかに食害するだけのものから，コガネムシ類やツトガなどのように大面積が被害を受けるものまである．

良好な芝生を維持するためには，雑草や病虫害を防除するための管理が必要となるが，どの範囲までを防除対象とするかは，グラウンドごとの条件を勘案する必要がある．

b．耕種的防除

雑草や病害の発生は，環境条件に大きく影響される．床土構造，グラウンド面の通風，刈込み，施肥，灌水などの管理を適切に行うことによって，ある程度は侵入を軽減することができる．ただし，雑草の種類によって刈高の高いときに増える種と低いときに増える種とがあり，病害の種類によって窒素過多で発生しやすいものと窒素不足で発生しやすいものとがあるなど，適切な管理手法は単純ではない．専門書に記されたような雑草や病虫害の性質を把握したうえで，さらに現場の条件に応じた判断が必要になる．

雑草は発生初期からこまめに手取除草を行い，繁殖を防ぐことが望ましい．害虫の防除には，誘引剤を用いた捕殺やフェロモンによる交尾の撹乱などの方法がある．

c．農薬による防除

前述のような方法で防除しきれない場合には，除草剤，殺菌剤，殺虫剤などの使用が必要となる．農薬は使用方法によっては環境汚染を起こすことになるので，十分な注意が必要である．砂糖も塩も過剰に摂取すれば害になる．このことから，一見相反する2つのことがいえる．一方は，完全に無害な物質はあり得ず，どんなに毒性の低いものであれ使用しないに越したことはないという考えであり，もう一方は，必要があって使用する物質については多少の毒性はやむを得ないという考えである．

農薬については，必要以上の使用を避け，他の方法による防除手段を考究す

べきであると同時に，毒性や残効性を下げるよう開発の進んだ農薬を一律に否定するのも現実的でない．

　農薬の過剰な使用を防ぐためには，次のようなことに留意する．①目的とする草種や病害の種類に応じて適切な薬剤を選ぶ．②発生消長に応じて適切な時期に散布し，無駄な散布をしない．③散布量や濃度の基準を守る．④登録された農薬は毒性と魚毒性が試験されているので，できるだけ毒性の低いものを選ぶ．

(9) グラウンドの品質基準

　スポーツグラウンドの芝生品質については，現在のところ公式な基準はほとんどない．国土交通省，国際サッカー連盟（FIFA），日本サッカー協会などの基準案でも，天然芝で全面が覆われていれば，草種，刈高などは不問である．ドイツ工業規格，イギリスのスポーツターフ研究所などでは，透水性やボールの弾みなどいくつかの項目についての基準を提示している．日本でもいくつかの研究機関により，芝草の状態（草高，葉色など），土壌の状態（土壌の硬さ，透水性など），競技上の特性（ボールの弾みや転がりなど）についてデータが集積されつつある．その目的は良質な芝生を維持することにあるが，許容数値範囲を必要以上に狭くすることは意図していない．選手や観客がグラウンド状態の特性を知ることにより，試合運びや観戦の視点が高度になることが期待できる．

(10) 管理者の資質

　スポーツグラウンドの芝生はかなり集約的な管理が必要であり，管理者となるには高度な知識と技術を持つことが必要である．設計，施工，管理に携わる人に望まれる資格としては，技術士（日本技術士会），造園施工管理技士（全国建設研修センター），芝草管理技術者（日本芝草研究開発機構），緑の安全管理士（緑の安全推進協会）などがある．

4. のり面の緑化技術

(1) のり面緑化の基礎

a. 名 称 と 目 的

のり面（face of slope）とは，図VI-22に示すように，人工的に造られた斜面の総称である．傾斜地に平坦地を造成する場合には，必ずのり面は生ずる．すなわち，日本のように国土面積が狭く，傾斜地が多いところでは，道路，農地，宅地などあらゆる場面でのり面が造られる．特に高速自動車道路は，そのルートが市街地ではなく，これまで道路建設の対象とはなってこなかった丘陵や山間部を通っているため，のり面の面積が広大となった．

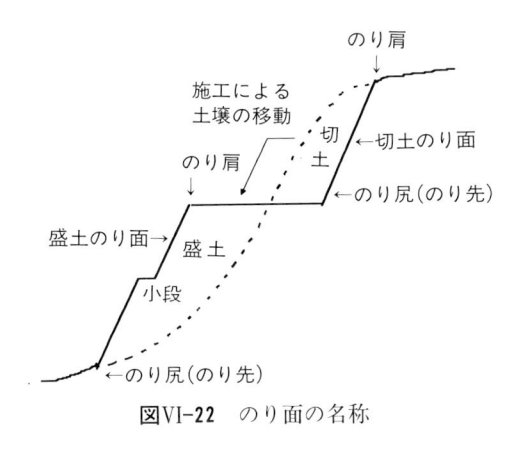

図VI-22　のり面の名称

のり面には，現況地形を削り取って造られた切土のり面と，削り取った土を盛ることによって造る盛土のり面がある．切土のり面は，地山が直接のり面になるため，地山の条件が直接影響を及ぼす．これに対して盛土のり面は，土質材料や締固めの程度など，造成時にさまざまな条件を人為的に改変することができる，より人工的なのり面である．このように，同じのり面であっても，切土のり面と盛土のり面では，その土質には大きな違いがある．

のり面には，のり尻（toe of slope，のり先），のり肩（top of slope）および小段（berm，犬走り）のように，独特の呼び名がある．また，のり面の傾きは勾配で表され，イギリス式と呼ばれる"割"と"分"が使われている．これは，図VI-23に示すように，高さに対する水平距離の比で表される．例えば，のり先からのり肩までの垂直距離(高さ)と水平距離が等しい場合，すなわち，傾斜角が45°ののり面は，"1：1勾配"と表記され，"1割勾配"と表現される．このようにのり面の勾配は，8分勾配が51°20′，1割8分勾配が29°03′というように，表現の数値が小さいほど傾斜が大きいことを示している．

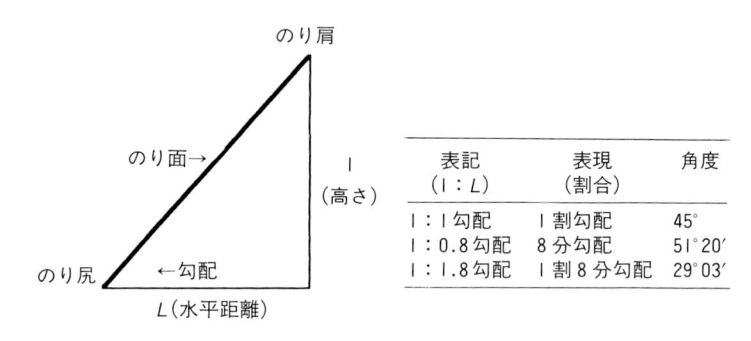

表記 (1：L)	表現 (割合)	角度
1：1勾配	1割勾配	45°
1：0.8勾配	8分勾配	51°20′
1：1.8勾配	1割8分勾配	29°03′

図VI-23 のり面勾配の表記法と表現法

このような，道路や農地などの造成に伴って生じたのり面の侵食や風化あるいは崩落を植生や構造物によって防ぐ工事をのり面保護工と呼び，草本類や木本類といった植物を導入してのり面を被覆する工程をのり面緑化と呼んでいる．そして，のり面緑化の目的は，のり面の安定や土壌侵食の防止，さらには周辺の景観と調和することにある．

b．のり面緑化の技術体系

のり面の緑化技術は，図VI-24に示すような3つの工程で構成される．すなわち，植物の生育基盤の安定をはかる緑化基礎工，実際にのり面に植物を導入する植生工，さらには導入あるいは侵入した植物の維持や保護，または目標植生に合わせて管理や誘導する植生管理工である．以下に，それぞれの工程につい

VI. 緑地環境の創出と保全

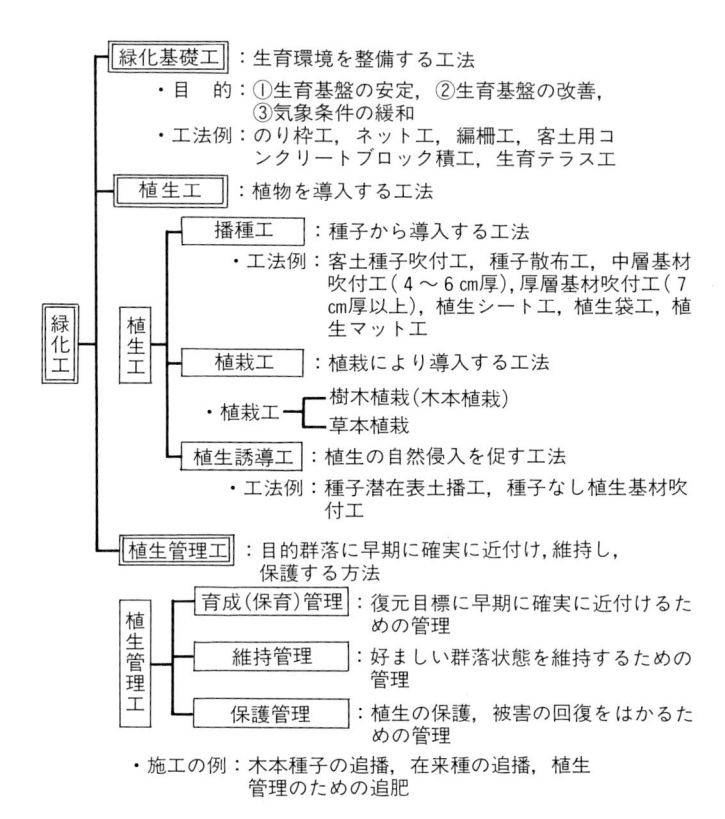

```
                ┌─緑化基礎工─:生育環境を整備する工法
                │    ・目 的:①生育基盤の安定,②生育基盤の改善,
                │            ③気象条件の緩和
                │    ・工法例:のり枠工,ネット工,編柵工,客土用コ
                │            ンクリートブロック積工,生育テラス工
                ├─植生工─:植物を導入する工法
                │    ┌─播種工─:種子から導入する工法
                │    │    ・工法例:客土種子吹付工,種子散布工,中層基材
                │    │            吹付工(4～6 cm厚),厚層基材吹付工(7
 緑            植   │            cm厚以上),植生シート工,植生袋工,植
 化── 生   │            生マット工
 工    工   ├─植栽工─:植栽により導入する工法
                │    │    ・植栽工─┬樹木植栽(木本植栽)
                │    │            └草本植栽
                │    └─植生誘導工─:植生の自然侵入を促す工法
                │         ・工法例:種子潜在表土播工,種子なし植生基材吹
                │                 付工
                └─植生管理工─:目的群落に早期に確実に近付け,維持し,
                              保護する方法
        植   ┌─育成(保育)管理─:復元目標に早期に確実に近付けるた
        生   │                    めの管理
        管   ├─維持管理─:好ましい群落状態を維持するための
        理   │            管理
        工   └─保護管理─:植生の保護,被害の回復をはかるた
                              めの管理
            ・施工の例:木本種子の追播,在来種の追播,植生
                      管理のための追肥
```

図VI-24　緑化工の技術体系（日本緑化工学会,1990）

て説明する.

(2) 緑 化 基 礎 工

のり面緑化とは，植物を導入して，のり面に植物群落を形成するために行う工事である．そのため，まず初めにのり面に植物が導入できる条件，さらには植物群落が形成される条件を整備する必要がある．このように，次の植生工では植物の導入が困難なときに，植物の生育に適するようのり面を改善するために行う工程が緑化基礎工である．この緑化基礎工は，生育基盤の安定，生育基盤の改善および気象条件の緩和の3種類の工程から成り立っている．主な緑化

基礎工の特徴と適用上の留意点を表VI-13にまとめた．実際に適応される工法は，のり面の土質，勾配，気象条件などを検討したうえで，その種類と構造が選定される．

表VI-13 主な緑化基礎工の特徴と適用上の留意点

種類	特徴	留意点
排水工	地下水の増加によるすべり面崩壊やのり表面の流下水による侵食防止．通気性の向上や酸性水などの排除．	確実な集水，のり面へ浸潤させない構造．排水溝では溢水のない断面と漏水のない構造および確実な流末処理．
のり枠工		
吹付枠工，現場打ちコンクリート枠工	のり面の浅部で発生する崩壊に対し，形状，規模に対応できる構造とすることが可能．枠内に植生工の適用ができる．吹付枠工ではのり面の高さや凹凸に幅広く対応できる．	膨張性または収縮性の岩，あるいは，凍結深が深くなる土砂のり面への適用時は十分に検討する必要がある．
プレキャスト枠工	植生基盤となる土砂や植生土のうをのり面に固定保持することができる．	のり面に発生する土圧には対応できないので，はらみ出し，凍上などを生ずる場合は避ける．勾配1:1.0より緩いのり面で枠が洗掘などで沈下しない個所に適用．
編柵工	崩落土砂の部分固定や流下水勢の緩和，あるいは落石，崩雪の緩衝．	植生工との併用を原則とする．将来的な機能確保のため木本類の導入（播種，苗木植付け）を併用することが望ましい．
ネット張工		
金網張工	のり表面の流下水，凍上などによるはく落防止および造成基盤の保持，落石防止に効果がある．	網目が小さすぎたり，永続性のよいものは，木本類の生長に支障となる場合もある．
繊維ネット張工	のり表面の流下水によるはく落防止や，造成基盤の保持に効果がある．	剛性がないので，凍上や落石への対応は難しい．
防風工	網目の細かいネット張工やフェンス工などは，幼芽，稚樹の乾燥や風衝の緩和に役立つ．	風向，風力，効果程度や範囲をよくみきわめる．
植生土のう工	のり面での根の領域確保と固定保持．	袋の網目，耐久性を検討．勾配1:0.8より緩いのり面に適用．

(日本道路協会，1999)

(3) 植 生 工

a．緑化目標の設定と到達までの過程

植生工（vegetation works）の目的には，のり面表層の侵食や崩落を防止することだけでなく，周辺環境との調和をはかったり，維持管理を軽減すること

も含まれている．そのため，周辺の景観や植生あるいは生態系への影響を十分配慮したうえで，その場所に適した植生の姿を予測し，最終的にどのような植生を成立させたいかという緑化目標を設定することが重要である．緑化目標は，群落の相観によっておおまかに，高木性樹木を主体とする高木林型，低木性樹木を主体とする低木林型，草本植物を主体とする草地型および周辺景観や自然環境に特殊な配慮が必要な特殊型に分けられる．また緑化目標には，一般的に次のような機能が期待されている．すなわち，①自然植生に近い構成の群落，②景観と調和する群落，③防災機能が高い群落，④荒廃した生態系の機能回復に有効な群落である．

　植物は生きている．そのため，人工構造物の導入とは異なり，個体の姿や群落の種類組成が時間とともに一定の順序で変化する．この植物群落の種類組成が時間とともに変化することを遷移と呼んでいる．一般的には，生育期間が短い1年生や2年生草本から多年生草本へ，そして低木植生から高木林へと変化する．しかし，この変化の過程や時間は一様ではなく，その土地の土壌，地形，気象および周辺からの種子の供給の量と種類などによって大きく異なる．特にのり面は斜面であるため，表土が薄くて移動しやすく，このことがのり面の遷移の進行を周辺の植生よりも遅らせたり，場合によっては，植物を衰退させて遷移を退行させることもある．

　日本で最も早く開通した名神高速道路のり面に，植生工として外来草本植物を導入してから32～33年後までの植生遷移の例を図VI-25と図VI-26に示した．植生工として導入された草本植物は，立地条件が適さなければ施工後1～2年で衰退し，立地が適しても早いものでは6～7年で，長くても10年後には衰退する．この草本植物の衰退に並行して，周辺に自生する植物種が侵入してくる．はじめは，オオアレチノギクやヨモギなどの草本植物とアカマツやオオヤシャブシなどの風散布型の先駆性の木本植物が侵入する．このような遷移の進行に伴い，のり面の土壌も発達し，木本植物の生育に適した条件が整う．そして，生長した風散布型木本植物に鳥が飛来するようになり，それによって新たに種子が持ち込まれ，さらに遷移が進行する．

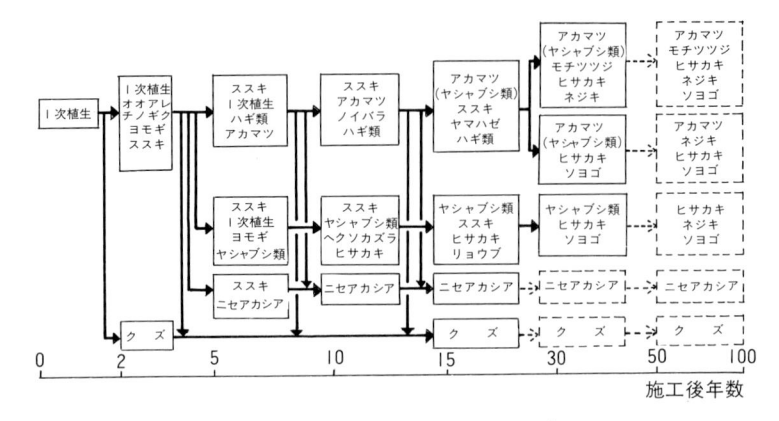

図VI-25 名神高速道路のり面の植生遷移模式図（星子　隆，1999）

　　　内は予測出現種．
1次植生：トールフェスク，ウィーピングラブグラス，オーチャードグラス
ハギ類：キハギ，ヤマハギ，ミヤギノハギ
ヤシャブシ類：ヤシャブシ，オオバヤシャブシ
(ヤシャブシ類)は一部ののり面でヤシャブシ類が侵入していることを示す．

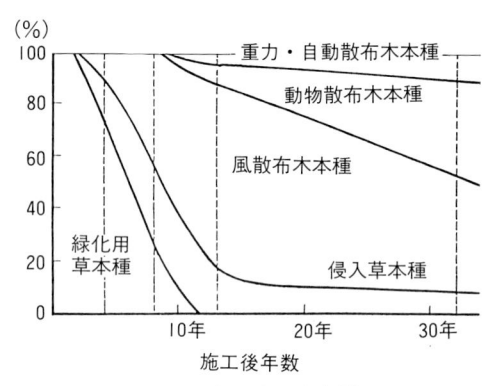

図VI-26 高速道路のり面の被度組成の変化模式図（星子　隆，1999）

　このようなことから，植生工で造成すべき植物群落は，施工対象地の環境調査をもとに，緑化目標までの遷移の進行状況および進行速度を予測し，目標到達までの猶予期間と工法の適用性および経済性などから決めなくてはならない．例えば，目標を高木型に設定したからといっても，はじめから木本類を植

栽する方法から，草本類とともに木本類の種子を散布する方法，あるいは，はじめは草本植物群落を形成しておいて自然に木本植物が侵入するのを待つ方法など，さまざまな組合せが考えられる．しかしいずれの場合でも，まずは，初期の植物群落を計画通りに定着させることが一番大事なことである．

ｂ．導入植物の条件

のり面緑化に限らず，荒廃地や造園などの緑化に用いられる植物を緑化植物と呼ぶが，特にのり面緑化植物には以下のような条件が求められる．

①発芽率や活着率が安定し，生長が早く，繁茂する植物
②適応力が大きい植物
③更新や遷移が容易な植物
④播種や植栽時期の適用幅が長い植物
⑤種子や幼苗が多量に入手できる植物
⑥緑化対象地周辺の生態系を撹乱しない植物

最終的な緑化目標の，どの部分までを植生工で実施するかを明確にする必要がある．のり面に植物を導入することで植生工は終了するが，それは，そこから始まる新たな植物遷移のスタートを準備したにすぎない．導入された植物がその後どのような推移をたどるかを見守ることが大切である．

ｃ．導入植物の種類と選定

導入植物には多くの種類があり，木本植物と草本植物のような形態上の分け方と，在来植物と外来植物のようなその植物の本来の生育地を基準にした分け方がある．

1）外来草本植物

牧草としても利用されている植物がほとんどである．作物としての歴史が長いので，品種改良がよく進み，品質管理もよくなされている．そのため発芽率が高く，種類も豊富で，いくつかの草種や品種を組み合わせることで，さまざまな環境条件に適応させることができる．また，種子の供給体制が安定してお

り，利用に際して時期や場所による制約が少ない．このような特徴を活かして，これまでは機械力を利用した急速緑化の材料として大いに利用されてきた．しかし，生育年限が短く，土地保全の機能を発揮できなかったり，あるいは逆に定着してしまって，侵入種として在来の生態系を脅かしていることが問題となるようになってきて，以前よりも導入には慎重になっている．

2）在来草本植物

周辺環境と調和する植物を導入し，長期的に植物群落を安定させることが緑化の目的の1つであるので，その点では在来植物が優れている．しかし，在来草本植物は，外来草本植物に比べて栽培や採種の歴史が浅く，種子の供給体制がまだ安定していない．そして，品種改良がほとんどなされておらず，品質管理も不十分であるため，種子の発芽率が低く，初期生長が遅い．そのため，利用できる場所も時期も限定されている．

また，在来植物と似たような用語に郷土植物がある．これまで郷土植物は，在来植物と同義とされてきた．しかし，在来植物の需要が増加し，種子を海外から取り寄せるようになり，外国産在来植物が出回るようになるにつれて，より狭義に使われるようになってきた．すなわち，郷土植物をある限られた地域に分布する植物種群である地域種や，国内産在来種に限定するような考え方も示されている．

3）木本植物

木本植物は，根系の発達によってのり面を安定させる効果が草本植物よりも大きい．また，日本の極相は木本類の植物群落であるため，周辺との景観の調和にも優れている．しかし，播種で導入した場合には発芽率が低く，生長も遅いので，群落として形成するまでに多くの時間が必要であり，その間ののり面の保護を別途検討しなくてはならない．

4）導入植物種の選定

導入植物の種類は，施工目的，気象と地質の環境条件，施工時期などをもとに選定する．

①施工目的が土壌侵食の防止を主としている場合には，急速に全面を緑化す

る必要があるので,発芽率が高く,初期生長の早い種類を中心に選定する.一般にこの条件には,外来草本植物が適合している.一方,周辺環境との調和や生態系保全を主目的とする場合には,在来種を選定することとなる.在来種は一般に発芽率が低く,初期生長が遅いので,在来植物が生長するまでのり面を保護するために,外来植物と混播する.また,植生工で導入しようとしている植物群落が,目標緑化に向かう遷移の中での位置付けを明確にすることによって,草本植物か木本植物かが決定される.

②施工対象地の地質や気象条件は,植物の発芽やその後の生長に直接影響する.そのため,それぞれの植物が持っている環境条件に対する耐性や生育特性をもとに検討する.気象要因では気温と降水量,すなわち乾湿と寒暖に対する適応性が,地質要因では土壌硬度と土壌の乾湿およびpHが判断基準となる.

③導入しようとする植物の発芽や生長に適する時期となるように,施工時期を設定する.そのためには,対象地の季節ごとの気象条件を把握する必要がある.あるいは,すでに施工時期が決まっている場合には,その時期に発芽と初期生長が可能な植物種を選定する.

d. 植生工の種類と選定

1) 播種工と植栽工

植物の導入方法には,播種工と植栽工がある.播種工 (seeding works) は,より自然に近い方法なので,自然の回復力を引き出しやすく,地下部の発達がよく,地上部とのバランスもよい.さらに,自然淘汰が円滑に行われるので,より環境に適した強い個体が残る.しかし,植生がより自然に近い推移をするので,それだけ施工対象地の自然についての深い理解と施工に際しての高い技術が要求される.一方,植栽工 (planting works) は,施工直後から緑量を確保でき,目標とする植生により近い群落を早期に得ることができる.しかし,地上部に比べて地下部の生長が貧弱で,のり面に対して不安定な形態をしているので,土壌の緊縛力が小さい.また,植栽で導入された数少ない個体を残そうと管理するので自然淘汰が生じにくく,環境への適応性が低いため,永続的な

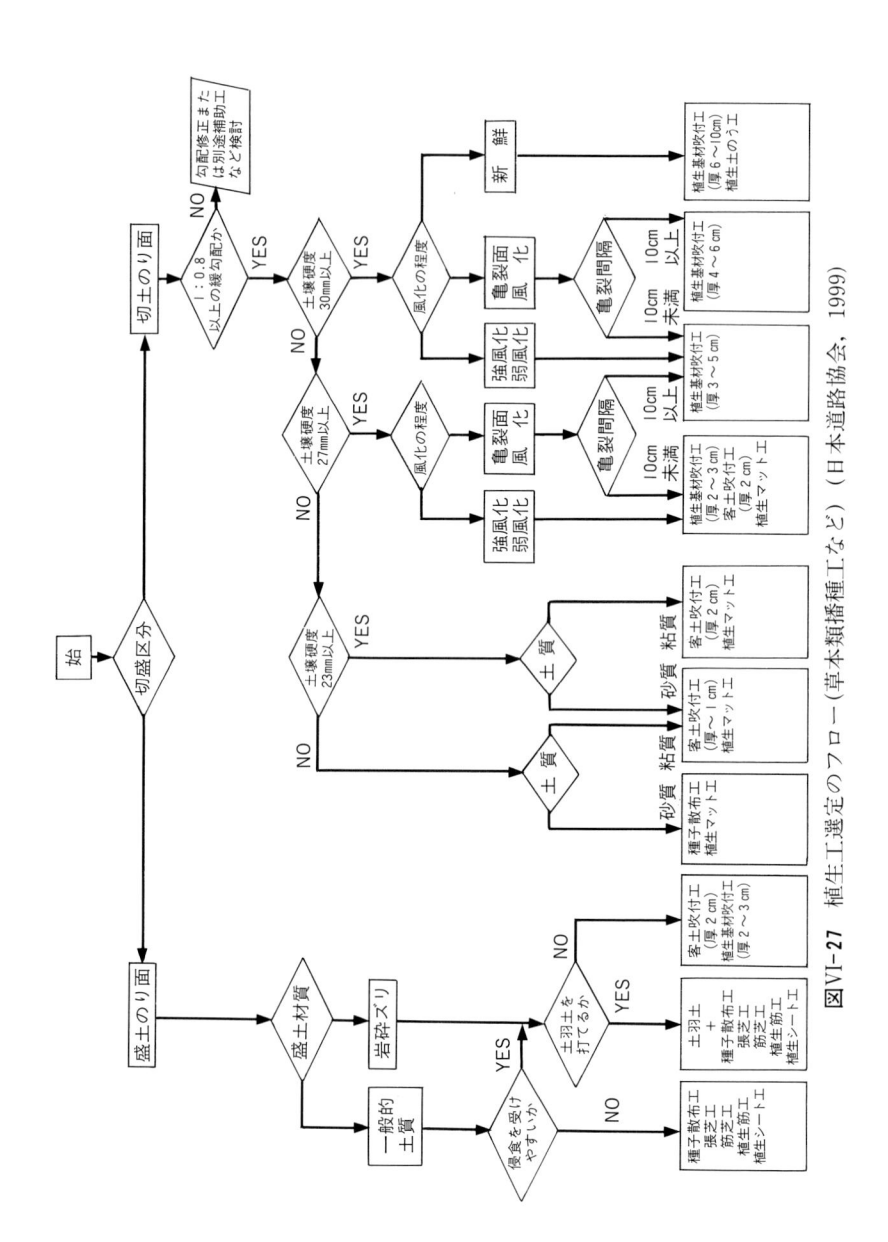

図VI-27 植生工選定のフロー(草本類播種工など)(日本道路協会, 1999)

VI. 緑地環境の創出と保全　　　231

管理が必要である．

2) 工法の種類と選定

播種工選定のフローを図VI-27に示した．工法は，のり面勾配，土壌の硬さおよび土性などによって選定される．また，代表的な播種工の種類と特徴を図VI-28にまとめた．

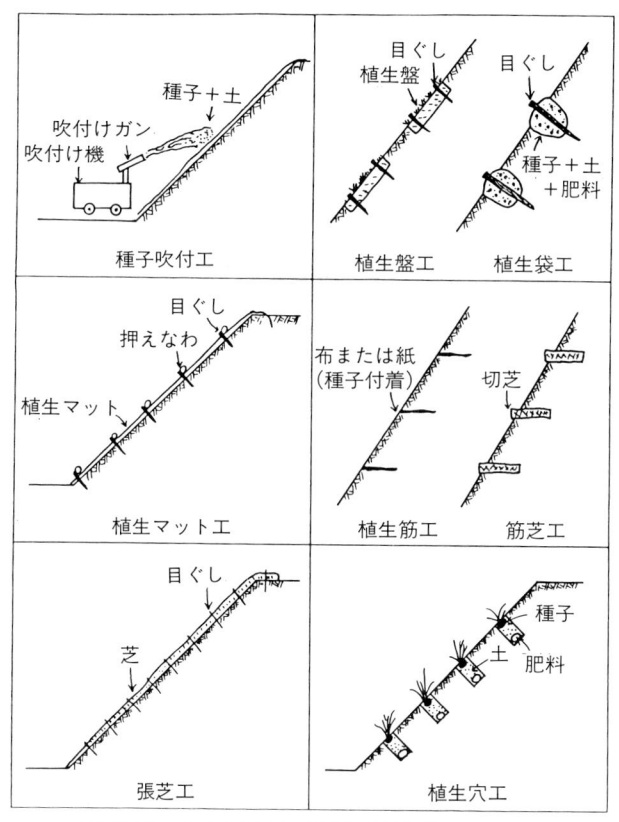

図VI-28　主な植生工の種類（高谷精二，1987）

代表的な工法には，種子吹付工，植生マット工，植生ネット工，植生筋工などがあり，種子吹付工はさらに，吹き付ける資材の種類や厚さによって，客土種子吹付工，中層基材吹付工，厚層基材吹付工などに分けられる．これらの工

法を基本として，約200種類の工法が企業などによって開発されている．

また植栽工は，図VI-29に示すように，苗木，成木，根株などを用いて植生の回復をはかり，柵工，積工などで小段を設けて，移植，挿し木あるいはポット工などで行われている．

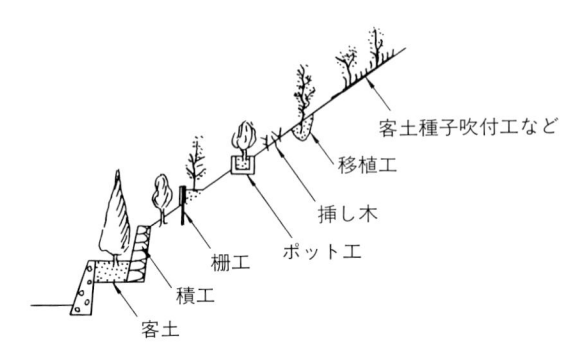

図VI-29　のり面への植栽工の種類（安保　昭，1983）

3）植生誘導工

播種工よりもさらに自然に近い植生工に，植生誘導工がある．これは，これまで紹介した工法と異なり，対象のり面に人為的に特定の植物種を導入するのではなく，植物が自然に侵入できる環境を整えるだけで，あとは周辺から供給された種子や埋土種子（buried-soil seed）からの発芽にまかせてしまおうという工法である．具体的には，表土に含まれる埋土種子に期待する種子潜在表土播工と，周辺からの種子の供給を期待する種子なし植生基材吹付工（無播種吹付工）がある．いずれも，従来の播種工や植栽工に比べれば発芽定着の確実性や植生の均一性の点では劣るが，自然公園内など保全水準の高い地域において，より自然に近い群落を復元する場合に適している．また，播種や植栽では復元できない遺伝子レベルでの郷土植物を復元できる可能性を持っている．

（4）植生管理工

植生工で導入した植物を，早く確実に，設定している緑化目標の植生に近付けるために行う工程である．具体的には，次のような種類に分けられる．

①育成管理…導入した植物を保育し，復元目標に早く確実に近付けるための管理で，追肥，追播，補植，除草，つる切り，除伐などがある．

②維持管理…復元目標の植生に近付いた段階で，その植物群落の形態や機能を維持するために行うもので，施肥，マルチング，草刈りなどの作業がある．

③保護管理…衰退していく植物を保護したり，外力より被害を受けたものを回復させるための管理で，昆虫などにより植物が枯死するなどの危険性が生じた場合，湧水などで植生が衰退したり，のり面が不安定になったりした場合などに行う植生の保護手段である．

5．荒廃地の緑化

　治山とか緑化と呼ばれる技術は，その場所で失われた植生を復元する，あるいはもともとなかった植生を定着させ，想定した過程へ誘導する技術ともいえる．そこでは，土壌，水分，温度，養分などの植生を支える種々の条件で，限界に近い厳しい条件を伴うのが普通で，それを克服する工夫と技術化の努力によって進展してきた．よってこの技術の進展は，さらに厳しい条件の克服を要求する対象への挑戦の歴史でもあり，それは現場の技術者と研究者による果敢な挑戦と，より安定した形への遷移を念頭に置いた自然に対する深い洞察によって支えられてきた．わが国のこの分野での実績と蓄積されてきた技術は，沙漠化の防止や沙漠の緑化への応用・展開を期待されているし，将来的には海上での緑化へ，さらに宇宙での緑化へと進展する可能性すら含んでいる．

　なお，治山と緑化は異なる概念であり，緑化は治山を実現するための1技術分野として捉えられるが，その他多くの分野で修景と環境保全を目的に適用される技術である．

（1）荒廃と荒廃地

　荒廃とは，建物や土地などが荒れて役に立たなくなること，荒れはてることと辞典にある．つまり，ある状態が望ましくない，劣悪な，低位な状態へ大き

く変化する内容を含んでいる．あくまでも，人間にとって望ましくない，劣悪な，低位な状態への変化である．その原因には，自然による場合と人為による場合とがあり，前者では自然災害として，後者では人災や環境破壊などとして認識されることが多い．

　われわれは，自然現象のうち，人間の生存や活動に直接的または間接的に負の大きな影響を及ぼすものを自然災害といっている．遠く離れた無人の小島の火山が噴火しても通常は自然現象として認識され，科学的関心を呼んでも災害とは扱われない．しかし，その噴煙が成層圏に達して地球規模で日射を長期間減少させ，人間の生活に影響するようであれば，大災害と呼ばれる事態もありうる．それか否かは，人間との関わり方で決まる．

　山腹斜面が地震や豪雨で崩壊したり，地すべり（landslide）で移動することは自然なことであり，それを止めたり遅くしたりする人間の行為は，明らかに不自然，非自然なことである．しかし，そこに，または下流に集落や耕地，道路や鉄道などがあり，それらに影響を受けるとき，それに抗する何らかの行動をとる，またはとろうとすることも人間の自然な姿であろう．自然か不自然かを考え，議論するとき，多様な意味や内容を持つこれらの言葉をどのような意味で考え，議論するのかを吟味，確認しながら進めることが大切である．さもなければ，不毛の考察，議論に終わることが多いように思われる．

　原因が何であれ，新たに裸地が生じて侵食により土砂が発生し，流出したそれが渓流内に不安定土砂として堆積し，人間生活への影響が懸念されるとき，われわれは土砂の発生を止め，不安定土砂の流下を抑止することを考える．それを実行するか否かという判断と工法の選択は，投入する経費とその効果とを考慮して行われる．この治山の考え方からすると，土砂の発生域では緑化工を，渓流の不安定土砂に対しては渓間工（stream works）を採用することが考えられる．同様に海岸の砂が風によって移動し，人間生活に影響を及ぼすときには，砂防としてクロマツなどの植栽で抑止する方法が考えられる．従来，このような洪水，流出する土石や飛砂などによって人間生活に直接的に大きな影響を受ける事態が明確な形で生じた荒廃に対して，緑化で対応することが考えられてき

VI. 緑地環境の創出と保全

た．

　しかし，社会的認識の変化や都市の高密度化，農山村の過疎化，経済活動の巨大化に伴い多様で複雑な問題が生じ，新たな形や質の荒廃が出現しつつある．その中には，明確に荒廃と認識されていないものもある．荒廃地（devastated land）と認識されないものが原因で，望ましくない，劣悪な，低位な状態が生ずるものや，そう認識するようになったものである．

　上流から下流まで連続する堤防で洪水を河道内に止め，河口まで速やかに流下させようとする河川管理方式や，市民が海浜に立ち入れないような護岸などの考え方に見直しが求められている．これらは，災害への対策で市民が水辺とそこに形成される生態に親しむことが難しくなったという状態を，望ましくない状態と認識する人々が増えたことによる．これは堤防や護岸が荒廃したのではなく，認識の変化によって新たに荒廃類似の状況とされるものである．道路を街路樹や植込みで緑化することは常識になりつつあるが，機能のみの道路を望ましくない状況だと感じる認識が定着したものである．都市部の河川では自然度を高める種々の形が試みられており，技術的に定着すれば荒廃類似とする認識もその状況も消滅し，街路樹のように当然のものとなるのであろう．

　都市の高密度化による排熱と地表の大部分を不浸透性のもので覆ったためのヒートアイランドの形成，その結果としての局部的豪雨の頻発や都市型の浸水は，新たな質的荒廃状況に由来する．高層建築が林立し，地下街が縦横に走る高密度化した大都市を近代化の象徴と誇ることはあっても，一般的には荒廃していると認識されていない．しかし，大気環境をはじめ，急激な出水による家屋や地下施設の浸水，水没などは明らかに荒廃地と類似の状況とみなせる．巨大な地下排水路を構築するなどの対策はとられつつあるが，基本的には大都市の現状そのものを荒廃状況と認識し，その状況を深く洞察し，政策や行政全般を見直すことから根本的対策は生まれるもので，対症療法的対策は，矛盾を拡大することに帰すると危惧される．

　また，不適切な耕作によって良好な表土が風食を受け，痩せ地化している農地も増えている．沖縄では農耕地から流出する赤土がサンゴ礁海域を汚濁する

一因とされている．さらに，低価格の輸入材に圧されて，植林から伐採，収穫までを一連の技術体系として扱うべき人工林において，適切な撫育，管理を継続できないでいる状況も深刻であり，山林の荒廃に結び付く．本来，除伐や間伐を前提に密植されたスギ林やヒノキ林が，その手入れを受けず放置され，林床は暗くなり下床植生は消滅し，樹冠層からの滴下水は表層土を打撃侵食し続け，表層土は失われ，根系が浮き出ている広大な林分が存在しているのがわが国での実態であり，憂うべき状況である．

このことは，生産の場が荒廃状況を呈しているもので，農林荒廃地として認識すべきものである．現に生産の場である農耕地は単純に緑化できないし，荒廃している森林では立木を間伐して林床に日射を導き入れることが，その対策だという一見逆説的形を呈する．

このような生産に伴う荒廃状況を，生産荒廃地と位置付けたい．かつて，石炭の生産に伴い生じたボタ山は，荒廃と認識され緑化された経緯がある．砕石を含む鉱山や工業地帯にも荒廃状況はみられ，操業上の安全対策に止まらずそれらを明確に荒廃と認識することが重要になっている．

大都市であれ農地であれ林地であれ，その荒廃状況のいずれもが，われわれがある空間の扱い方に深い洞察を欠いたことに起因している．

地球規模での大気環境の悪化が，大きな問題となっている．それ自身が巨大な荒廃ではあるが，因果関係の解明も簡単ではないし，その大きな部分とみなされている原因が先進国の経済活動とかかわるため，その対策も各国の利害に直結し，単純ではない．その中で温室効果ガスによる温暖化の筋書きが的を射ているのなら，人間活動に多様で深刻な影響を与えるとされている．直接的対策はそのガス類の排出削減であるが，他方でその1つの二酸化炭素を吸収し，炭素として固定する森林の機能に期待して，新たな森林の造成が始められている．これには失われた森林の再生に留まらず，森林でなかった部分での森林の造成も含まれている．

このような状況の中で，東南アジアなどでは経済活動として選択したマングローブ (mangrove) 林からエビや魚の養殖池への土地利用の変更が見直されて

いる．養殖の生産性の低下とともに荒廃として認識されてきたためであり，その場所でのマングローブによる再造林である．そこには，林木の再生産を目的とする林業以外の緑化の形もみられる．

　林立する高層建築の屋上や壁面や路面も大都市の質的荒廃の一因になるという認識に立てば，その緑化は単に修景上の意味に留まらない効果をもたらすことになる．これは，造園の中での緑化の新しい形である．もっぱら防災上の機能を期待されていた防波堤や護岸などの沿岸防災施設でも，親水性や近自然，修景に配慮し，大気環境保全などの多様な機能をも期待して，満潮位と干潮位の間の汀線部分でマングローブによる緑化が試みられている．打設したままのコンクリート構造物の外観や，その資材生産から造成に至る間に排出された大量の二酸化炭素を荒廃類似の状況と受け止めるように，ものの見方，考え方が変化しているのである．

　このように，植生が成立する限界としての高地から汀線まで，また僻地から大都会まで，従来の荒廃と荒廃地に加えて新たな様相と意味を持つ荒廃状況と荒廃地が出現しつつあり，緑化の形も内容や意味も変化している．次に，荒廃地を特徴ごとに整理する．

(2) 荒廃地の区分

　従来，治山および砂防の分野では，荒廃地を大別して山地荒廃地および海岸荒廃地とし，前者をさらに禿げ山 (bare land)，崩壊地 (landslip)，地すべり地，渓流荒廃地 (devastated torrent)，特殊荒廃地，荒廃移行地とし，後者を海岸砂地荒廃地および海岸侵食荒廃地としている．

　ここでは前節の記述をもとに，新たな視点からの区分を試み，表VI-14に示した．なお，道路の開削に伴い生じるのり面などは，当該工事の中で対応すべき緑化であり，除いてある．荒廃または荒廃類似の状況でも，対策として緑化を適用できるものと他の方法によるべきものとがある．

表VI-14 荒廃地などの区分

大区分	直接的荒廃地				間接的荒廃地			
中区分	荒廃地		生産荒廃地		荒廃類似都市		荒廃類似防災施設	
小区分	山地荒廃地	海岸荒廃地	農林荒廃地	工業荒廃地	大気環境荒廃地	高流出率荒廃地	荒廃沿岸防災施設	荒廃内陸防災施設
細区分	禿げ山,崩壊地,地すべり地,渓流荒廃地,特殊荒廃地,荒廃移行地	海岸砂地荒廃地,海岸侵食荒廃地	風食農地,侵食農地,手入れ不良林地,不成績造林地の一部など	工場地帯,砕石鉱山など	大都市,工業地帯など	同左	沖合い防波堤,離岸堤,護岸など	連続堤防,三面張り排水路など
備考	狭い意味での従来の荒廃地	同左	緑化を適用しにくいものの不可能ではない	新たな緑化が考えられつつある	同左	同左	状況による,砕波で空中塩分が増加する,同左	状況による,多自然型河川管理と類似の視点から,同左

(3) 荒廃地の特徴と緑化

表VI-14の小区分に従い,荒廃地および荒廃類似状況の特徴と緑化の考え方を簡単に述べる.

a. 山地荒廃地
1) 禿げ山

禿げ山は,風化しやすく,受食性の高い土壌が何らかの理由で植被を失い裸出し,表土が侵食されて裸地化した場所である.裸出の人為的原因としては,製塩や製陶などの燃料または用材として,林木が過度に長期に伐採し続けられたことが主要なものであり,温暖少雨という自然条件により植生の維持が困難な場所もある.瀬戸内海沿岸,瀬戸市や多治見市周辺,琵琶湖南岸などの地域で多くみられる.年降水量が少なく表層土が失われた場所では,侵食防止策と生育基盤の改良策によらなければ,植生の回復は難しい.

2) 崩壊地

崩壊地は,豪雨,渓岸侵食,地震などで山腹斜面が崩落し,地表が撹乱され

た場所である（図VI-30）．崩落面は基岩や硬く有機質の少ない土壌が露出しているため，植生の回復は遅いが，下部の残積土面は湿潤で有機質が多く，土壌の物理性も良好な場合が多く，表土の移動を止めれば植生の回復は比較的容易である．

図VI-30　崩壊地（竹内美次氏　提供）
北海道有珠山で撮影．

3）地 す べ り 地

地すべり地は，山腹斜面が地下水などの影響で比較的緩慢，大規模に移動する場所である（図VI-31）．崩壊地と比較して相対的に緩傾斜で土湿に富み，植生の導入は容易である．地すべりそのものを止めるためには，排水工や排土工などの抑制工と，杭打ち工やアンカー工などの抑止工が施される．

4）渓 流 荒 廃 地

渓流荒廃地は，出水時に渓岸が侵食されたり，上流の崩壊地などから流送された土砂や石礫が不安定に堆積している場所である（図VI-32）．この不安定土砂は，渓床が安定勾配に至るまで洗掘，移動を繰り返すので，2次災害を引き起こす危険性を持っている．このような区間には階段状に渓間工を施し，安定勾配に導き，必要に応じて植生の導入がはかられる．

図VI-31 地すべり荒廃地（竹内美次氏 提供）
秋田県八幡平で撮影.

図VI-32 渓流荒廃地（竹内美次氏 提供）
静岡県大井川で撮影.

5）特殊荒廃地

特殊荒廃地は，特殊な原因や状況によって植生を欠き，裸出している場所で

ある（図VI-33）．鉱石の採掘，精錬などにより排出される有害ガスによる煙害地，溶岩や火砕流堆積物に覆われている火山性荒廃地，高山や地形的に風が収斂する場所にみられる風衝荒廃地，火山や温泉地にみられる強酸性堆積物または変成土壌で植生を欠く荒廃地などの総称である．地形，地質，土壌，気象などの条件や景勝地，文化財としての価値などがかかわり，緑化の困難なものが多い．しかし，足尾の煙害地や北上山地の風衝荒廃地では大きな成果を残しているし，普賢岳の火砕流堆積物には航空機実播工が試みられ，各地で果敢な挑戦が続けられている．

図VI-33　特殊荒廃地（竹内美次氏 提供）
風衝荒廃地．岩手県北上山地で撮影．

6）荒廃移行地

　荒廃移行地は，近い将来，前述の荒廃地に変化する危険性の大きい場所である．種々の原因によるが，山火事跡地が荒廃地に移行するものもある．予防治山として，山腹工，渓間工，緑化工が適宜施される．

b. 海岸荒廃地

1) 海岸砂地荒廃地

海岸砂地荒廃地は，強風や飛砂，飛塩により植生を欠き，砂が移動する海岸砂地や海岸段丘である．植生を導入するためには，まず砂の移動を止めることが必要で，静砂工や堆砂工を施し，砂丘や海岸防災林を造成する．

2) 海岸侵食荒廃地

海岸侵食荒廃地は，河口から流出する土砂が減少したことなどに由来し，海浜が侵食を受けて後退している場所である．海岸砂丘や海岸段丘の侵食には，土木構造物による防潮工を施工し，その陸側に緑化工が施されることもある．

c. 農林荒廃地

農林業の生産の場が，同時に表土の侵食などで荒廃状況を呈するもので，畜産による悪臭や汚水の排出も大規模なものは農林荒廃地と位置付け，他の荒廃地同様積極的に対策を講ずべきであろう．特に，メタンガスは温室効果が格段に大きいとされることから，放置できない現状と認識すべき問題である．

d. 工業荒廃地

特殊荒廃地以外にも鉱・工業に由来する荒廃状況は古くから問題視され，操業上の安全対策はとられてきた．しかし，荒廃を広く捉え，生産の場から生じる排気，廃熱や敷地からの流出水などに荒廃状況が生じない管理を求めていくべきであり，緑化も1つの対策となりうる．

e. 大気環境荒廃地

大都市や工業都市は総体として，排気，廃熱や浮遊煤塵などで大気環境が悪化している．この荒廃状況の中には，酸性雨や健康被害に結び付くものもある．

f. 高流出率荒廃地

　大都市や工業都市または急速に都市化した地域では，林地，草地，農耕地など浸透能の大きい地面や遊水部分を激減させてきた．そのうえ，建造物や道路はもちろんのこと，歩道や公園内でさえ不浸透性の資材で覆っている．結果的に地域の流出率が大きくなり，降雨のほとんどが地表流として直接短時間で流出する．

g. 荒廃沿岸防災施設

　かつては機能のみで満足された沿岸防災施設も，社会的認識の変化により目的とする機能を十分果たしつつ，自然度を高め，修景に配慮し，市民が水辺に親しめるものが求められている．そのような視点から，満足できないものは荒廃類似状況と認識され，緑化の面でも新たな技術開発が待たれる．

h. 荒廃内陸防災施設

　前記のものと同様に機能のみならず，修景および親水性や河川生態系へも配慮する多自然型河川管理が打ち出された．その面が不十分な内陸の防災諸施設も荒廃類似の状況と認識され，新たな対応が求められており，新たな緑化の技術や資材が開発されつつある．

(4) 技術の組立てと緑化後の荒廃

　緑化がかかわる砂防や治山は多岐にわたり，例えば治山事業は渓間工，山腹工 (hillside works)，地すべり防止工および防災林造成，保安林整備などの事業に大別される．膨大で多岐にわたる技術的な詳細は類書にゆずるが，その考え方と組立てを，山腹工を例に簡単に整理して述べる．山腹荒廃地の復旧をいかに実現するかを考えるとき，技術的組立ての考え方を理解していることが重要だからである．

　山腹工の目的は，荒廃の拡大を抑止することで周辺の林地を保持し，植被を

回復し，森林の復元が可能なものには育林的手法を施しうるようにすることである．そのため，主に土木的手法により，土砂の移動を止め，植生の生育基盤を安定させ，場合によってはそれを造成する．山腹工を施工するか否かの判断は，荒廃地の実態を的確に把握して行わねばならず，荒廃の種類，位置，大きさ，崩壊土砂量，成因，土質および地質，周辺の植生，保全対象など多岐にわたる調査を必要とする．それをもとに施工の要否を判断し，施工する場合には工法，工種と積算経費を比較し，総合的に最適の工法および工種を決定する．

　山腹工は山腹基礎工(terrace foundation works)，緑化基礎工(revegetation foundation works)，植生工に大別され，それぞれに多くの工種が，さらに適用する資材や工作物により多くの種別が開発されている．それをまとめて，表VI-15に示した．ほかに山腹浸透促進工もあるが，緑化技術とは関係が薄いので省略した．歴史的な工種，種別から新しいものまで多様であるが，資材には入手しにくいものや施工性で適用しにくくなっているものもあるし，今後も新たなものが開発されるので，この工種や種別は徐々にかわるものである．緑化工としての工種や種別にかかわらず，斜面の固定と速やかな排水を目的とするものも多い．

　山腹工に限らず荒廃地の緑化では，想定する形が完成するまでに長期間を要するものが多い．その間の管理が適切でないため，または社会情勢やわれわれの生活様式が変化したために，想定したものと異なる形に至ることがあり，新たな荒廃状況が出現することもある．

　藩政時代から先人により営々として築かれてきた海岸の防風・防潮林に，そのような状況が頻発している．その保全対象であった農地は住宅地やリゾート施設にかわり，林内にも舗装道路が縦横に開設されているものが多い．このような変化に伴い，風が吹き抜けて林内に乾燥する部分，逆に路面からの排水や路盤が土層内の水の動きを遮断することで湿潤な部分が生じる．これは，主体をなすクロマツの衰退や他の植生の進入という変化の原因になっている．また，マツ林からの恩恵として落葉や落枝を燃料に利用してきた周辺住民の生活様式もかわり，それらが林外に持ち出されることは現在ほとんどみられない．結果

VI. 緑地環境の創出と保全

表VI-15 山腹工の組立て

大区分と工種	内容
山腹基礎工…対象となる崩壊地などに植生を導入する基盤を整備するため，表土や土層を安定させること，表土の侵食，移動を防止すること，湧水や流入する水を速やかに排出することなどを目的とする．	
のり切工	不安定な土層を切り取り勾配を緩和し，凹凸を整地し，安定した斜面を造成する．
土留工	不安定な土砂の抑止，勾配の緩和，表面流の分散などのほか，水路工，暗渠工の基礎，方向変換点の保持を目的とする．
埋設工	のり切などで生じる土砂が，内部破壊や重力などで崩壊，滑動する恐れがあるとき，剪断・摩擦抵抗を高めることを目的とする．
水路工	浸透能が小さい崩壊地に作設する構造物や導入植生の流亡，埋没などを防ぐため，地表流を速やかに排出することを目的とする．
暗渠工	崩壊地に連続する不透水層が存在するなどで，豪雨時の土層の強度低下，間隙水圧の上昇による再崩壊を防ぐことを目的とする．
張工	急な露岩などで植被の定着が難しく，崩壊の拡大で甚大な被害が予想される場合，石材やコンクリートなどで全面を覆う．
アンカー工	地すべり地などで大きな土圧が作用し，土留工を単独で適用できない場合，その補強または地すべり土塊の抑止を目的とする．
のり枠工	斜面を格子状の枠材で小区画に区切り，雨水の集中による侵食を防ぎ，枠内を緑化またはコンクリートなどで被覆し崩落を防ぐ．
モルタル吹付工	急な露岩などで他の工法では斜面の崩落を防止できず，甚大な被害が予想される場合，モルタルなどを吹き付けて崩落を防ぐ．
落石防止工	斜面の転石や岩塊が地震や豪雨で移動，落下し，甚大な被害が予想される場合，落下の防止または保全対象の防護を目的とする．
緑化基礎工…植生が定着し，良好に生育しうる条件を整えるために，基盤としての土壌を造成または改良することを目的とする．	
柵工	表土の移動，流亡や雨裂の発達を防止し，良好な土壌条件を整える目的で，斜面またはのり切工の階段上に柵を設け，山側に埋め土する．
積苗工	のり切した，やせて硬い地盤に直高1～2mごとに段切りし，切芝を積み重ね，山側に膨軟な土壌を埋土し，植栽木の定着，生育条件を整える．
筋工	表面流出の集中による侵食を防止し，苗木などを植栽する場を造成する目的で，斜面に石や木材などを水平な帯状に配置する．
伏工	地表流で侵食を受けやすい粗い土質の急斜面，凍上や霜柱で表土が移動しやすい寒冷地，播種後の種子が乾燥しやすい乾燥地などで，地表を被覆してそれらを防止することを目的とする．
客土工	地味が低い，硬い，酸性，塩基性が強いなどの理由で，施工地の土壌が植生の定着に不適な場合，地味の肥えた膨軟な土壌と入れかえる．
その他	急傾斜や基盤が硬いなどの条件で表土や土壌水分を保持しにくい場合，水平に階段や溝を切り付ける．
植生工…植生の定着条件が劣悪な場合，表土の流亡や侵食を防止し，早急に草本植物の植被を作り，その後の木本植物の定着，導入を容易にすることを目的とする．	
実播工	周辺の植生に近い形へ誘導するために，草本または木本植物の種子を直接播種する．条件により同時に施肥，客土や侵食防止剤の投入を行う．
植生筋工	地表流の集中による侵食の防止と早急な植被の形成を目的に，斜面に水平方向の狭い緑化帯を造成する．
植生伏工	植生筋工と同様の目的で，わらのむしろや合成繊維のマット，シートに種子，肥料，土壌改良材などを添着または挟んだもので，斜面を覆う．
植栽工	短期間で森林を形成する目的で，樹木の苗木を植栽する．その後の遷移に配慮して，厳しい立地条件で定着可能な樹種を選定する．

練積土留工，空張水路工，粗朶暗渠工，三枚積苗工，わら伏工のように，資材や形状などを表現する種別に工種を付して呼称とする．

的に林床の有機物は増加し，そのことが貧弱な養分条件で成立し平衡状態を維持してきたクロマツ林へ，ニセアカシヤなどが進入することを可能にしている．

　後者の変化は自然な遷移であり，放置してよいとする考え方もある．しかし，落葉広葉樹林は冬季に落葉し，常緑のクロマツ林に比べて防風効果は格段に低下する．そのような部分から海風が吹き込み，飛砂が再び生じている個所は各地でみられ，防風・防潮林の機能としては明らかに低下し，荒廃に向かっている．このように，緑化の目的を達成し，機能を維持するためには，継続的で慎重な管理を必要とする．

(5) 施 工 の 事 例

　荒廃地緑化の事例は枚挙に暇がないほど多いが，ここでは，沿岸構造物のマングローブによる緑化の事例を示す(図VI-34)．これは1998年度に試験として施工されたもので，事業として実施された例は未だない．しかし，この試験の良好な推移から，沖縄県知念村志喜屋漁港では2002年度の環境整備事業の一環として，同様の植栽が計画されている．表VI-14に示した新たな緑化の範疇に属

図VI-34 沖縄県知念村志喜屋漁港でのマングローブによる沿岸構造物の緑化試験・施工の状況
①試作植栽枡2基('93年3月〜)，②試作植栽枡2基('96年10月〜)，③植栽枡試験施工5基('98年11月〜)．

VI. 緑地環境の創出と保全

するのものは記載例が少ないので，あえて示した．

　漁港外の被覆石積み沖防波堤の陸側へ設置した5基の植栽枡に，各11本のヤエヤマヒルギを植栽した．全くの海水条件下でも生育するヤエヤマヒルギを適用したこの事例の技術的要点は，①打ち寄せる波で基盤の用土が洗掘されないこと，②幹や枝からタコ足状に出る支持根が植栽基盤に進入できること，③波浪で樹体が破壊されないこと，④想定した大きさに生育するための根圏が確保されることなどである．

　①のためには，用土の表面を強固なもので覆えばよいが，②の条件を満たしにくい．②の条件を容易に満たすものは，用土の洗掘や吸出しを生じやすい．この二律背反の条件を満たすために，ここでは植栽後用土の表面を合成繊維のフェルト状土木シートで覆い，その上にこぶし大の礫を敷き詰め，礫と礫はモルタルで相互に連結している．①と②とを両立させる方法はいくつか試験されてきたが，干潮時には日射に曝され満潮時は海水に没し，波浪も打ち寄せるという条件下で，高い耐久性と施工性を保証する新たな方式の開発が進められている．③および④については，これまでの試験から指針となりうる成果が報告されているので，その体系化が待たれる．沖縄では台風時の波浪も大きいが，それに耐えるように支持するだけでは不十分で，打ち寄せる浮遊物によって破壊される植栽木が初期の試験地で頻発した．そのため，大きな浮遊物が植栽木を

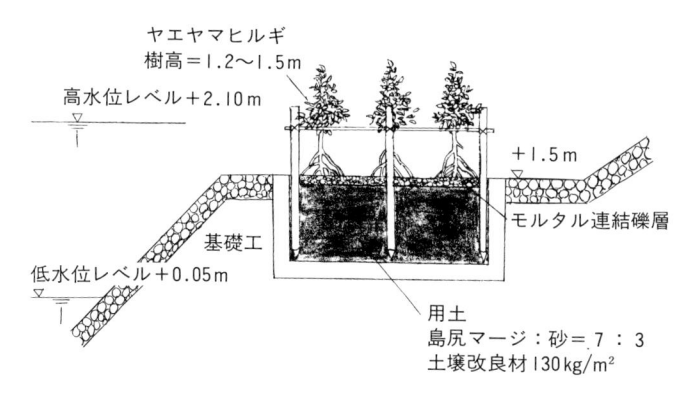

図VI-35　沿岸・沖合い構造物のマングローブによる緑化

直撃しない支柱の組み方が工夫されている．根圏の大きさは植栽枡の大きさと植栽本数で決まるので，想定する樹高により本数を決定する形が検討されている．

常態として海水に浸り，直接波浪にさらされる汀線は，これまで全く緑化の対象とされていない．そのような新たな緑化の例として，沿岸・沖合い構造物のマングローブによる緑化，修景の施工事例を示した（図Ⅵ-35，36）．前述のように，新たな荒廃状況や荒廃地に対して多様な緑化が試みられており，それが事業化され，参入する企業間の技術競争をもたらし，よりよい工法や資材が開発される日も近い．それが，さらに新たな緑化への展開の基礎となることを期待したい．

図Ⅵ-36　沿岸構造物のマングローブによる緑化の試験施工例
左：沖縄県玉城村志堅原階段式護岸（1994年5月〜1996年6月施工），右：沖縄県知念村志喜屋漁港被覆石積防波堤（1998年3月施工）．

VII. 地球環境の保全と修復

1. 森林の保全と修復

(1) 地球環境問題と森林

　地球環境問題は，人間の活動が環境の有限性を越えて急激に拡大したためであり，地球の温暖化，オゾン層の破壊，酸性雨，熱帯林など森林の減少と劣化，野生生物種の減少，沙漠化などがあげられる．このような地球環境問題のほとんどは，次のように森林問題と深くかかわっている．

a．地球温暖化と二酸化炭素

　例えば，地球温暖化は，大気中の二酸化炭素などの濃度の上昇に伴う温室効果によると推定されており，これにより，海面の上昇，農業生産などへのさま

写真：アフリカ東部，ジブティ共和国の沙漠化した草原（写真提供：根本正之）
とげを有する木だけは，動物に摂食されないので残っている．

ざまな悪影響が及ぶと懸念されている．大気中の二酸化炭素などの上昇は，石油，石炭などの化石燃料の消費が主原因であるが，世界の森林，特に熱帯林の減少も関与している．二酸化炭素濃度の上昇を抑制するには，一義的にはエネルギー消費を抑えて二酸化炭素の排出を抑制することにつきるが，二酸化炭素の吸収固定と貯留を行っている森林の機能を活用することは重要である．特に，熱帯林は他の植物群落と比較して，面積，純1次生産量および現存量のいずれも最大であり，二酸化炭素の固定と貯留において重要である（表Ⅶ-1）．

表Ⅶ-1 植物群落の炭素保持量と純1次生産量

植物群落	面積 $10^6 km^2$	純1次生産量			植物現存量		
		t/ha/年	$10^{15}gC$/年	%	t/ha	$10^{15}gC$	%
熱帯多雨林	17.0	22.2	16.8	21.6	455	344	41.5
熱帯季節林	7.5	16.2	5.4	7.0	351	117	14.1
温帯常緑林	5.0	13.1	2.9	3.7	356	79	9.5
温帯落葉林	7.0	12.2	3.8	4.9	305	95	11.5
亜寒帯林	12.0	8.1	4.3	5.5	203	108	13.0
低木林	8.5	7.1	2.7	3.5	58	22	2.7
（森林合計，平均）	57.0	13.2	35.9	46.3	288.0	765.0	92.4
サバンナ	15.0	9.2	6.1	7.9	41	27	3.3
温帯草原	9.0	6.0	2.4	3.1	16	6	0.8
その他	68.0	2.8	8.4	10.8	9	28	3.4
陸地小計	149.0	8.0	52.8	68.0	125	826.5	99.8
外洋	332.0	1.3	18.7	24.1	0.0	0.45	0.1
大陸棚	26.6	3.6	4.3	5.5	0.1	0.12	0.0
藻場，珊瑚礁	0.6	26.3	0.7	0.9	20.3	0.54	0.1
河口域	1.4	16.1	1.0	1.3	10.1	0.63	0.1
湧昇流域	0.4	5.6	0.1	0.1	0.2	0.004	0.0
海洋小計	361.0	1.5	24.8	32.0	0.1	1.74	0.2
世界合計	510.0	3.4	77.6	100.0	37	828.2	100.0

単位…k(キロ): $1,000=10^3$, M(メガ): $1,000,000=10^6$, G(ギガ): $1,000,000,000=10^9$, t(トン): 1,000 kg, 1 Gt=10^{15}g.

(Woodwell, G.M., 1978)

b．熱帯林の減少と生物遺伝子の喪失

地球上の陸地面積の27％を占めるに過ぎない森林（面積3,454万km^2，国連統計1995年）は，年々伐採されて，劣化し，減少の方向にある．1999年に国連食料農業機関（FAO）が公表した『世界森林状況（SOFO）』の報告によれば，

1995年の世界の森林のうち45%が工業先進国に，55%が工業途上国にある．これを15年前と比べると，前者では農地への植林などにより$20×10^6$haの増加がみられるが，後者では熱帯林をはじめとして$200×10^6$haが減少し，全体として$180×10^6$haが減少している（図VII-1）．1990年から5年間については，森林減少率が若干低下傾向にあるものの日本国土の1.5倍の面積に相当し，森林の減少は現在も依然として続いている．

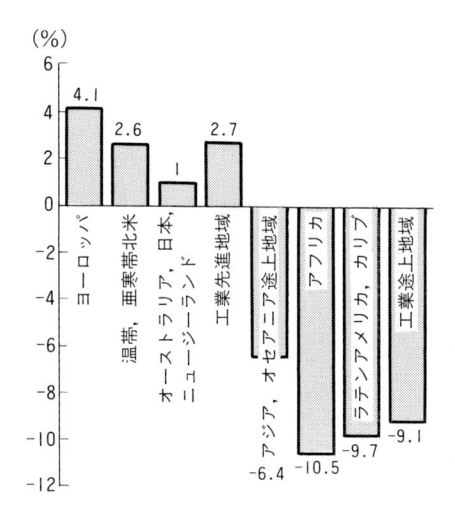

図VII-1 1980年と比較した1995年における森林面積の増減割合（FAO, 1999）
旧ソ連諸国のデータは含まれない．

FAOの評価によれば，熱帯林は1990年には17億haあり，地球上の陸地の炭素貯留量（炭素換算で，植生に5,000億t，土壌に1,380億t）の約半分を有し，既知の生物種（150万～170万種）の半数以上を含むと推定されており，地球環境の保全の点から重要な存在となっている．

また，面積は減少しない場合でも，樹木の成立本数密度が減少し，森林の質が低下する"森林劣化"も進行しており，このために熱帯林の生物量の減少は，森林面積の減少スピードより早いとも推測されている．

(2) 持続可能な森林経営の必要性

森林を守るために森林伐採を中止すればよいという短絡的な保護運動では，

問題は解決しない．人々の生活は，衣食住に必要なさまざまな資源を利用することによって成り立っている．森林はさまざまな林産物の恵みを提供し，長い歴史において人々はこれを利用してきた．しかも，これらの林産資源は，石炭，石油あるいは鉱物などの地下資源と異なり，最終処分で焼却しても再び森林が生長に利用可能な二酸化炭素に変化するだけなので，永久的に再利用可能な環境に優れたリサイクル資源でもある．このためには，持続可能な森林の経営，すなわち，林業の重要性を認識することが必要である．

世界の丸太生産量は33億7,000万m^3であり，その63%は開発途上地域で生産されている(FAO, 1997)．その消費量をみると，薪炭用材は先進地域では全丸太消費量の14%に過ぎないが，途上地域では79%を占めており，途上地域においては，薪炭用材が生活エネルギーとして重要な位置を占め，年々増加している．一方，産業用材の消費量は，全世界で人口の増加に伴い増加している(1980年：$1,460\times 10^6 m^3$，1990年：$1,702\times 10^6 m^3$)．

さらに，FAOによれば，2010年には，産業用材消費量が先進地域において$1,870\times 10^6 m^3$，途上地域において$800\times 10^6 m^3$，世界全体で$2,670\times 10^6 m^3$になり，それぞれ1989年に比べ，1.5倍，2倍および1.6倍になると推計されている．地下資源は，埋蔵量を堀りつくせばそれで終わりであり，また，廃棄すればそれはゴミや環境汚染の原因になる．しかし，森林資源は大気の二酸化炭素を原料に何度でも再生が可能な資源であり，最後に燃焼すれば大気に二酸化炭素が戻るだけで環境汚染源になりえない優れた資源であることを忘れてはならない．しかし，残念ながら，熱帯地域の人工造林は年平均では$1.8\times 10^6 ha$程度に留まっている．

(3) 熱帯林の消失の原因

熱帯林の減少の直接の原因は，不適切な焼畑移動耕作，過放牧，薪炭材の過伐，農地への転用などが主である．これらのほかに，失火などの人為的な森林火災，不適切な商業伐採などが森林の劣化および減少につながった場合もある．また，その背景には，熱帯林地域における人口の急増，貧困層の拡大がある．

熱帯林の伐採は，第1は木材生産のための林業生産地域での伐採である．この場合，持続的な森林経営をねらい，将来も木材が得られるように，森林の生長量を越えない範囲で伐採する規制をとっている．第2は，開発用地での伐採であり，農耕地などへの転用のために森林を伐採する．これは，森林の面積が減少する．一方，焼畑耕作のための伐採，火入れがあり，熱帯林の減少の半分を占めているといわれている．

林業生産用の天然林では，一般に胸高直径 45 cm 以上の大径木だけを伐採し，後継樹の生長を促進させ，輪伐期を確立し，持続的に林業生産を行うことを目標にしている．しかし，木材搬出用道路の建設によって，最初の択伐（一部の木を抜き切りすること）が行われたのち，地元の小さな伐採業者が残存木をねらって2次伐採が行われる．このために，林地には大径木が少なくなり，立木密度が減少する．道路があるために，焼畑農民にとっても入植しやすい耕作地となるために，火入れして焼畑にする．

（4）森林の保全と国際協力の必要性

発展途上国の社会経済的な事情を考慮せずに，熱帯林の伐採を批判して単なる抑制を求めることは，先進国の一方的なエゴに結び付く恐れがあり，現地住民の生活を守らなければ真の解決につながらない．森林保護と利用のバランスを求め，持続可能な開発，発展を求めてこそ，現地の人々の同意を得られるのであり，このためにも持続可能な土地利用のあり方を希求すべきである．

森林の保全をはかるには，森林の取扱いに留意し，土地生産性の向上をはかること，そして，エネルギー消費の抑制を進めることにつきる．前者において具体的には，①有効な土地利用のために立地区分を適正に行う，②森林伐採後の林地の他用途への利用転換をなるべく禁止する，③未利用樹・未利用径級の木材の利用の集約化を行い，伐採面積の減少を促す，④森林を伐採利用した面積だけ造林を行う，⑤伐採・搬出による環境撹乱を最少にし，立地環境を保全して天然更新を促進する，⑥森林の純生産量-炭酸ガス固定力を高めるため，樹木の生長に必要な土壌養分の消失を抑え，立地環境に適した樹種，品種を選択

する，⑦木材以外の林産物の利用を増加あるいは多様化させ，土地生産性を高める，⑧農業生産性を高め，森林への撹乱圧を抑制する，⑨人口増加に伴う移住を抑え定着率を高めるために，土地の生産性を高め集約的な土地利用をはかり森林への人口圧を減少させる，⑩林業と農業を兼ね，かつ住民の定住を促す各地域に適したアグロフォレストリーを開発するなどである．

また，エネルギー消費の抑制のためには，①化石燃料の使用を抑制し，環境保全につながるバイオマス燃料林を造林する，②紙などのリサイクルを行い，木材消費を抑える，③燃材をより効率よく利用する，④木材製品の耐久年数を高めるなどである．

要するに，土地生産性を高めることが望まれ，このために農業技術の向上，流通機構の効率化など，総合的な支援が必要となる．また，森林の再生には，立地環境に適した樹種の選択，組織培養などのバイオテクノロジーの導入，挿し木，苗木の確保，天然林の更新などの森林樹木の生態や生理の解明と植林方法の開発など，造林先進地で取り組んできた技術の応用が期待できる．

持続可能な森林経営を達成するには，何らかの基準や指標を設けて森林経営をチェックすることが必要である．このために，世界ではさまざまな取組みが行われ，例えば，1995年のモントリオールプロセスでは，7基準67指標を設けて，森林の取扱いが持続可能な方向に向かっているか判断する．さらに，民間レベルでは国際的に森林管理協議会（FSC）と国際標準化機構（ISO）の2つの組織が一定の基準を満たす森林やその組織などを認証し，その森林から生産された木材製品などにラベルを貼り，消費者の選択的な購買の一助にする制度がある．

(5) 熱帯林の技術援助目標

わが国は，途上国の熱帯林をはじめ，森林の保全と修復のために国際協力を行っている．その1つとして国際協力事業団（JICA）を通じて20数カ所でプロジェクト方式の技術協力を実施している．そこでは，次の4つの目標を掲げているが，これには技術上の重要なポイントが含まれている．

a. 産業造林

生活の向上に伴って木材に対する需要が増えていくのは，一般的な傾向である．これに対応するには，天然林の伐採量を増やすのではなく，植林によって木材の生産を増やすことが望まれる．これを産業造林と呼び，技術協力の重要な目標の1つである．産業造林では，一般に皆伐跡地で行うために，造林面積が増えれば投資額も膨らみ，失敗すれば投資の回収不能に陥るだけでなく，林地を荒廃させることになる．そこで，造林地の土壌や気象など立地条件を的確に把握し，適地適木に沿った樹種の選定，品種改良，生長予測，木材の市場価格などに留意して実施する必要がある．また，樹種構成が単純になりがちなので，植栽樹種を多様化するとともに，植栽地と天然林の配置に工夫をして，生物相の多様性保全に留意することが重要である．さらに，産業造林では大面積の土地を囲い込み実施されるために，その土地の住民との関係を配慮し，後述の社会林業の思想を取り入れて計画することが望まれる．このことが，植林地の保護にも，天然林を乱伐から守ることにもつながる．

b. 環境造林

熱帯林には，焼畑移動耕作が繰り返されて不毛となった大地，農業開発に失敗した放棄地，土砂崩壊が頻発しやすい急斜地，炭坑や鉱工業の採掘跡地などの荒廃地が多々みられる．このような場所では，森林の再生がきわめて困難であり，収益事業としての産業造林のように投資効果が得られない．しかし，目先の経済性だけに捕らわれずに，地域の環境を保全し，同時に地球環境に寄与するために環境林を造成することは必要である．

c. 社会林業

熱帯林は，地域住民の生活に密接に関わる資源として日常的に利用され，大きな破壊もなく維持されてきた長い歴史がある．しかし，植民地から独立した近年になって天然林が国有化され，伐採権を得た企業が森林経営上の都合から

住民を森林から遠ざけてきた．このために，住民にとって森林は生活に不可欠で大切な存在という意識が薄れ，不法伐採の対象に成り下がり，森林への愛着を失わせたとしても不思議でない．熱帯林を不法伐採から守り，森林の修復にかかるさまざまな問題を解決するには，地域住民の生活を考慮した林業のあり方を考える必要があり，これを社会林業（social forestry）と呼んでいる．社会林業を推進するためには，木材だけでなく，果樹，きのこ，薬草，ロタンなどの林産物に対する諸々の住民のニーズを迅速に把握することや，さらに住民の参加を求めて調査を行い，地域の文化や歴史に配慮するとともに，開発に担い手である女性の参加を促すことが重要である．このような調査と啓もう活動を通じて，住民参加の植林や木材生産を推進しようとするものである．

　また，狭い土地を有効に利用するために，日本でも明治期まで木場作という農業および林業を複合した森林造成が行われてきた．熱帯でもチークなどの人工林伐採跡地を農民に貸与してチークの植栽を実施し，植栽後1〜3年間は，植列間に作物を栽培して農業を行わせる方法（インドネシアではツンバンサリ（Tumgpang Sari），ビルマではタウンヤ（Taungya）と称する）があり，100年以上の歴史がある．地域によって種々の形態の複合的な土地利用がみられるが，近年これをアグロフォレストリー（agroforestry）と包括的に呼び，さらに社会林業の概念を入れて，住民の協力のもとに森林造成を行うという趨勢が広がっている．住民活動を通じて，森林が生活や環境にいかに重要であるかを啓もうすることも重要な内容となっている．

d．天然林の維持および管理

　熱帯林は天然林が大半を占め，その維持および管理は重要な課題である．森林は，地球規模の環境保全，地域の水土保全，林産物の収穫，生物の多様性の維持などのさまざまな機能を持っている．しかし，これらの機能のすべてを1つの森林に期待することではなく，森林を生産林，保護林などに役割区分して管理することが必要である．生産林では，持続的な生産が可能な施業技術が必要になる．天然更新の理論の確立と，その技術開発が求められている．天然構成

樹種の生理・生態的特性の把握，環境要因との関係を明らかにし，管理方法を開発し，現在の二次林をより優れた天然林に誘導する必要がある．

(6) 半乾燥地における森林の修復

　熱帯降雨林は気温と雨に恵まれているので，森林の修復は比較的容易であるが，沙漠や半乾燥地は植物に不可欠な水分不足のために修復が困難となる．一般に，沙漠であっても河川や地下水などの水源に恵まれ，灌水に利用できる場合には，緑化は比較的容易に実現できる．しかし，水源に恵まれず，降水に頼るしかない場合には，雨水の効率的な利用は植林の成功には不可欠である．

　アフリカの赤道直下の国ケニアは，国土の約8割が乾燥地や半乾燥地で占められ，人口の増大によって溢れた農民が，生産性の高い高地から半乾燥地の広がる低地に移住して農耕を始めることになり，年々森林が減少している．このために，半乾燥地の造林技術の開発と普及は緊急な課題となった．JICAのプロジェクト"社会林業訓練計画"では，国家および地域レベルで社会林業の普及を目指し，農家の主婦や学校の児童などを組み入れた活動成果は，全国的に注目されてきた．しかしながら，それまで平均700 mm以上あった年降水量が1992年以降500 mmを下回るようになると，造林木の活着率が5%にまで低下し，その対策が課題となった．半乾燥地では，水分不足が植栽木の生育を決定的に左右しているが，水分以外の環境要因，例えば強い日射量を避けるために被陰樹を残すことを考えたり，土壌養分不足などに原因を求めて，肝心の水分不足の問題を忘れてしまうことがある．

　実際には，周囲に残した樹木は，植栽苗木が必要とする土壌水分を奪い去るために，その被陰効果より水分競合による悪影響の方が大きく，植栽前にこれらの根が植え穴に達しないように植栽地を耕うんしておくことが効果的である．さらに，マイクロウォーターキャッチメントの設置と潔癖除草を組み合わせた集約施業が効果的である．ウォーターキャッチメントとは，斜面を流れ下る雨水を逃さないように小さな土手を苗木の周りに作ることであり，潔癖除草とは，刈払い方式の除草ではなく，中耕により完璧に除草し，草の蒸散を抑制

させ，さらに土壌の毛管水を遮断し，土面からの蒸発を減少させることである．この集約施業によって，年降水量が500 mm前後の厳しい条件下でも植栽木の活着率を大幅に改善できることが明らかになった（図VII-2, 3, 4）．

限られた降水量が植栽地の土壌中に保存され，この水分が植栽木の蒸散に集

図VII-2　ウォーターキャッチメント（左）と潔癖除草（右）
ケニアのプロジェクトでは1994年から導入された耕うん地拵え，ウォーターキャッチメント，従来の刈払い除草にかえた潔癖除草によって，活着率が30％未満から90％以上に向上し

図VII-3　潔癖除草区（左）と刈払い除草区（右）
従来の刈払い除草区に比較して，潔癖除草区の*Senna siamea*の苗木は優れた生長を示す(植栽後9カ月目)．2000年8月1日撮影．

VII. 地球環境の保全と修復

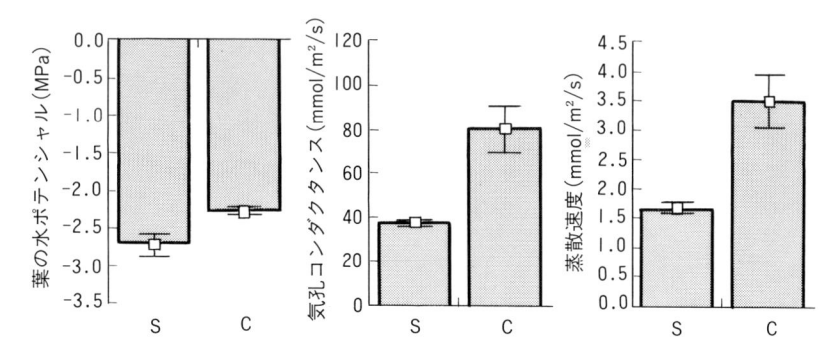

図VII-4 刈払除草区(s)と潔癖除草区(c)の植栽木の葉の水ポテンシャル，気孔コンダクタンス，蒸散速度

潔癖除草区は樹冠葉量が多いのに，単位葉面積当たりの蒸散と気孔コンダクタンスが大きく，他方で水ポテンシャルが高く水ストレスが小さかったことは，根が十分に広く分布していたことを示す．測定は2000年8月日中．

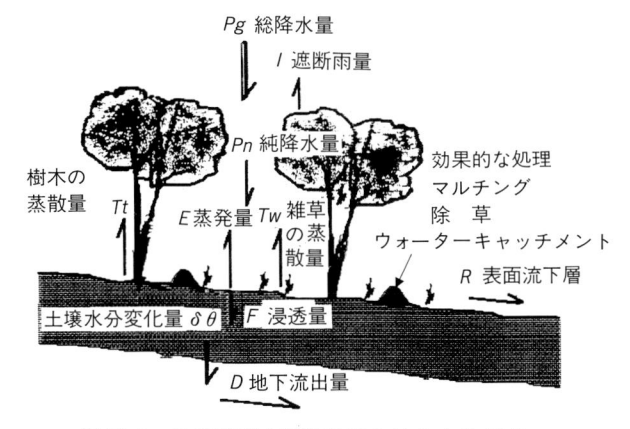

図VII-5 丘陵斜面の植栽地における水分収支

$Pg = Tt + I + E + Tw + D + R + \delta\theta$

半乾燥地では，土壌表面に到達した降水量を逃がさないようにウォーターキャッチメントやテラスを設置して土壌への水分の浸透量を増やし，蓄えられた土壌水分を樹木の蒸散だけに利用させるように除草や土面のマルチングを行うのがポイントである．

中的に利用できるように，植栽地の水分収支を考えて対処すれば，半乾燥地の植林を成功に導ける(図VII-5)．このような半乾燥地では，乾期の間に地拵えとして植え穴とウォーターキャッチメントを設けて雨水を土中に導くことと，土

壌水分の多くを苗木に利用させるように土面からの蒸発を抑制することが肝要である．例えば，小礫や砂，あるいはわらを薄く敷き置くマルチングは，土面蒸発を抑制し，植栽年に限れば大きな効果が期待できる（図Ⅶ-6, 7）．さらに，強い乾期に植栽木の梢端が乾燥のために枯れ下がるのを防ぐには，あらかじめ蒸散を減少するように，下枝打ちすることも効果的である．

このような植栽方式によって活着率は90%以上に向上し，生長も優れるため

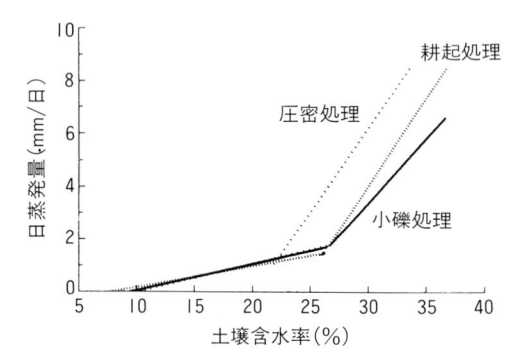

図Ⅶ-6　土壌表面処理の違いによる土壌表面から日蒸発量
土壌表面処理の違いで同じ土壌含水率でも土壌表面からの日蒸発量が異なる．圧密した土壌表面に比べて，表層2 cmを耕起するか，小礫を厚さ1 cmでも置けばマルチング効果が現れ土壌面蒸発を減らし，土壌水分を保持できる．

図Ⅶ-7　対照区（左）と砂マルチ区（右）におけるマルチングの効果
土面を薄い砂でマルチングして土面蒸発量を抑制すれば，60%ほど樹高や直径が大きくなる．植栽後10カ月目の Senna siamea.

に，半乾燥地でも林業投資が可能になり，貧しい農民にとって福音となっている．しかし，問題も残っている．農地では，除草が潔癖に実施されるのは通常であるが，除草によって裸地化した斜面では，雨水により土砂流出を招く恐れがある．また，生物の多様性の保全を考慮すれば，植栽林周囲には天然林を残す必要がある．このために，緩傾斜地に限り植林面積を大きくせずに，地形を考慮して等高線に沿ったステップを設け，土壌侵食防止に努めることが不可欠である．

2．沙漠化の現状と植生回復

(1) 沙漠化とは何か

a．沙漠化の定義

緑地の保全や修復を地球規模で考える場合，私たちの身近に存在する森林，草原，湿原などのほかにも，世界各地の乾燥地で深刻化している沙漠化 (desertification, land degradation) 地域を加える必要がある．1994年6月，国連において採択された沙漠化対処条約 (深刻な干ばつ又は沙漠化に直面する国，特にアフリカ諸国において沙漠化に対処するための条約) は1996年12月に発効され，2年後の1998年12月に日本もその正式な締約国となったからである．

沙漠化対処条約の第1条において，「"沙漠化"は，気候変動と人間活動を含むさまざまな原因によって起こる乾燥 (arid)，半乾燥 (semi-arid) 及び乾性半湿潤 (dry-subhumid) 地域における土地の荒廃である」と定義された．ところで，"土地の荒廃"だけでは漠然としていてどのような状況を指すのかつかみどころがない．しかし，この定義とは別に，「"土地"とは，土壌，ローカルな水資源，地表面および植生 (作物を含む) からできたものとし，その"荒廃"とは，風や水による土壌の侵食とこれらの作用による堆積，自然植生の現存量やそれを構成している種多様性の減少あるいは土壌の塩類化 (salinization) が生じること」というように具体的な説明がなされている．

262　　　　　　　　　　　　　緑地環境学

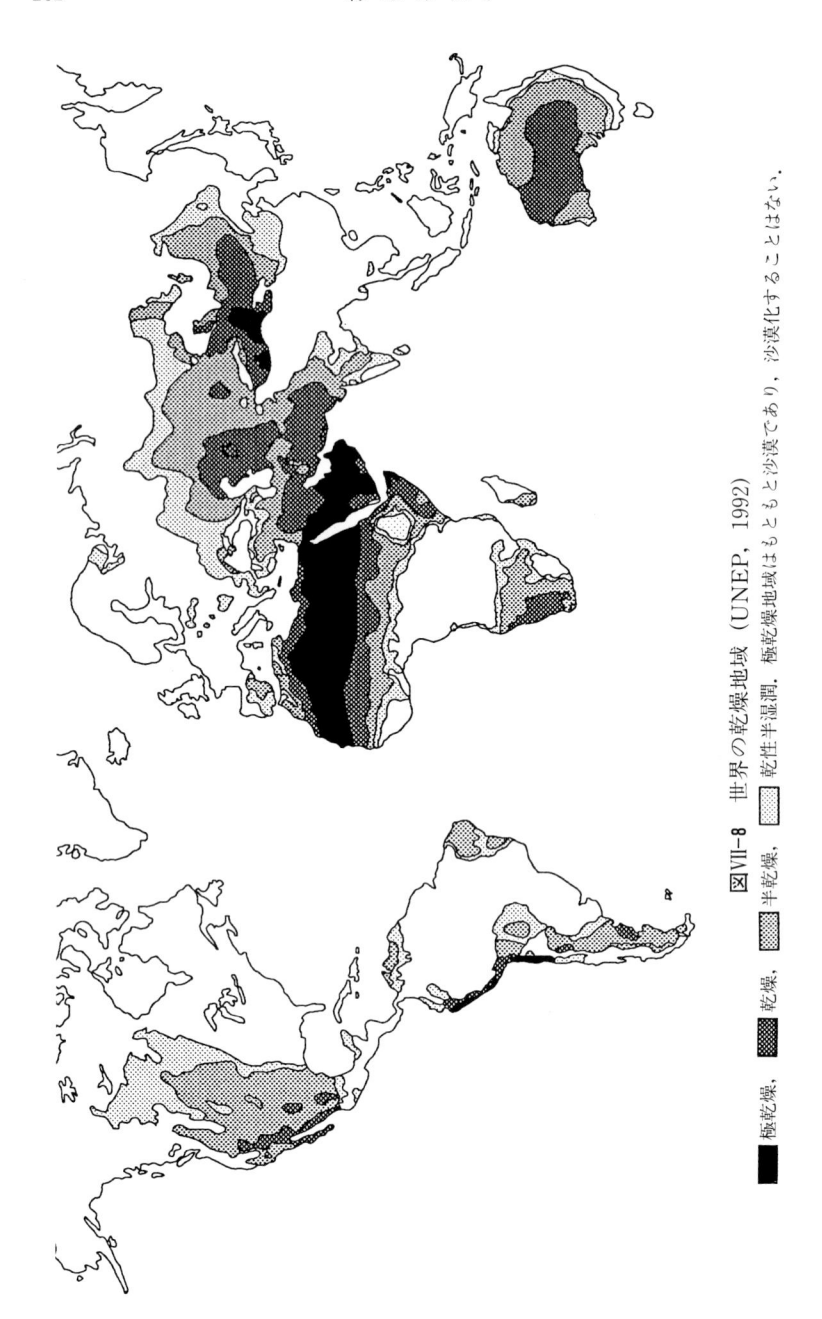

図VII-8　世界の乾燥地域（UNEP, 1992）■極乾燥，■乾燥，▨半乾燥，▨乾性半湿潤．極乾燥地域はもともと沙漠であり，沙漠化することはない．

VII. 地球環境の保全と修復

沙漠化を初めて地球環境問題として取りあげたのは，1977年にケニアの首都ナイロビで行われた国連沙漠化会議（united nations conference on desertification, UNCOD）である．前記の国連の定義は，1977年の沙漠化会議で決まった定義を，時代の流れに沿って2度ほど改変した結果できたものである．沙漠化の起こる地域を明記し，人間活動のほか干ばつなどの気候変動を原因に加えたものが現在の定義である．

極乾燥地を除く，図VII-8に示した乾燥地域の中で土地の荒廃がみられる場所が沙漠化地域である．図示した沙漠化の起こりうる地域は乾燥，半乾燥，乾性半湿潤の3地域に分かれているが，その範囲は，平均年間降水量（P）と可能蒸発散量（potential evapotranspiration, PET）の比から求められる乾燥指数（aridity index, AI）の値によって決まってくる．すなわち，$AI=P/PET$ で，各地域の AI の値と全陸地に占めるその割合は次の通りである．

乾燥地　　　：$0.05 \leq AI < 0.20$，12.1%
半乾燥地　　：$0.20 \leq AI < 0.50$，17.7%
乾性半湿潤地：$0.50 \leq AI < 0.65$，9.9%

b．沙漠化の要因

沙漠化をもたらすものは，①土地の許容範囲を超えたさまざまな人間活動，②その人間活動を助長するように働く自然的要因，③地球規模での気候変動の3つのカテゴリーに分けることができる（図VII-9）．

①は，乾燥地域における生態系維持機能の許容限界を超えた人間活動に起因するものである．乾燥地域の生態系は，湿潤地域と比べて許容量が小さいことが多い．人間活動に基づく沙漠化を促進させる4大要因として，i）放牧地（rangeland）での過放牧（over-grazing），ii）降雨依存農地（rainfed cropland）での過度の耕作（over-cultivation），iii）灌漑農地（irrigated land）の不適切な水管理，iv）薪炭や建設用木材確保のための森林の乱伐をあげることができる．このほかにも，鉱業資源の開発，交通施設や都市の建設も沙漠化をもたらす．

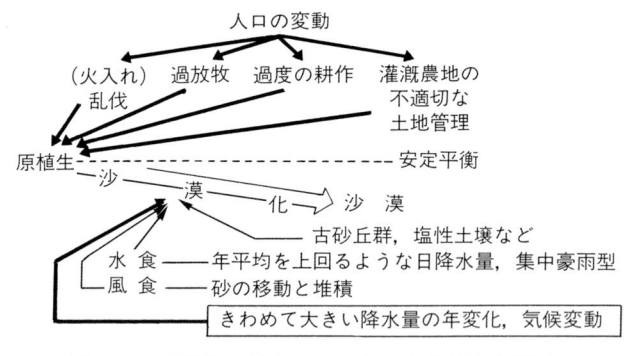

図VII-9 沙漠化の拡大にかかわるさまざまな要因

　過度の人間活動は，植被や種多様性の減少と生物生産力の低下をもたらす．そして，生態系に備わった復元力を超えるまで植被を減少させると，風あるいは水による土壌の侵食をますます受けやすくなる．また，土壌の物理・化学的な劣化も進む．

　前記したさまざまな方法で，生態系維持機能の許容限界を超えるまで現地住民が土地を酷使しなければならない背景として，人口の爆発的な増加，移住，低所得，低い教育水準などの社会・経済的問題や，土地所有制度，所有権などの社会・政策的問題をあげることができる．

　②は，人間活動に由来する沙漠化を容易に引き起こさせる自然的な要因である．過度の人間活動によって土地を被っていた植被が破壊されることは，逆の見方をすれば裸地面積を増大させることでもある．そして，ほとんど植被が失われれば沙漠に類似した景観となる．

　自然的要因の1つである風食（wind erosion）の影響は，農耕や野火によって植生が破壊され裸地化した場所とか，人や家畜の通行により土壌が粉砕された場所，あるいは耕作により土壌が弛んでいる場所で受けやすい．特に，裸地化した古砂丘群やレス土壌地帯では危険性が高い．水食（water erosion）も沙漠化を助長するが，斜面の勾配と長さ，降雨の強度，土壌のタイプ，作物の種類，耕作の方法によってその程度が違ってくる．風食や水食は，植被を失った

表土を容易に流出し，栄養分や有機物を溶脱する．一方，トラクターや家畜による踏固めは，土壌表面を固結化 (deterioration of soil structure) させ，土壌クラストを形成することもある．

乾燥地では蒸発散が激しいため，硫酸塩，炭酸ナトリウム，カルシウム，マグネシウムなどの塩化物が土壌表層付近に集積しやすい．高濃度の塩類集積は，植物の生長を著しく阻害する．特に，灌漑に適した平坦な低地や，もともと塩類の多い塩類土壌地帯でひとたび裸地化が起こると，塩害地が拡大して植生の回復が困難となる．

③は，地球規模での大気循環が変動し，年間降水量が減少したために起こる沙漠化である．乾燥地帯の降水量は，年による変動がきわめて大きいという特徴がある．そして，気候変動によって雨の降らない干ばつ年の頻度が高まれば，それだけ沙漠化の危険性も高まると考えられる．

地球温暖化に伴って地球上の気温の南北の温度差が小さくなると，亜熱帯高気圧の平均緯度が北上してくる．その結果，例えば乾燥地帯に位置する華北やモンゴルで今後ますます降水量が少なくなれば，林野火災の多発による土地荒廃が心配される．また，降雨依存農地では，水分消費量の増大やアンバランスが大きくなるだろう．アフリカのサヘル地帯は，年間 100～500 mm の降雨がみられる乾燥地帯である．この地に降水をもたらすのは熱帯収束帯であり，温暖化によって収束帯の北上が少なくなれば，干ばつが頻発して沙漠化に拍車をかけることになろう．

c. 沙漠化の影響

沙漠化がもたらす影響は，①沙漠化した土地内，②その周辺，③地球規模の3つのレベルに分けられる．沙漠化の進行している地域内では，前述したさまざまな変化が，生息している動・植物や土地に表れる．

沙漠化した土地の周辺でも，沙漠化の影響は大きい．その風下や下流域にある農地や集落には，風食や水食によって侵食された砂や土壌が堆積する．ダストによる人間や家畜の健康障害もみられるようになる．また，塩類が地表面に

析出した場所の周辺地帯では,風や水によって塩が入り込み影響を及ぼす.例えば,西オーストラリアのコムギ地帯では,コムギ畑に生じた塩傷地といわれる土壌塩分濃度の高い場所から流れ出した塩水による河川水の塩性化が深刻である.現在,ほとんどの河川水は人間の飲料水として使用できない.

次項で述べるように,沙漠化は世界各地で同時多発している.地球規模の環境問題となった沙漠化の影響が最も深刻なのは,社会・経済的側面である.沙漠化による土地生産力の低下は,世界の食料生産力を低下させ,貧困や飢餓を拡大し,政情不安などを生じている.また,大面積で沙漠化が進めば,地表面のアルベドや蒸発散量が大きく変化するので,地球大気の大循環そのものをかえてしまうことも考えられる.

(2) 土地利用別にみた世界の沙漠化

沙漠化は(1)「沙漠化とは何か」で概述したように,地球環境問題の1つではあるが,CO_2ガスの増加やオゾン層破壊のように,世界共通の原因によって生じたものではない.沙漠化はその結果として植被が破壊され,裸地が拡大していくという共通点を持つが,むしろきわめて地域に固有な現象である.Dregneら(1991)のまとめた表VII-2によれば,沙漠化は乾燥地の主として農牧地で拡大していることがわかる.乾燥地域で最も沙漠化の影響を受けているのが放牧地で,そのうち,約33億3,300万haの土地で植生の退行がみられるという.北米,アジア,南米,アフリカの放牧地で,沙漠化した地域の占める割合が高い.表VII-2では農耕地を降雨依存農地と灌漑農地に分けているが,後者では塩類化による沙漠化が深刻である.世界の乾燥地で沙漠化の進行している地帯とその程度を図VII-10に示した.

a. 放牧地

農耕が不可能なほど乾燥している地域では,家畜を介した土地利用となる.旧大陸の乾燥地では古くから遊牧が盛んである.遊牧民はラクダ,ヤギ,ヒツジなどの群がる性質のある草食性の有蹄類をひきつれ,飼草を求め移動しながら

VII. 地球環境の保全と修復

表VII-2 世界の乾燥地の大陸別・土地利用別にみた沙漠化の状況（1991年の推計より）

大　陸	灌漑農地			降雨依存農地		
	全面積 (百万 ha)	沙漠化土地 (百万 ha)	(%)	全面積 (百万 ha)	沙漠化土地 (百万 ha)	(%)
アフリカ	10.42	1.90	18	79.82	48.86	61
アジア	92.02	31.81	35	218.17	122.28	56
オーストラリア	1.87	0.25	13	42.12	14.32	34
ヨーロッパ	11.90	1.91	16	22.11	11.85	54
北アメリカ	20.87	5.86	28	74.17	11.61	16
南アメリカ	8.42	1.42	17	21.35	6.64	31
合　計	145.50	43.15	30	457.74	215.56	47

大　陸	放牧地			農用地合計		
	全面積 (百万 ha)	沙漠化土地 (百万 ha)	(%)	全面積 (百万 ha)	沙漠化土地 (百万 ha)	(%)
アフリカ	1,342.35	996.08	74	1,432.59	1,045.84	73.0
アジア	1,571.24	1,187.61	76	1,881.43	1,311.70	69.7
オーストラリア	657.22	361.35	55	701.21	375.92	53.6
ヨーロッパ	141.57	80.52	57	145.58	94.28	64.8
北アメリカ	483.14	411.15	85	578.18	428.62	74.1
南アメリカ	390.90	297.25	76	420.67	305.81	72.7
合　計	4,586.42	3,333.46	73	5,159.66	3,562.17	69.0

(Dregne, H.E. et al., 1991；門村　浩，1996を一部改変)

生活する．モンゴルから中央アジアにかけてはヒツジとウマが主体であったが，現在はウシの飼育も盛んである．一方，西アジアからサハラにかけてはヒツジとヤギが主体であり，サヘル・スーダン地域ではウシが主体である．

　アメリカ西部，オーストラリア，ブラジルなど新大陸の乾燥地では，一定の範囲内に設けた牧場で家畜を飼育する企業的牧畜が行われている．企業的牧畜の場合，飼育の主体はウシとヒツジである．

　遊牧や企業的牧畜では，降水量の年変動と連動しつつ沙漠化が進行するのが特徴である．遊牧民の人口増加や，放牧地面積の減少あるいは畜産物価格の高騰によって，単位土地面積当たりの家畜頭数が増加する．そして，過放牧状態が続いていると，干ばつにみまわれた年には家畜が飼草を喫食する量が再生してくる量を上回り，飼草の現存量が激減あるいは枯死個体が発生し，放牧地の裸地化（＝沙漠化）が顕著となる．特に，ヤギやヒツジは飼草を根こそぎ食べ

図VII-10 世界の乾燥地域で人間活動により生じた沙漠化土地 (UNEP, 1992)
沙漠化の危険度 ■:高い〜非常に高い, ▨:中程度〜低い.

つくす性質があるので，飼草の再生は著しく阻害される．

　家畜の頭数が同じ場合でも，遊牧民が定住化するようになったり，家畜の飲料水を確保するために深井戸を掘ったりすると，その周辺に家畜が集中するようになり，家畜の喫食や踏圧によって裸地が拡大して沙漠化が進行する．例えば，内モンゴルのシリンゴロ草原では，集落や水飲み場の周辺0.5 kmまでは完全に沙漠化し，0.5〜2.0 kmは沙漠化が進行中で，2.0 km以上離れれば沙漠化のみられないことがランドサットデータの解析によって判明している．

　また，土壌の侵食を受けやすい砂地で過放牧状態が続くと，平坦部に比べ小丘部で沙漠化が進みやすいことがわかった．地下水位の高い砂丘 (sand dune) 地帯では砂丘上部が完全に裸地化しても，丘間低地には湿性植物が生育していることも多い．前記のように，過放牧に伴う沙漠化は，数個所で局所的に始まった裸地化が拡大し融合して全面に広がるケースが多い．

b．降雨依存農地

　降雨依存農業は，年降水量が冬雨地域では200 mm以上，夏雨地域では400 mm以上あれば可能となる．この農業の特徴は，①可能な限り降水を土壌中に浸透させることと，②地中の水分をできるだけ蒸発散させないことである．降水を保持するためには，雨季の前に深耕することが重要である．いったん保持された水を逃がさないためには，浅く耕すなどして毛管現象による土壌表層からの蒸発を防止する．また同時に，そこに生えている植物体からの蒸散を防ぐ必要もある．そのため，非常に乾燥している場合は2〜3年間休耕 (fallow) して水を蓄える．このようにして土壌中の水分含量がある程度以上保たれれば，ミレット，ソルガム，トウモロコシ，ヒマワリなどの耐乾性作物が栽培できる．

　休耕期間中に地中に蓄えられた水を利用して作物栽培を行う降雨依存農地では，休耕期間が短くなればそれだけ土壌の含水量が減り，作物の生長が抑制され収量が低下する．そして，ついには耕作を放棄せざるを得なくなる．このような放棄地に雑草が発生しても，とげや毒を持つ植物でない限り放牧家畜が喫食するので裸地が拡大し，やがて風食や水食によって表土が消失して沙漠化が

進行する．

　発展途上国では，例えば，砂地草原などの土地生産力が低く農耕に適さない土地を大規模に開発して作物栽培を行うケースが多い．このようなケースでは，防風林を作らず，灌漑も行わず，少量の化学肥料を施用するだけで短期間作物栽培を行うが，この方法は沙漠化の危険性がきわめて高いといえる．

c. 灌漑農地

　太陽エネルギーに恵まれている乾燥地域では，たとえ極乾燥地の沙漠でも，ほかから十分な水が供給されるならば，高い作物生産力を得ることができる．そのため，降雨依存農業が不可能な地域も含め，その広い範囲で灌漑農業が盛んである．沙漠のオアシスでは，地下水の汲み上げや，遠方の井戸からカナート[注]で運ばれてきた水を利用し，小規模ながら作物栽培を行っている．

　　注）イランなど，西アジアで発達した灌漑用地下水路のこと．

　一方，乾燥地を流れる大河川の周辺には，20世紀に入り，世界各地で大規模な灌漑施設が次々と建設された．上・中流部にある灌漑農地で多量の水を消費するため，下流域まで水が届かない河川も多い．中央アジアを流れるシルダリヤ川やアムダリヤ川では年間を通して下流部の水が枯渇し，河口のアラル海まで届かなくなった．大河川のないアラビアの産油国では，大規模な地下水開発によって灌漑水を得ている．

　灌漑水を十分に取水した灌漑施設では，一時的に高い農業生産力をあげることができた地域もある．しかし今日，多くの灌漑農地で塩類集積の障害によって生産力が低下し，耕作の放棄がみられるようになった．塩類集積の大部分は，過剰な灌漑によるものである．

　灌漑水を取水しなくても，塩類集積が起こる場合もある．1960年代以降，西オーストラリアの半乾燥地帯では，森林を伐採し，コムギ畑や放牧地を造成していった．その結果，以前は樹木から蒸散していた雨水が地下に浸透し，塩分を含む地下水の水位が上昇した．そして，コムギ畑の低地に浸出してきた地下水が蒸発すると，塩類が析出するようになった．

(3) 沙漠化地域の環境保全

 沙漠化対策は，①沙漠化の進行を未然に防止することと，②すでに沙漠化してしまった場所に緑を復元することに大別できる．ここでは，前者について概述する．

 沙漠化はとりわけ地域的な現象だから，それを防止するためには当該地域の自然的，社会的背景を十分把握することから始める必要がある．沙漠化の危険性をはらんでいる農耕草地では，回復に要する時間の長短はあれ，人間活動を停止することで植生の回復が可能となる．中国の半乾燥地や乾性半湿潤地では，一般に年降水量が200〜300 mmの場所では8年以上，400〜550 mmあれば5年前後の期間，人手が入らなければ植生が回復するという．しかし，実際は土壌や地形あるいは土地利用システムの違いによって，同一の気候条件下でも回復の仕方が大きく異なる場合が多い．そこで，まず沙漠化を防止するためには，沙漠化進行地域の実情把握から始めるのがよい．

a．家畜頭数の制御

 ランドサットで得られた画像情報と放牧地植生の現存量には密接な関係があるので，画像の解析から広域にわたる沙漠化進行の状況が把握できる．しかし，画像情報から植生の質を判定することは難しい．現地調査の結果，有害植物で家畜の飼草としては全く価値のない緑のこともある．時系列に沿って複数の画像情報が得られれば，沙漠化の将来予測もある程度可能である．しかし，この場合も，画像だけではきめ細かい予測は難しいので，併せて現地で試験を行う必要がある．

 350 mm前後の年降水量がみられる内モンゴルの砂地草原で放牧試験を行った結果，砂丘の平坦部では春から秋までの放牧ならha当たり4頭のメンヨウを飼育できたが，小丘部では2〜3頭が限度で，それ以上になると裸地化する．特に，砂丘の頂上は裸地化しやすいことが判明した．

b．農耕地の沙漠化防止

　一般に，作物栽培は耕起と除草を伴うので，最も沙漠化の危険性が高い．果樹や永年作物を除けば，開墾した当初から土壌侵食を受けやすい．等高線に沿って耕作し，水食を軽減したり，防風林を作って風食を防止するなどの対策が必要である．植林は農耕地の周辺に留まらず，乱伐ではげ山となった地帯でも積極的に推進する必要がある．しかし，単一樹種による植林は，害虫の被害を被りやすい．寧夏回族自治区(にんしゃほい)のポプラ植林地では，ゴマダラカミキリによる大被害が発生した．

　灌漑農地では開渠あるいは暗渠を設置し，集積してきた塩類を洗い出す．水の溜まりやすい場所は排水溝を設けて地下水位を下げ，毛管現象による塩類の上昇を防ぐ．また，土壌表面をマルチしたり，中耕して毛管水の上昇を極力抑えたり，有機物の施用によって土壌の物理性を改良するのがよい．以上は生態的視点からの環境保全であるが，同時に，後述するような社会・経済的なアプローチも必要である．

(4) 植生回復のための技術

a．緑　化　技　術

　積極的に有用樹種の植林や，牧草あるいは作物を栽培して植生を回復するためには，それなりの緑化技術を導入しなければならない．緑化のための要素技術には，集水，造水，節水，排水などの植物に与える水に関するものと，植物を育てる土地の改良に関するものがある．そして，緑化対象となる植物ごとに技術を使い分けることが大切である．最新技術が当該場所の最適技術とは限らない．

　例えば，発展途上国の乾燥地で大規模植林を行う場合，樹種の耐乾性，耐塩性に関する生育データを収集するとともに，誰にでもできる苗作りや，植付けのための簡易技術が要求される．放牧地に有用牧草を播種する場合は，あまり手のかからない粗放技術が必要である．マメ科とイネ科牧草種子の混播割合や

VII. 地球環境の保全と修復　　　273

播種量は，前もって現地圃場で予備試験を行い，自らデータを作っておくのがよい．一方，接ぎ木などの高等技術を必要とする野菜作りでは，現地住民に対する技術教育が不可欠である．いずれの技術であれ，それが当該地域で持続していくものか否か，みきわめる必要がある．

　特定の植物によって破壊しつくされた緑が復元できたとしても，その方法が持続していくためには，その植物自身がなんらかの生産物の対象となることが望ましい．例えば，木本類であれば建築材料とか薪や炭としての利用価値があったり，草本類ならば日常生活に使用できたり食料となるものであれば，現地住民も緑化と積極的に取り組むようになり持続する．

b. 技術の体系化

　植生回復は，総合的，体系的に行わないとなかなか成功しない．中国では井

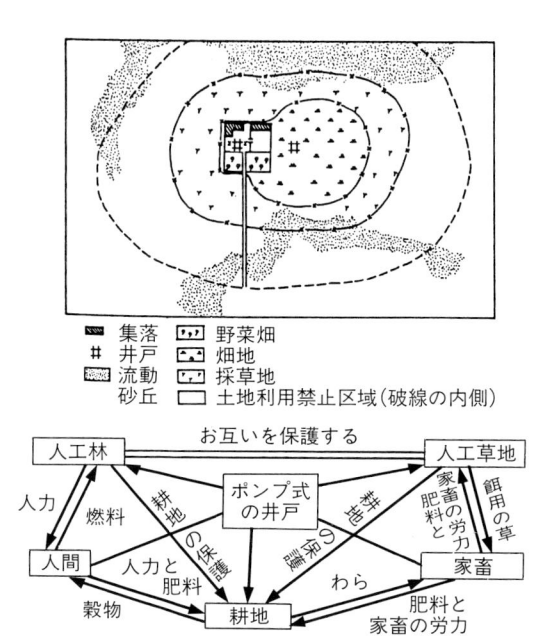

図VII-11　総合的に植生を回復するため中国で提唱された1試案
　　　　　　　　　　　　　　　　　　　　（Liu, X-M. et al., 1990）

戸を中心に集落を作り，その周辺に同心円上に野菜畑，穀物畑，採草地をめぐらし，沙漠化を防止するという試案がある(図Ⅶ-11)．図Ⅶ-11にはないが，さらに畑の周囲に防風林を設けるのがよい．人工林の造成は微気象を緩和するだけでなく，地下水涵養林や薪炭材の供給地としても活用できる．砂地草原などの生産力の低い土地では過放牧にならないよう家畜を飼育し，農耕を極力避ける．他方，比較的肥沃な土地では灌漑と施肥を行って，トウモロコシやコムギを集約的に栽培し，集落全体としての生産性の向上をはかるのがよい．また，換金作物となるサンザシなどの果樹栽培も適している．

c．社会・経済的なアプローチ

　これまで，沙漠化防止のためのプロジェクトの多くが失敗したのは，沙漠化の背景となっている人口圧や移民，貧困や土地制度などの社会・経済的条件への対応が不十分であったからである．この点を踏まえ，沙漠化対処条約では，住民参加とNGOの役割を重視するコミュニティーレベルからのアプローチを基本戦略としている．具体的には，現地技術者との共同作業，現地の小・中学校において緑資源の役割を教育すること，樹木や野菜種子の配布などが効果的である．

3．湿地の保全と修復

　湿地(wetland)は，陸地と水域との境界にあり，広義にはかなり広範な領域を含む．例えば，ラムサール条約(Ramsar Convention，正式には「特に水鳥の生息地として国際的に重要な湿地に関する条約」)では，「天然のものであるか人工のものであるか，永続的なものであるか一時的なものであるかを問わず，さらには水が滞っているか流れているか，淡水か，汽水であるか，かん水であるかを問わず，沼沢地，湿原，泥炭地または水域をいい，低潮時における水深が6mを超えない海域を含む」と規定している．この定義からは，いわゆる湿原だけでなく，河川，湖沼，浅海域，さらには水田なども含まれることになる．

VII. 地球環境の保全と修復

これは，水鳥の生息を考えると納得できる定義であるが，本書では緑地環境の面から，湿原に限って取り扱うこととする．すなわち，ヨシ，スゲ，ミズゴケなどの湿性植物が生え，その下には多くの場合，泥炭（peat）が堆積しているところをいうこととする（図VII-12）．

図VII-12 釧路湿原国立公園の中のコッタロ湿原

　湿原の最大の特徴は，当然ながら水に浸かる土地であるという点にある．水が常にあるということは，そうでないところに比べて，①生物の生育に必要な水が常に十分存在する，②水が流れ込むことにより，植物の栄養分が供給されやすい，③水の熱容量や蒸発潜熱が大きいため，温度変化が小さく，温度が安定している，④土地が平であり，利用しやすいなどの特徴を有する．

　これらのことから，湿原は他の土地に比べて生産力が高いことが理解できるであろう．わが国を古くは"豊葦原瑞穂国（とよあしはらみずほのくに）"というが，これは，葦の生える湿原に稲穂が稔る様子をいい，豊かな自然の湿原を人工の湿原である水田にかえてきたことを示している．

　最近になり，前述のラムサール条約をはじめとし，動植物の生息地，生物資源の保護，環境の安定，水質の浄化など，湿原の持つ多面的な機能が認識されるようになり，湿原をどのように保全するか，あるいは隣接する既存の農地な

どとどのように調和させるか，さらには，かつて湿原だったところを再び湿原に戻すことなども課題となってきている．

そこで，ここではまず最初に湿原の持つ特徴について概説し，次いで，保全，管理や修復について述べることとする．

(1) 湿原の特徴

a. 立地条件

湿原は，前述したように，陸地と水域との境界に発達した生態系である．湿原が主として存在するのは，世界的には海岸に近い平野部である．縄文海進（1万年から 6,000 年前）のあとに続いた海退（弥生の海退）によってできた平野部の後背湿地から湿原が発達したためである．しかし，わが国では，北海道の釧路湿原や，サロベツ湿原を除くと，平野部にはほとんど湿原は存在しない．これは，弥生以降の稲作によって，大部分が水田として開発されたためである．わが国のもう1つの湿原の成因は，火山の多いことと関連している．すなわち，尾瀬湿原に代表されるように，湿原が高地の新期火山帯に存在する．溶岩流，泥流による堰き止め盆地，凹地，風化した火山灰層のある火山斜面など豊富な湧水があるところである．

湿原は，ヨシ，スゲを主体とする低層湿原がまず最初に出現し，次いで，ミズゴケ，ツルコケモモ，ヒメシャクナゲなどを主体とする高層湿原に移行していく．これらに対応して，湿原の下では泥炭が発達する．泥炭は，植物生産量が分解量を上回る場合に形成されるので，気温が低いところだけでなく，熱帯にもかなりの規模で存在する．

b. 泥炭の種類

湿原の基盤を形成しているのは泥炭である．泥炭は分解が不完全な植物遺体が堆積したものである．100%植物遺体から構成される場合もあるが，低層湿原では，河川の水が流入するとき一緒に土砂も運んでくるため，砂や粘土を含んだ泥炭となる場合がある．わが国では，泥炭層とは，湿性植物遺体由来の有機

物含量が20%以上ある層をいい，泥炭層が表層50 cm以内に厚さ20 cm以上あるものを泥炭土と定義している（図VII-13）．

泥炭は，いわゆる鉱質土と異なり，大部分ないし全部が有機物から構成されている．このため，初めて泥炭土に触れたとき，誰もが一様に"はたして，これは土なのだろうか？"と疑問を持つに違いない．普通の感覚からすれば，岩石が風化，分解し，これに腐敗分解した動植物を含むものを土と考えると，とても泥炭を土とは考えにくい．しかし，地殻の最上部に位置して，機能として，"大気と温度と光の条件が満たされたとき，植物を生育せしめうる能力"を持つものを土と定義する立場からは，泥炭も十分，土ということができる．

図VII-13　北海道美唄湿原の泥炭層
未分解の有機物が厚く堆積している．

泥炭は，その構成植物によって，ヨシ泥炭，スゲ泥炭，ミズゴケ泥炭，木泥炭などという場合と，低位泥炭（ヨシ，ハンノキ，スゲなど），中間泥炭（ヌマガヤ，ワタスゲ，ホロムイソウ，ヤチヤナギなど），高位泥炭（ミズゴケ，ホロムイスゲ，ツルコケモモなど）に分類する場合がある．低位泥炭は地下水位が低く，土砂などが流入しやすい場所で生成され，高位泥炭は周囲より泥炭が盛り上がり，周辺よりも高い位置に生成される．このため，土砂を含むのは主として低位泥炭であり栄養素の流入量も多い．一方，高位泥炭では周囲から土砂などが入ることがないため，貧栄養のミズゴケが主体となる．このほか，分解が進んで植物遺体が認められず，有機物含有量が50%以上のものを黒泥という．なお，泥炭の堆積は，北海道などでは年1～2 mm程度であり，堆積速度としては速い．

c．泥炭土の性質

泥炭の物理および化学的性質は，いわゆる普通の土とはかなり異なっている．物理的性質については，構造，透水性など多くの特徴を有している．まず，第1には，固相率が非常に小さいことである．特にミズゴケを主成分とする高位泥炭土では，全体積中に占める固相部分が3.5%足らずのものも存在する．残りの96%は水とガスである．牛乳の固形成分の合計が重量比で10%を超えることと比較しても，はるかに小さい．みた目には，しっかりとした形を保持しているが，実際には大部分が間隙である．これは，乾燥することによって，その軽さから納得できる．第2に，透水性についてである．間隙が非常に大きいことから，透水性はきわめて大きいと考えがちである．確かに，採集した試料の飽和透水性を実験室内で測定すると10^{-2}cm/sのオーダーとなり，普通の畑の土に比べて10倍以上大きいことがわかる．しかし，実際のフィールドでは，水分飽和しているにもかかわらず，かなり小さいことが知られている．これは，泥炭層の中に分解時に発生するメタンなどのガスを多量に含み，これが透水を妨げているためである．また，年々次々と植物が蓄積してくることから，透水性が縦方向と横方向とで異なり，横方向の透水性が大きいことが知られている．泥炭は間隙が多く，間隙径も大きいため，不飽和透水係数は非常に小さくなる．これらのことから，泥炭地の特異な水分状況が出現する．すなわち，高位泥炭地で典型的にみられるように，地下水位が地表面に沿って浅い位置に分布する．

化学的性質の特徴としては，まず組成がほとんど有機物であることである．このため，灼熱減量が非常に大きく，残渣量は絶乾重の2.0〜6.5%になることがある．pHは3〜5程度と低い．これは，有機物が酸素のほとんどない還元条件下で分解して酸性物質が生成されているためである．このpHが低いことが微生物の増殖を抑え，ひいては有機物の分解を抑えることにもなっている．こうして，泥炭は水に浸かっている限り，その存在が安定して維持できる．しかし，乾燥し，空気に触れて好気的条件が整うと，分解が一気に進む．特に，泥炭が好気的条件下で，客土された鉱質土と混合撹拌された場合には加速度的に分解

する．これは，好気的な微生物が，泥炭中にはなかった養分を得ていっそう活動しやすくなるためである．物理的性質の中で指摘した固相率が非常に小さいことが加わって，泥炭の分解および消失は，激しい地盤沈下をもたらす．10〜20年間で3mにも及ぶ地盤沈下がわが国でも報告されている．このことは，湿原・泥炭地を管理するうえで，第1に考慮しなければならない点である．地盤沈下した土地をもとの地盤高に戻すことは，客土以外には不可能である．しかし，1haの土地に1cmの厚さの客土をするために約100tの土砂が必要なことからもわかるように，広い範囲にわたる地盤沈下をもとに戻すことは，実際には不可能である（図VII-14）．

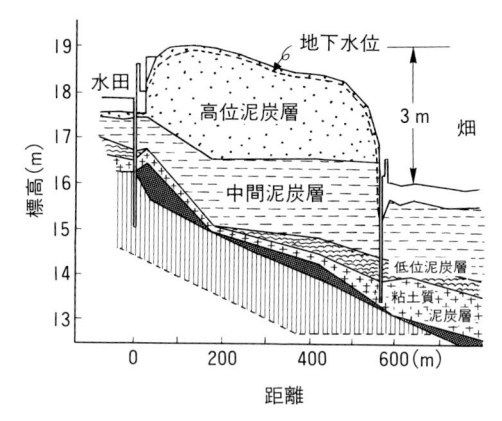

図VII-14　北海道美唄湿原（美唄市開発南）の断面図
図中央が自然湿原で，両側に排水用の深い明渠が掘られている．右側の畑は20年間で約3m沈下した．

生物的な特徴としては，水質を浄化する機能が高いことである．特に，ヨシ群落などで知られる．湿原の植物生産性が高いこととも関連し，多くの植物・動物資源の宝庫となっていることがあげられる．例えば，高層湿原では，ミズゴケを主体としつつ，多くの草花が咲き競う様子は，みる者を引き付けてやまない．釧路湿原に丹頂が生息できるのも，湿原の持つ豊かな生態系の結果である．

さらに，指摘しなければならないのは，地史的にも重要な役割を持つことで

ある．泥炭に埋蔵されている植物遺体や鉱物，すなわち，花粉や火山灰から，私たちは第4紀にかかわる多くの情報を得ることができる．

湿地には，このほか，地下水の涵養，洪水の防止としての一時貯留，護岸および堤防の保護，レクリエーション，教育，漁業の場など多くの機能を有している．これらのことは，湿地は保全し，さらに修復すべき土地であることを認識させる．

(2) 湿原の修復と保全

a．湿原の修復

湿原の修復については，現在，さまざまなところで取組みが始まっているが，まだ十分な知識，技術が集積されているとはいえない．ヨシ群落は，水質浄化機能に優れているが，かつてはヨシが生育していたところ，すなわち，川や湖，沼などの緩傾斜の浅い水域は，護岸工事などによってなくなった結果，ヨシの群落もなくなってきている．水質浄化を目的として，ヨシの修復が計画されてきているが，浅い湛水域では，ヨシの苗を植える方法が効果的である．しかし，そのままでは波浪によって植生が破壊されることがある．護岸工事によって植生が破壊されたのは，護岸によって波浪が大きくなり，岸辺がえぐられたためといわれている．そのため，消波のための対策を必要とする．また，ヨシだけでなく，ヨシを含めた生態系を復元することの必要性も明らかになってきている．これは，生態系全体の修復および保全をすることにより，初めて水質を浄化するなどの機能が回復するのであり，部分的ないし外見的な修復では全体としての機能の回復は困難なのである．

霞ヶ浦におけるアサザの復活をめざすプロジェクトでは，アサザによる消波効果と，堆砂により，緩傾斜の陸・水界を形成してヨシの再生をはじめ水辺林などの再生をも視野に入れている．すなわち，水辺林帯（ヤナギ，ハンノキなど）－抽水植物帯（ヨシ，ガマなど）－浮葉植物帯（アサザ，コウホネ）－沈水植物帯（藻類）という連続した，相互に関連する生態系としての修復が考えられている．また，修復させる植物も遺伝的な多様性を維持し，単一クローン種に

ならないような配慮も行われ始めている．

　近くに修復したい生態系のモデルとなるような生態系がある場合には，その場所の水環境をはじめとする状況を詳細に調査し，また，種子なども利用できる場合には利用し，あまり遠くの外来種を用いないことも，生態学的には重要である．生態系は本来自己修復できる機能を持っていると考えられる．すなわち，自立して生態系を維持できる機能が備わっている．それができなくなるのは，生態系を構成する要因が変化したためである．そのため，生態系を修復させるには，自己修復が可能になるような措置をとることが必要である．擬似的な生態系や場を造るのではなく，自己修復できる生態系や自然にあった場の修復と設計でなければならない．

b．湿原の保全および管理

　湿原生態系は多くの動植物の連鎖から構成されている．このため，湿原の植物や動物を保全するには，物理的・化学的環境を含め総合的に保全していく必要がある．湿原の保全で，具体的にまず考慮しなければならないのは，水環境の保全である．水によってつくられた土地は，水を排除することによって容易に破壊される．深い明渠による排水は必然的に湿原の乾燥化，分解，地盤沈下をもたらす．また，これに対応して，湿原では植生の交代が始まる．逆に，水位の上昇も，同様に植生の交代を引き起こす．

　さらに，水質についても考慮しなければならない．これまで水質が貧栄養だったところに富栄養の水を導入することは，植生がかわる可能性が高い．ミズゴケ類は貧栄養であることが知られており，ミズゴケ湿原に富栄養な水を入れることは，湿原の植生を大きくかえることになる．

　かつて湿原であったところが開発されて農地となった場合にも，これらのことは十分考慮しなければならない．例えば，図Ⅶ-15，16にみられるように，客土された農地をその下の泥炭層も含めて深く耕うんしたり，あるいは，客土を全くせず，泥炭をそのまま草地にするような管理方法は，きわめて短期間のうちに泥炭の分解と地盤沈下を引き起こすことになる．このことが，さらに周辺

図Ⅶ-15　北海道美唄における図Ⅶ-3の畑
客土層の下の泥炭層までも深くプラウがかけられ，激しい分解が生じている．

図Ⅶ-16　北海道北部の泥炭草地
北海道北部の釧路湿原に隣接する泥炭草地．泥炭層を耕起して，この上に播種され，草地として利用されている．ここも図Ⅶ-4と同様に激しい分解が生じている．

にある自然湿原に対して，あるいは広範な流域に対しても，いっそう大きな負荷を引き起こす．このように，自然湿原と周辺農地との調和的な管理は，特に

VII. 地球環境の保全と修復　　283

重要である．その場合，できるだけ自然湿原に近い管理をすることが大切である（図VII-17, 18）．例えば，山形県置賜平野にある屋代郷は，1,000 ha ほどの

図VII-17　オランダ北部の泥炭草地
地下水位が高く保たれ，分解を防いでいる．

図VII-18　山形県置賜平野の屋代郷
厚い泥炭におおわれているが，循環灌漑を利用した水田によって，ほとんど地盤沈下が生じていない．

農地であるが，ここは，約100年前は自然湿原であったところである．その後，水田として開発されてきたが，著しい地盤沈下を起こしていないことが知られている．これは，この地域が循環灌漑によって，地下水位が低くならないような管理が行われてきた結果である．これに関連して，水田は人工の湿地であり，この管理技術を湿地の修復および管理に十分利用できるであろう．この点では，湿地を修復，保全しようとする他の国よりも，優れた技術的な基盤があることを認識すべきであろう．例えば，基盤の調整，透水性や水位の管理などについて十分に応用できるであろう．

　湿原は，一般に低平地に存在し，水の便が比較的よく，平で利用しやすい位置にある．このため，古くから開拓の対象にされてきた．未利用の湿原が原野と呼ばれるのは，開拓の対象であることをいみじくも示している．湿原への理解が広がってきている現在でも，湿原の保全が，どこでも十分に理解，認識されているわけではない．その意味で，湿原の保全にとって，まず最初に必要なことは，湿原の保全がなぜ必要なのかという，合意の形成であろう．生活の場が湿原ないしその周辺にある人たちと，それ以外の地に生活する人たちとの間には，湿原に対する考え方が異なってくるのは当然である．それを超えて相互に合意できるには，より深い理解と納得が不可欠である．

　湿原に関するさまざまな情報も報道されるようになってきている．しかし，そこでは特異な点だけが強調されることが多い．例えば，それは特別な水鳥であったり，植物であったり，昆虫であったりする．しかし，湿原の持つ意義が，これだけで十分説得力あるものとはいえない．このためには，さらに物理，化学，生物の諸側面からの"湿原の科学"のいっそうの発展が望まれる．

参 考 図 書

I 章
1) 科学技術庁：みどりとの共存を考える，科学技術庁，1988.
2) 小林裕志ら：畜産土木入門，川島書店，1991.

II 章
1) 石　弘之（訳）：Ponting, C.・緑の世界史，上・下，朝日新聞社，1994.
2) 井手久登・亀山　章（編）：ランドスケープ・エコロジー　緑地生態学，朝倉書店，1993.
3) 大森昌衛ら（編著）：グラフィックス　日本の自然，平凡社，1988.
4) 気象庁：日本気候図 1990年版，1993.
5) 久慈　力：三内丸山は語る，新泉社，2000.
6) 熊崎　実（訳）：Miller, K. and Tangley, L.・生命の樹－熱帯雨林と人類の選択－，岩波書店，1993.
7) 通商産業省工業技術院地質調査所（編）：日本地質アトラス第2版，朝倉書店，1992.
8) 槌田　敦：エコロジー神話の功罪，ほたる出版，1998.
9) 中村和郎ら：日本の気候，岩波書店，1996.
10) 宝月欣二（訳）：Whittaker, R.H.・生態学概説，培風館，1980.
11) 宮脇　昭（編）：日本の植生，学研，1977.
12) 山本正三ら（訳）：Grigg, D.・農業地理学，農林統計協会，1998.

III 章
1) 浅野義人・青木孝一（編）：芝草と品種，ソフトサイエンス社，1998.
2) 秋山　侃ら（編）：農業リモートセンシング－環境と資源の定量的解析－，養賢堂，1996.
3) 犬伏和之ら：土壌学概論，朝倉書店，2001.
4) 岩坪五郎（編）：森林生態学，文永堂出版，1996.
5) 岡崎正規ら：新版　土壌肥料，全国農業改良普及協会，2001.

6) 苅住 昇：樹木根系図説，誠文堂新光社，1979．
7) 環境情報科学センター（編）：自然環境アセスメント指針，朝倉書店，1990．
8) 環境庁：土壌の汚染にかかわる環境基準，環境庁，1999．
9) 菊沢喜八郎：森林の生態，共立出版，1999．
10) 北村四郎・村田 源：原色日本植物図鑑（I），（II），保育社，1979．
11) 木村陽二郎：図説花と樹の大事典，柏書房，1996．
12) 末松四郎：東京の公園通誌(上，下)，東京公園文庫 31，32，東京都公園協会，1981．
13) 高田研一ら：森の生態と花修景，角川書店，1998．
14) タキイ種苗（株）：LAWN SEED VOL．10，タキイ種苗，1997．
15) 只木良也（編著）：みどり－緑地環境論，共立出版，1981．
16) 中川 仁：熱帯の飼料作物，熱帯作物要覧 No.27，国際農林業協力協会，1998．
17) 日本農業気象学会（編）：新しい農業気象・環境の科学，養賢堂，1994．
18) 早川誠而ら：耕地環境の計測・評価，養賢堂，2001．
19) 堀口郁夫ら：新版 農業気象学，文永堂出版，1992．
20) 本多静六：日本森林植物帯論，大日本山林会報，1900
21) 牧野富太郎：新日本植物図鑑，北隆館，1961．
22) 丸田頼一：都市緑地計画論，丸善，1983．
23) 文字信貴ら：農学・生態学のための気象環境学，丸善，1997．
24) 八十島義之助（編）：緑のデザイン，日経技術図書株式会社，1990．
25) 林野庁研究普及課（監修）：広葉樹林とその施業，地球社，1981．
26) Adams, W.A. and Ibbs, R.J. : Natural Turf for Sport and Amenity : Science and Practice, CAB INTERNATIONAL, UK, 1994．
27) Hopkins, A. : Grass－Its Production and Utilization, 3 rd ed., Blackwell Science Ltd., UK, 2000．

IV章

1) 青森県林政課：青森県の林業 平成 12 年度版，青森県林政課，2000．
2) 有光一登（編）：森林土壌の保水のしくみ，創文，1987．
3) 市川建夫・斎藤 功：再考 日本の森林文化，NHK ブックス，1985．
4) 井原俊一：日本の美林，岩波新書，1997．
5) 神奈川県林務課：かながわ森林づくり計画，神奈川県林務課，1994．

6) 環境庁（編）：日本の絶滅のおそれのある野生動物（無脊椎動物編），日本野生生物研究センター，1991.
7) 全国林業改良普及協会（編）：森のセミナーNo.2 くらしと森 災害を防ぎ，くらしを彩る，全国林業改良普及協会，1999.
8) 只木良也・吉良竜夫（編）：ヒトと森林 森林の環境調節作用，共立出版，1982.
9) 畜産技術協会：地球温暖化とわが国の畜産 第三集，畜産技術協会，1994.
10) 塚本良則：森林・水・土の保全，朝倉書店，1998.
11) 東北森林管理局青森分局：平成10年度管理経営の状況，東北森林管理局青森分局，1999.
12) 長崎福三：システムとしての〈森－川－海〉 魚付林の視点から，農山漁村文化協会，1998.
13) 中野秀章ら：森と水のサイエンス，東京書籍，1989.
14) 畠山重篤：森は海の恋人，北斗出版，1994.
15) 畠山義郎：松に聞け 海岸砂防林の話，日本経済評論社，1998.
16) 福山正隆：草地管理指標－草地の公益的機能編－，農林水産省畜産局，1997.
17) 陽　捷行：土壌圏と大気，朝倉書店，1994.

V章

1) 東　三郎：環境林をつくる，北方林業叢書55，北方林業会，1976.
2) 石川政幸：森林の防霧，防潮，飛砂防止機能，日本治山治水協会，1989.
3) 井上民二：生命の宝庫・熱帯雨林，NHKライブラリー81，NHK出版社，1998.
4) 井上尚雄・蜂屋欣二：森林の大気保全機能，日本治山治水協会，1976.
5) 上田弘一郎：水害防備林，産業図書，1955.
6) 川口武雄：森林の落石防止，干害・水害防備および遊水機能，日本治山治水協会，1988.
7) 環境庁：平成10年度環境白書総説，環境庁，1998.
8) 木下　茂ら：森林の防火機能，日本治山治水協会，1991.
9) 工藤哲也：森林の防風機能，日本治山治水協会，1988.
9) 小松光一（編）：エコミュージアム－21世紀の地域おこし－，家の光協会，1999.
10) 小見山　章：森の記憶－飛騨・荘川村六厩の森林史－，京都大学学術出版会，2000.

11) 財団法人 日本生態系協会（編）：学校ビオトープ，考え方，つくり方，使い方，講談社，2000．
12) 財団法人 日本草地畜産協会（編）：平成11年度公共牧場新機能利用確立調査研究事業報告書，管理運営マニュアル，財団法人 日本草地畜産協会，2000．
13) 須山哲男：公共牧場の多面的機能と保健休養機能，ふれあい牧場整備の手引き，社団法人 日本草地協会，1992．
14) 只木良也：みどり－緑地環境論－，共立出版，1991．
15) 只木良也・吉良竜夫：ヒトと森林，共立出版，1982．
16) 全国農協中央会（編）：市民農園をはじめよう，農林統計協会，1996．
17) 塚本良則・小橋澄治（編）：新砂防工学，朝倉書店，1991．
18) 新田隆三：森林のなだれ防止機能，日本治山治水協会，1988．
19) 農林水産技術情報協会（監修）：農産漁村と生物多様性，家の光協会，2000．
20) 農林水産省畜産局（編）：草地管理指標，農林水産省畜産局，1997．
21) 福岡義隆：都市の規模とヒートアイランド，地理，28 (12)，1983．
22) 松澤　勳（監修）：自然災害学辞典，築地書館，1988．
23) 三沢　彰：道路の緑の機能，ソフトサイエンス社，1995．
24) 宮崎　猛（編）：グリーンツーリズムと日本の農村，農林統計協会，1997．
25) 林野庁（監修）：林業技術ハンドブック，全国林業改良普及協会，1990．
26) 渡辺　力：水環境の気象学，朝倉書店，1994．

VI章

1) 浅野義人・青木孝一（編）：芝草と品種，ソフトサイエンス社，1998．
2) 大久保忠旦ら：草地学，文永堂出版，1990．
3) 北村文雄（監修）：公共緑地の芝生，ソフトサイエンス社，1994．
4) 輿水　肇・吉田博宣（編）：緑を作る植栽基盤，ソフトサイエンス社，1998．
5) 小林裕志ら：畜産土木入門，川島書店，1991．
6) 小林裕志ら：草地農学，朝倉書店，1981．
7) 日本芝草学会（編）：新訂芝生と緑化，ソフトサイエンス社，1988．
8) 日本体育・学校健康センター：平成10年度「芝生の概要と維持管理について」報告書，日本体育・学校健康センター，1999．
9) 日本道路協会：道路土工－のり面工・斜面安定工指針，丸善，1999．

参　考　図　書

10) 細辻豊二・吉田正義：新版 芝生の病虫害と雑草，全国農村教育協会，1989．
11) 眞木芳助（編）：芝生の造成と管理，全国農村教育協会，1992．
12) 南方　康・秋谷孝一（監修）：森林土木ハンドブック，林業土木コンサルタンツ技術研究所，1997．
13) 村井　宏・堀江保夫（編）：新編 治山・砂防緑化技術，ソフトサイエンス社，1997．
14) 村井　宏ら（編）：日本の海岸林，ソフトサイエンス社，1992．
15) Beard, J.B.：Turfgrass:Science and culture, Prentice-Hall, 1973.
16) Hanson, A.A. and Juska, F.V.：Turfgrass Science, American Society of Agronomy, 1969.
17) Turgeon, A.J.：Turfgrass management, Reston Publishing, 1980.

VII章
1) 赤木祥夫：沙漠の自然と生活，地人書房，1990．
2) 岩田進午ら（編）：豊かな土づくりをめざして－環境土壌学－，農業土木学会，1998．
3) 岡田光正ら（編）：環境保全・創出のための生態工学，丸善，1999．
4) 門村　浩ら：環境変動と地球砂漠化，朝倉書店，1991．
5) 小泉　博ら：草原・砂漠の生態，共立出版，2000．
6) 坂口　豊：泥炭地の地学，東京大学出版会，1974．
7) 佐々木恵彦ら：造林学，川島書店，1994．
8) 西岡秀三・原沢英夫（編）：地球温暖化と日本，古今書院，1997．
9) 林野庁（編）：平成11年度 図説林業白書，農林統計協会，2000．
10) 鷲谷いづみ・飯島　博（編）：よみがえれアサザ咲く水辺－霞ヶ浦からの挑戦，文一総合出版，1999．
11) 渡辺　桂：社会林業執務参考資料「地域住民の力を軸とした森林の保全」総集編，国際協力事業団林業水産開発協力部，1997．
12) Barrett, E.G. and Malcolm, C.V.：Saltland Pastures in Australia, Department of Agriculture, Western Australia, 1995.
13) CGER-REPORT：Data Book of Desertification/Land Degradation, 環境庁・国立環境研究所，1997．
14) FAO：Forestry Statistic Today for Tomorrow 1961-1989…2010 Wood and

Wood Products, FAO, 1991.
15) Thomas, D.S. and Middleton, N.J. : Desertification-Exploding The Myth, John Wiley & Sons, 1994.
16) UNEP : World Atlas of Desertification, Arnold, 1992.

索　引

あ

アオキ　67
アオギリ　61
青花ルーピン　53
亜　科　47
アカクローバ　53, 54
亜寒帯　30
アクセス権　142
アグロフォレストリー　254
亜高木性木本植物　58
アサザ　280
亜酸化窒素　117, 118
亜硝酸態窒素　72
アセビ　67
暖かさの指数　92
アニマルセラピー　160
亜熱帯　30
アマゾン原生林　14
アメニティ　105
アメニティ機能　114, 122, 155
アメニティ植物　45
アメニティ保全　103
アメニティ保全機能　104
アルサイククローバ　53
アルファルファ　54
アンモニア態窒素　72

い

イオン交換容量　72

育成複層林施業　134
移行地帯　214
維持管理　193
磯焼け　133
イタリアンライグラス　49, 50
イチイ　59
1次鉱物　72
1次生産　3
イチョウ　60
一斉造林　128
遺伝資源保全　154
イヌツゲ　67
イネ亜科　47
イネ科植物　45
陰　樹　59
インダス文明　9

う

ウィーピングラブグラス　49
ウシノケグサ亜科　47
ウツギ　68
ウバメガシ　64
運搬者　17

え

エアレーション　217
永年草地　34, 115
栄養価　50
栄養繁殖　51
エコスクール　161

索　引

エコミュージアム　168
エコユニット工法　202
エジプト文明　8
江戸文明　13
エネルギー消費　253
延焼防止　179
エンジンの理論　16
エンジュ　62
エンドファイト種子　48
エントロピー理論　16
塩分捕捉　173
塩類化　261, 266
塩類集積　265, 270
塩類濃度　67

お

大型苗　196
屋外運動場の芝生化　162
屋上緑化　161
オゾン層　118
オーチャードグラス　48, 49
オーバーシーディング　218
オーバーシード　50, 51
温室効果ガス　117
温度緩和作用　90

か

海岸荒廃地　242
海岸防風林　173
回帰日数　95
カイズカイブキ　63
外生菌根　59
海　退　276
階段工　185
快適性　123

開　発
　　持続可能な――　253
外来植物　227
改良山成工　185
拡散係数
学童農園　147
撹　乱　38
可視域　86
貸農園　146
河川敷　42
画像情報　271
家　畜　158
　　――の嗜好性　50
家畜糞尿還元　192
学校ビオトープ　162
カナダブルーグラス　49
カナート　270
可燃物　179
カーペットグラス　49
過放牧　192, 252, 263
カラードギニアグラス　49
刈込み　215
刈込み抵抗性　51
カリフォルニア大学方式　210
皮生産機能　115
簡易技術　272
灌漑農業　25
灌漑農地　263, 266, 270
環境教育　154
環境形成作用　169
環境作用　169
環境造林　255
環境保全　154
環境保全機能　103, 113, 128, 170
環境要因　18

乾湿指数　92
緩衝作用　132
緩衝地帯　117
観賞用芝生　51
環状緑地帯　99
灌　水　214，203
完成型植栽　196
感性工学　123
乾性沈着　132
乾性半湿潤　261
乾　燥　261
乾燥指数　263
寒地型芝草　213
カントリーウォーク　147
カントリーガーデン　55
涵養機能　131
寒冷地　213

き

気　温　30，81
機械化体系による不耕起造成法　191
幾何学的形状　98
帰化植物　203
企業的牧畜　267
キクユグラス　49
気　候　30，90
気候緩和機能　104，105，106
気候指数　91
気候変動　263，265
基準温度　91
気象緩和　194
気象緩和機能　170
希少動物種の繁殖　152
キヅタ　69
ギニアグラス　48，49

黄花アルファルファ　53
黄花スイートクローバ　53
基盤構造　209
キビ亜科　47
逆転層　81
客　土　279
ギャップ　150
キャラボク　66
休　耕　269
吸光係数　86
休耕田　163
牛　道　116
教育機能　149
教育ファーム　156
ギョウギシバ　52
競技場　42
共　生　61
郷土感醸成機能　140
郷土植物　228
極　相　125，204
極相群落　32
極相林　143
居住環境保全機能　104
魚付林　133
切土のり面　221
ギンネム　53

く

空間分解能　95
草花草原　125
ク　ズ　53
クスノキ　60
グライシン　53
クラインガルテン　146
クリーピングベントグラス　49，51

294　　　　　　　索　　　引

クリムソンクローバ　53, 54
グリーン　51
グリーンツーリズム　147, 151
グリーンツーリズム法　148
グリーンネットワーク　142
グリーンデスモデウム　53
クロタラリア　53
クロマツ　59
群　落　130

け

景　観　122
景観形成　194
渓間工　234
景観構成要素　109
景観作物　54
景観評価システム　102
景観保全機能　104, 105, 108, 122
景観用草種　54
景勝地　145
渓流荒廃地　239
毛生産機能　115
潔癖除草　257
ケヤキ　62
限界摩擦速度　174
減衰量　179
現存量　250
ケンタッキーブルーグラス　49, 50, 122, 213
顕熱伝達量　88

こ

コアリング　217
高位泥炭　277
降雨依存農地　263, 266, 269, 269
公益的機能　128, 133, 135, 140

公益林　134
公園・緑地マスタープラン　99
公害対策基本法　74
光学センサ　96
工業荒廃地　242
公共草地　144
工業文明　14
公共牧場　154
航空機MSS　100
光合成　2
光合成代謝系　46
光合成有効放射　86
耕作放棄地　165
高周波域　179
コウシュンシバ　49
更　新　125
洪水防止　194
降水量　30
高層湿原　276
耕　地　32
高等技術　273
荒　廃　261
荒廃移行地　241
荒廃沿岸防災施設　243
荒廃地　233
荒廃内陸防災施設　243
高　木　196
高木性木本植物　57
高木層　205
降　霧　175
広葉樹林　40
コウライシバ　49, 214
高流出率荒廃地　243
抗力係数　172
高齢化社会　140

索　　引

小型苗　196
国際協力事業団　254
黒　泥　277
国土保全　103
国土保全機能　103
国立競技場　214
国連沙漠化会議　263
古砂丘群　264
コノテガシワ　64
木場作　256
コブシ　65
コモンベッチ　53
ゴルフ場　42
コロニアルベントグラス　49
混住化　99
根成孔隙　131
根粒菌　54，61，122

さ

災害防止　194
再生原基　182
採　草　37
在来植物　227
サイラトロ　53
砂　丘　269
挿し木　63
雑　草　218，181
里山生態系　153
沙漠化　261
沙漠化対処条約　261，274
サバンナ　19
サブタレニアンクローバ　53
サルスベリ　65
産業造林　255
サンゴジュ　64

酸性雨　171
酸性土壌　51
酸　素　117
三大美林　127，135
山腹基礎工　244
三圃式農法　122

し

CO_2濃度
紫花アルファルファ　53
紫外線　86
市街地土壌に係る暫定対策指針　75
色彩学　123
シグナルグラス　49
嗜好性
　家畜の――　50
シコクビエ　49
地拵え　259
C_3植物　46
糸状菌　48
自然エネルギーの有効活用　160
自然災害　234
自然樹形　200
自然植生水路　177
自然生態系　27
自然草地　36
自然美　143
飼　草　181
持続可能な開発　253
持続可能な森林経営　251
下枝打ち　260
下刈り　197，205
シダレヤナギ　62
湿　原
　――の修復　280

索　引

――の保全および管理　281
湿性沈着　131
湿　地　274
湿　田　165
湿　度　82
シ　バ　48, 49, 51
芝　草　46
シバ草原　51, 52, 120, 122
芝　生　46
芝生化
　屋外運動場の――　162
地盤沈下　279
施　肥　216
指標種　67
シープフェスク　49
市民農園　146
ジャイアントスターグラス　49
JICA　254
社会林業　255
シャッタリング　217
遮蔽係数　172
蛇紋岩地帯　68
雌雄異株　59
重機移植　199
雌雄同株　59
集約施業　258
樹園地　32
樹　冠　194
樹冠投影図　150
樹冠部の障壁的機能　178
種子繁殖　51
樹林地　39, 193
樹林地率　101
樹林緑地　180
純1次生産量　19, 20, 250

循環灌漑　284
生涯学習　160
衝撃力　175
蒸　散　121
硝酸態窒素　72
NO_3-N 濃度　116
情操教育　154
床　土　209
床土構造　209
蒸発散　82, 131
消費者　17
正味放射量　87
縄文海進　276
縄文文化　11
照葉樹　55
照葉樹林帯　143
将来完成型植栽　196
常緑樹　55
除間伐　204
植栽工　229
植　生　20
植生管理工　222, 232
植生工　222, 244
植生帯　92
植生誘導工　232
植被層　82
植物群系　18
植物群落　18
食料生産機能　113, 114
除　伐　205
C_4植物　46
シラカシ　60
シラカンバ　62
飼料価値　117
シリンジング　215

シルバーリーフデスモデウム　53
シロクローバ　53
白花スイートクローバ　53
針広混交林　40
人工草地　39，144
新興農業国　23
人工林　40
深根性　59
侵　食　126
薪炭材　252
針葉樹林　40
森　林
　　──の修復　257
森林経営
　　持続可能な──　251
森林生態系　170
森林土壌　203
森林破壊　15
森林表土　197
森林浴　151

す

水害防備林　176
水源涵養　194
水質基準　116
水質浄化機能　104，116
水　食　126，264，272
水制作用　176
水　田
　　──の気温低減効果　106
水田景観　108
水分競合　257
水分収支　259
スゲ　275
スズカケノキ　63

ススキ　48，49，52
ススキ草原　51，52，122
スズメガヤ亜科　47
スタイロ　53
スーダングラス　49
ステップ　20
ストレス　139
砂地草原　274
スパイキング　217
スプリングフラッシュ　182
スプリンクラー　211
スポーツグラウンド　208
スムーズブロームフェスク　49
スライシング　217

せ

生産機能　114
生産荒廃地　236
生産者　17
整　枝　203
正常有効水　72
生態系　18，96，118
　　──の自己維持機能　14
生態系保全　194
生態系保全機能　104
生態植物園　151
生態遷移　204
生　物　31
生物圧　182
生物遺伝子の喪失　250
生物的循環システム　16
生物・生態系保全　103
生物・生態系保全機能　104
生物相保全機能　118
生物多様性　32，119

——の保全　162
生　命　123
赤外線　86
積算温度　91
石灰岩地帯　68
絶対湿度　83
接地逆転　81
絶滅危惧種　163
絶滅の危機　119
施　肥　203
遷　移　38，126，225
先駆種　204
浅根性　59
潜在自然植生　195
せん断抵抗力　178
センチピードグラス　49，52
剪　定　203
セントオーガスチングラス　49
セントロ　53
潜　熱　131
潜熱伝達量　88

そ

草　原　19
走査幅　95
叢状型　48
相対湿度　82
草　地　113
草地景観　114，123
草地性鳥類 158
ソデ植生 173
ソテツ　66
粗度長　83
ゾーニング　136
粗放技術　272

ソメイヨシノ　63
疎　林　195
ソルゴー　49

た

田　32
耐塩性　51，272
耐火力　179
耐干性　48，51，52
耐乾性　272
耐乾性作物　269
大　気
　——の浄化機能　117
大気汚染　171
大気汚染物質　102
大気環境荒廃地　242
大気環境保全機能　170
大気浄化機能　171，172
大気浄化　194
大気浄化機能　104
大気水分捕捉機能　175
大気組成調節機能　104
大気保全機能　117
大径木　198，200
体験学習　157
耐暑性　51，52
対数法則　83
代替防災構造物　170
耐虫性　48
耐踏圧性　51
太陽放射　86
タウンヤ　256
他感作用　60
タケ亜科　47
立木移植　200

索　　引　　　　　　　　299

タブノキ　61
多面的機能
　　農林地の持つ——　149
ダリスグラス　49
多量元素　71
多量要素　71
暖温帯　30
炭酸同化　2
短草型　48
短草型草種　48
短草型草地　122
炭素循環　117
暖　地　213
暖地型イネ科植物　46
暖地型芝草　213
ダンチク亜科　47
短波放射量　87
田んぼの学校　167

ち

地域活性化　142
地域活性化機能　155
地域コミュニティ　164
地下茎　48
地下浸透　116
地球温暖化　133, 249
地球温暖化防止　118
地球環境問題　249
地球観測衛星　95
竹　林　39
地　形　31
治　山　129, 233
地　質　31
稚　樹　203
治　水　129

地すべり地　239
地中灌水　211
地中熱伝達量　88
窒素固定　122
窒素施肥量限界　116
地表面温度　81
地表面修正量　83
チモシー　49
チューイングフェスク　49
中型苗　196
中間泥炭　277
中国文明　10
中山間地　165
超高分解能衛星　152
超高分解能商業衛星　101
長草型　48
長草型草種　48
長波長　121
長伐期施業　134
長波放射量　87
鳥　類
　　草地性——　158
貯熱量　88
地理情報　95
地力維持機能　121
地力増進機能　121
地力保全基本調査　77

つ

追　播　218
接ぎ木　63
土保全機能　116
津　波　176
ツーリズム大学　149
ツンバンサリ　256

て

低位泥炭　277
庭　園　42
テイカカズラ　69
蹄耕法　186
定住化　269
低層湿原　276
泥炭層　276
泥炭土の性質　278
TPM工法　202
ティフトンバーミューダ　52
低　木　196
低木性木本植物　58
テオシント　49
適性放牧　192
転　圧　218
天狗巣病　63
電磁波　94
伝統的焼畑移動農業　23
天然林　40
　――の維持　256
　――の管理　256

と

ドイツ工業規格　210
冬期オーバーシーディング　214
ドウダンツツジ　68
動物群集　18
トウモロコシ　48, 49
特殊荒廃地　240
都市公園　42
都市郊外緑地　141
都市内緑地　141
都市保健休養緑地　141
土砂崩壊防止機能　103
土砂流出　261
土　壌　31
　――の汚染に係る環境基準　75
土壌環境基礎調査　77
土壌侵食防止機能　103
土壌水食防止機能　116
土壌生成　125
土壌通気　217
土壌動物　73, 198, 203
土壌微生物　73, 203
土壌風食防止機能　116
土石流緩衝林　177
土地生産性　253
土地被覆分類　98
途中相　204
トベラ　67
トールフェスク　49, 50, 213

な

内生菌根　59
苗木植栽　194
なだれ防止機能　177
なだれ防止林　178
夏枯れ現象　182
ナナカマド　65

に

ニオイヒバ　59
二酸化炭素　117, 249
　――の吸収固定　250
　――の貯留　250
2次鉱物　72
ニセアカシア　63
日較差　81

索引

日射　86
日射量　30
日照時間　30

ね

根株移植　197
熱収支　88
熱収支項　89
熱帯林の減少　250
熱の対流　121
根鉢　201
ネピアグラス　49
根回し　200
粘土鉱物　72

の

農業気候資源　91
農業基本法　144
農業教育　154
農業的体験　145
農耕生態系　27
農山漁村滞在余暇活動　148
能動層　81
能動面　81
農用地の土壌の汚染防止等に関する法律　74
農林漁業体験民宿業　148
農林荒廃地　242
農林地の持つ多面的機能　149
ノシバ　213, 214
ノーフォーク式農法　122
のり肩　222
のり尻　222
のり面　221
のり面保護工　222

のり面緑化　222

は

配植　197
パーウィック方式　210
禿げ山　238
播種工　229
播種床　184
バーズフットトレフォイル　53
畑　32
畑地景観　110
ハードフェスク　49
ハナミズキ　66
バヒアグラス　48, 49, 52
ハビタット　167
ハーブ　55
バファローグラス　49
ハマナス　68
バーミューダグラス　48, 49, 51, 214
パラグラス　49
張り芝　51
パールミレット　49
半完成型植栽　196
半乾燥　261
半乾燥地　257
半自然草地　37
半自然的景観　142
反射特性　94
繁殖
　希少動物種の——　152
繁殖コロニー　167

ひ

被圧　205
ヒイラギ　68

索　引

火入れ　37
ヒ　エ　49
ビオトープ　162
光環境　205
微気象緩和機能　121
飛行場　42
被子植物　55
比　湿　82
非政府組織　164
非生物的環境要因　169
必須元素　71
必須要素　71
ヒートアイランド　170
ヒートアイランド現象　160
避難場所　166
ヒ　バ　135
ヒマラヤスギ　59
微量元素　71
肥料木　61
微量要素　71

ふ

ファジービーン　53
風　化　127
風　食　126，264，272
風速緩和機能　172
風速減少機能　172
普及啓発活動　157
複層林施業　135
不耕起造成法
　　機械化体系による——　191
不耕起法　186
フ　ジ　69
腐　植　72
普通畑　32

物質循環　16
物質循環系　170
ふぶき防止機能　173
フラックス　84
ブラッシング　218
プランテーション　23
ふれあい　145
ふれあい動物展　156
分解者　17
分離帯　42

へ

壁状構造　64
壁面緑化　161
ベルベットベントグラス　49
ペレニアルライグラス　49，50，213，214

ほ

保安林　129
ボウエン比　88
防音林　179
萌　芽　198
崩壊地　238
防火機能　179
萌芽更新　195
防火保安林　179
防護柵的機能　175
防災機能
　　緑地の——　169
放射収支　87
防雪機能　173
防潮機能　176
防潮林　175
防風効果　172
放　牧　37

索　引

放牧強度　192
放牧草地　192
防霧機能　175
飽和水蒸気圧　82
牧　草　39, 46, 181
　　——の女王　54
牧草地　32, 113
保健休養　194
保健休養機能　104, 123, 139
ホーストレッキング　160
ほふく茎　48

ま

マイクロウォーターキャッチメント　257
マイクロ波合成開口レーダ　96
埋土種子　198, 203, 232
まきばの学校　157
摩擦速度　83
マスキング　180
マタタビ　70
マテバシイ　61
マメ科植物　45
丸太消費量　252
丸太生産量　252
マルチング　260
マルバヤハズソウ　53
マングローブ　237
マント植生　173

み

実　生　64
水涵養機能　104
ミズゴケ　275
水浸透機能　116
水保全機能　116

緑の回廊　141
緑の砂防ゾーン　177

め

メソポタミア文明　9
メタン　117, 118
目　土　217
メドウフェスク　49
メドハギ　53

も

毛管現象　269, 272
毛管水　71
木本緑地植物　58
モッコク　65
盛土のり面　221
モロコシ　49
モントリオールプロセス　254

や

焼畑移動耕作　252
屋敷林　173
野生生物種保護機能　104
野生動物　158
野　草　181
ヤハズソウ　53
山火事防止機能　121
山成工　184
ヤマモモ　61
弥生の海退　276

ゆ

有機態窒素　72
有機物還元　122
有効積算温度　91

有効放射　87
優占林　64
有畜農業　23
遊　牧　24, 266
USGA方式　210

よ

葉　温　121
陽　樹　59
要水量　46
葉面積指数　86
余暇時間　140
ヨ　シ　275

ら

落　石　178
落石防止機能　178
落葉広葉樹林　150
落葉樹　55
落葉樹林帯　143
裸子植物　55
ラフブルーグラス　49
ラムサール条約　274
ランドサット　95, 271

り

リター　127
リモートセンシング　94
流体力　175
緑　化　233
緑化基礎工　222, 244
緑化工　234
緑化植物　227

緑化用草花　54
緑　地　1
　──の防災機能　169
緑地環境　1
緑地生態系　169
林縁木　173
林　冠　194
輪　作　122
林床植生　202
林　相　193
林　地　39
林野火災　179

る

ルーサン　53, 54

れ

冷温帯　30
レクリエーション　140
レスクグラス　49
レス土壌地帯　264
レッドトップ　49
レッドフェスク　49
レフュージア　166
レンゲ　53

ろ

路　肩　42
ローテーション管理方式　166

わ

ワイルドフラワー　54, 125
ワイルドライフマネジメント　158

緑 地 環 境 学	定価（本体 4,000 円＋税）
2001 年 10 月　1 日　初版第 1 刷発行	＜検印省略＞
2010 年　3 月 20 日　初版第 4 刷発行	

編集者　小　　林　　裕　　志
　　　　福　　山　　正　　隆
発行者　永　　井　　富　　久
印　刷　㈱　平　河　工　業　社
製　本　田　中　製　本　印　刷　㈱

発　行　文永堂出版株式会社
〒113-0033　東京都文京区本郷 2 丁目 27 番 3 号
TEL　03-3814-3321　FAX　03-3814-9407
振替　00100-8-114601 番

Ⓒ 2001　小林 裕志

ISBN　978-4-8300-4100-6

文永堂出版の農学書

植物生産学概論	星川清親 編	¥4,200	〒400
植物生産技術学	秋田・塩谷 編	¥4,200	〒400
作物学（Ⅰ）－食用作物編－	石井龍一 他著	¥4,200	〒400
作物学（Ⅱ）－工芸・飼料作物編－	石井龍一 他著	¥4,200	〒400
作物の生態生理	佐藤・玖村 他著	¥5,040	〒440
緑地環境学	小林・福山 編	¥4,200	〒400
植物育種学 第3版	日向・西尾 他著	¥4,200	〒400
植物育種学各論	日向・西尾 編	¥4,200	〒400
植物病理学	眞山・難波 編	¥5,460	〒400
植物感染生理学	西村・大内 編	¥4,893	〒400
園芸学	金浜耕基 編	¥5,040	〒400
園芸生理学 分子生物学とバイオテクノロジー	山木昭平 編	¥4,200	〒400
果樹の栽培と生理	高橋・渡部・山木・新居・兵藤・奥瀬・中村・原田・杉浦 共訳	¥8,190	〒510
果樹園芸 第2版	志村・池田 他著	¥4,200	〒440
野菜園芸学	金浜耕基 編	¥5,040	〒400
花卉園芸	今西英雄 他著	¥4,200	〒440
"家畜"のサイエンス	森田・酒井・唐澤・近藤 共著	¥3,570	〒370
新版 畜産学 第2版	森田・清水 編	¥5,040	〒440
畜産経営学	島津・小沢・渋谷 編	¥3,360	〒400
動物生産学概論	大久保・豊田・会田 編	¥4,200	〒440
動物資源利用学	伊藤・渡邊・伊藤 編	¥4,200	〒440
動物生産生命工学	村松達夫 編	¥4,200	〒440
家畜の生体機構	石橋武彦 編	¥7,350	〒510
動物の栄養	唐澤 豊 編	¥4,200	〒440
動物の飼料	唐澤 豊 編	¥4,200	〒440
動物の衛生	鎌田・清水・永幡 編	¥4,200	〒440
家畜の管理	野附・山本 編	¥6,930	〒510
風害と防風施設	真木太一 著	¥5,145	〒400
農地環境工学	山路・塩沢 編	¥4,200	〒400
農業水利学	緒形・片岡 他著	¥3,360	〒400
農業機械学 第3版	池田・笠田・梅田 編	¥4,200	〒400
生物環境気象学	浦野慎一 他著	¥4,200	〒400
植物栄養学	森・前・米山 編	¥4,200	〒400
土壌サイエンス入門	三枝・木村 編	¥4,200	〒400
新版 農薬の科学	山下・水谷・藤田・丸茂・江藤・高橋 共著	¥4,725	〒440
応用微生物学 第2版	清水・堀之内 編	¥5,040	〒440
農産食品 －科学と利用－	坂村・小林 他著	¥3,864	〒400
木材切削加工用語辞典	社団法人 日本木材加工技術協会 製材・機械加工部会 編	¥3,360	〒370

食品の科学シリーズ

食品化学	鬼頭・佐々木 編	¥4,200	〒400
食品栄養学	木村・吉田 編	¥4,200	〒400
食品微生物学	児玉・熊谷 編	¥4,200	〒400
食品保蔵学	加藤・倉田 編	¥4,200	〒400

木材の科学・木材の利用・木質生命科学

木質の物理	日本木材学会 編	¥4,200	〒400
木材の加工	日本木材学会 編	¥3,990	〒400
木材の工学	日本木材学会 編	¥3,990	〒400
木質分子生物学	樋口隆昌 編	¥4,200	〒400
木質科学実験マニュアル	日本木材学会 編	¥4,200	〒440

森林科学

森林科学	佐々木・木平・鈴木 編	¥5,040	〒400
林政学	半田良一 編	¥4,515	〒400
森林風致計画学	伊藤精ip編	¥3,990	〒400
林業機械学	大河原昭二 編	¥4,200	〒400
森林水文学	塚本良則 編	¥4,515	〒400
砂防工学	武居有恒 編	¥4,410	〒400
造林学	堤 利夫 編	¥4,200	〒400
林産経済学	森田 学 編	¥4,200	〒400
森林生態学	岩坪五郎 編	¥4,200	〒400
樹木環境生理学	永田・佐々木 編	¥4,200	〒400

定価はすべて税込み表示です

文永堂出版
〒113-0033　東京都文京区本郷2-27-3　TEL 03-3814-3321
URL http://www.buneido-syuppan.com　FAX 03-3814-9407